周期表

族/周期	10	11	12	13	14	15	16	17	18
1									2 He ヘリウム 4.003
2				5 B ホウ素 10.811	6 C 炭素 12.011	7 N 窒素 14.007	8 O 酸素 15.999	9 F フッ素 18.998	10 Ne ネオン 20.180
3				13 Al アルミニウム 26.982	14 Si ケイ素 28.086	15 P リン 30.974	16 S 硫黄 32.065	17 Cl 塩素 35.453	18 Ar アルゴン 39.948
4	28 Ni ニッケル 58.69	29 Cu 銅 63.55	30 Zn 亜鉛 65.41	31 Ga ガリウム 69.72	32 Ge ゲルマニウム 72.64	33 As ヒ素 74.92	34 Se セレン 78.96	35 Br 臭素 79.90	36 Kr クリプトン 83.80
5	46 Pd パラジウム 106.42	47 Ag 銀 107.87	48 Cd カドミウム 112.41	49 In インジウム 114.82	50 Sn スズ 118.71	51 Sb アンチモン 121.76	52 Te テルル 127.60	53 I ヨウ素 126.90	54 Xe キセノン 131.29
6	78 Pt 白金 195.08	79 Au 金 196.97	80 Hg 水銀 200.59	81 Tl タリウム 204.38	82 Pb 鉛 207.2	83 Bi* ビスマス 208.98	84 Po* ポロニウム (210)	85 At* アスタチン (210)	86 Rn* ラドン (222)
7	110 Ds* ダームスタチウム (281)	111 Rg* レントゲニウム (280)	112 Cn* コペルニシウム (285)	113 Uut* ウンウントリウム (284)	114 Uuq* ウンウンクアジウム (289)	115 Uup* ウンウンペンチウム (288)	116 Uuh* ウンウンヘキシウム (293)		118 Uuo* ウンウンオクチウム (294)

63 Eu ユウロピウム 151.95	64 Gd ガドリニウム 157.25	65 Tb テルビウム 158.93	66 Dy ジスプロシウム 162.50	67 Ho ホルミウム 164.93	68 Er エルビウム 167.26	69 Tm ツリウム 168.93	70 Yb イッテルビウム 173.04	71 Lu ルテチウム 174.97
95 Am* アメリシウム (243)	96 Cm* キュリウム (247)	97 Bk* バークリウム (247)	98 Cf* カリホルニウム (252)	99 Es* アインスタイニウム (252)	100 Fm* フェルミウム (257)	101 Md* メンデレビウム (258)	102 No* ノーベリウム (259)	103 Lr* ローレンシウム (262)

その元素の放射性同位体の質量数の一例を（ ）内に示す．

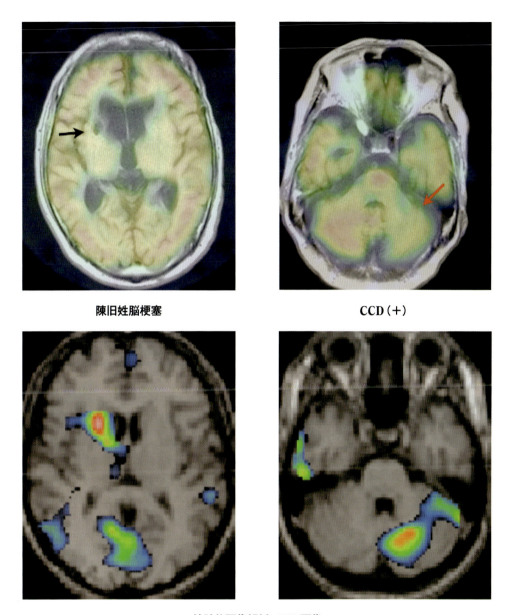

陳旧姓脳梗塞 / **CCD（＋）**

統計的画像解析 eZIS 画像

口絵 1 ^{123}I-N-イソプロピル-p-ヨードアンフェタミン（^{123}I-IMP）による脳血流イメージング 右尾状核の陳旧性脳梗塞症例

上段は MR T1 強調画像と SPECT を重ね合わせた画像．黒矢印の梗塞部位周囲の血流が対側に比較し相対的に低下している．また，脳血管障害などで発生する crossed cerebellar diaschisis（CCD）が左小脳半球に認められる（赤矢印）．

下段は健常人の脳血流データからなるコントロールデータと比較する統計的画像解析ソフト eZIS を用いて処理した画像．血流低下が著明であるほど赤くなるよう表示しているが，右尾状核，左小脳半球に著明な血流低下部位があることを示している．

本書のカラー口絵に用いた画像は，すべて大阪市立大学大学院医学研究所副研究所長 放射性同位元素実験施設長・核医学教授 医学博士・塩見　進氏より提供された．

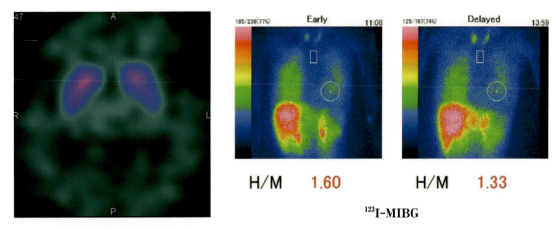

¹²³I-FP CIT SBR：2.41

¹²³I-MIBG

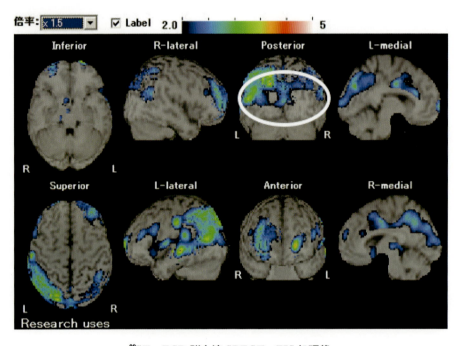

⁹⁹ᵐTc-ECD 脳血流 SPECT eZIS 処理後

口絵 2 　¹²³I- イオフルパン（¹²³I-FP CIT），¹²³I- メタヨードベンジルグアニジン（¹²³I-MIBG），
　　　　⁹⁹ᵐTc- エチルシステイン酸ダイマー（⁹⁹ᵐTc-ECD）イメージング
　　　　　レビー小体型認知症例（DLB）

　DLBでは，黒質線状体神経終末のドーパミントランスポタの発現量が低下することが知られており，副次的に心臓交感神経終末における脱神経などによる機能低下をきたしノルエピネフリンと同様の働きをするMIBGの取り込みが低下することが知られている．アルツハイマー型認知症ではこのような変化はなく両者の鑑別に，¹²³I-FP CIT，¹²³I-MIBGが多用されている．本例では，¹²³I-FP CITの線条体の集積程度を示すSBRが閾値の4.5を下回る2.41であること，¹²³I-MIBGにおけるH/M比が閾値の1.9より低下していることよりDLBと画像上診断された．DLBでは，後頭葉の血流低下も認められるが，⁹⁹ᵐTc-ECD脳血流SPECTをeZIS処理すると後頭葉の著明な血流低下を認めている（白丸）．

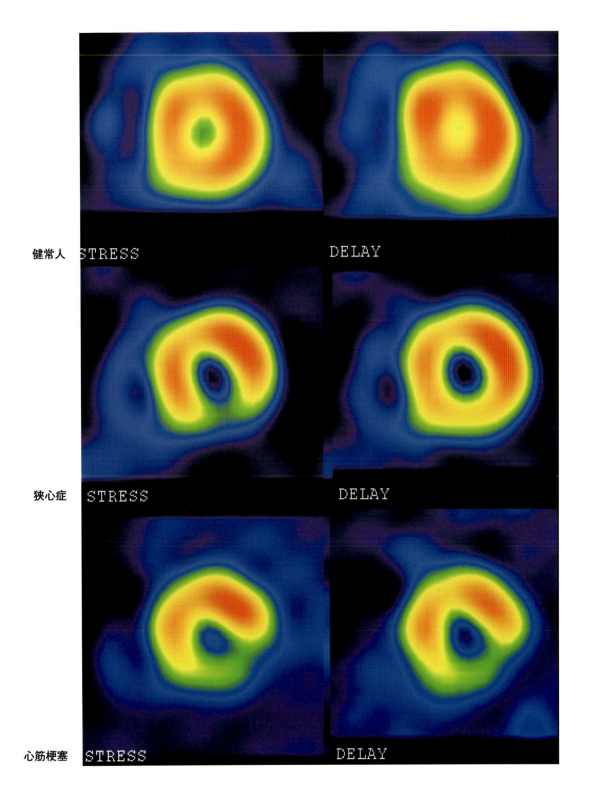

口絵 3　$^{201}TlCl_2$ による心筋血流イメージング

$^{201}TlCl_2$ の集積は心筋血流分布を示す．狭心症，心筋梗塞とも運動負荷時には，病変部位の心筋血流が低下するが，数時間後の安静時にも血流低下が認められる場合，心筋梗塞と診断される．

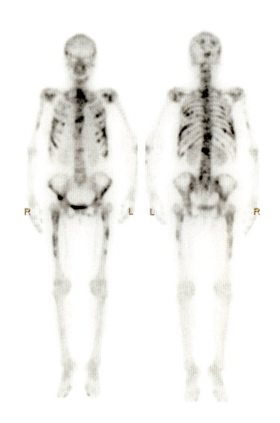

口絵 4　^{99m}Tc- ヒドロキシ メチレンジホスホン酸（^{99m}Tc-HMDP）イメージング
前立腺癌多発骨転移症例

骨転移により病的に骨代謝が亢進している部位に標識リン酸化合物である ^{99m}Tc-HMDP は強い異常集積を示す．

R-ANT-L　　　L-POST-R

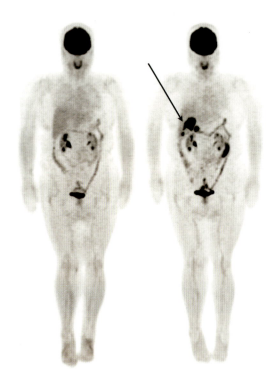

術後 1 年目　　　術後 6 年目

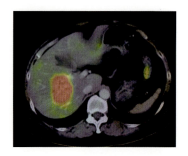

肝転移

口絵 5　^{18}F- フルオロデオキシグルコース（^{18}F-FDG）PET イメージング
悪性黒色腫術後 6 年目に肝転移をきたした症例（術後 6 年目の矢印は肝転移を示す）

糖代謝の指標である ^{18}F-FDG は，糖代謝の高い悪性腫瘍に強く取り込まれることにより病変検出に高い感度を示し，悪性病変の診断，転移・再発の検出に多用される．悪性腫瘍以外にも腸管など生理的な蠕動により糖代謝が亢進する部位もある．

薬学領域の放射科学

京都大学大学院薬学研究科特任教授
佐 治 英 郎 　監 修

鈴鹿医療科学大学薬学部教授　　就実大学薬学部教授　　岡山大学大学院
　　　　　　　　　　　　　　　　　　　　　　　　　医歯薬学総合研究科教授
飯 田 靖 彦　　　　　中 西 　徹　　　　上 田 真 史

編 集

東京　廣 川 書 店　発行

執筆者一覧（五十音順）

飯田　靖彦	鈴鹿医療科学大学薬学部教授
上田　真史	岡山大学大学院医歯薬学総合研究科教授
小池　千恵子	立命館大学薬学部教授
小崎　康子	金城学院大学薬学部教授
志村　紀子	奥羽大学薬学部准教授
杉本　幹治	千葉科学大学薬学部教授
田口　忠緒	名城大学薬学部教授
塚田　秀夫	浜松ホトニクス株式会社中央研究所PETセンター長
中西　徹	就実大学薬学部教授
氷見　敏行	元武蔵野大学薬学部教授
松野　純男	近畿大学薬学部教授

薬学領域の放射科学

監　修　佐治　英郎　　平成27年2月28日　初版発行Ⓒ
　　　　　　　　　　　平成31年3月28日　2刷発行
　　　　飯田　靖彦
編　者　中西　徹
　　　　上田　真史

発行所　株式会社　廣川書店

〒113-0033　東京都文京区本郷3丁目27番14号
　　　　電話 03(3815)3651　FAX 03(3815)3650

監修のことば

　薬学部6年制が開始されて9年が経つ．この間，6年制の薬学教育は「薬学モデル・コアカリキュラム」および「実務実習モデル・コアカリキュラム」を基盤として行われてきたが，平成25年度に，これまでの経験を踏まえて，さらに充実した薬学教育を実施するために，従来の「薬学モデル・コアカリキュラム」および「実務実習モデル・コアカリキュラム」が統合・改定され，平成27年度からはこの新しい改定カリキュラム「平成25年度改訂版・薬学モデル・コアカリキュラム」のもとに薬学教育が行われる．

　一方，放射線，放射性同位元素の利用は自然科学の広範な分野に及んでおり，その発展に大きく貢献し，欠くことのできないものとなっている．薬学・医療の分野でも，医薬品の開発，薬理効果の評価，診断，治療など，多くの領域で利用されている．しかし，その一方で，2011年3月に福島第一原子力発電所の事故が起こり，環境汚染，人体への影響などが議論されているところである．したがって，放射線の利用においては利便性と同時にリスクもあり得ることを認識し，この両面を正しく理解し，放射線の利点を生かして有効に利用していくことが必要である．そのため，薬学を学ぶ者は，放射線・放射性同位元素に関連した基本的知識や技能を正確に身につけ，その薬学研究や医療などでの利用に良識ある判断ができる能力をもつことが基本的に求められている．

　また，放射性医薬品に関しては，厚生労働省が放射性医薬品の製法，性状，品質，貯法，試験法などに関する基準を定めた「放射性医薬品基準」が平成25年に改正され，また最近新しい放射性医薬品がいくつか市販されるに至っている．

　このような背景のもと，本書は，薬学の学部学生を対象に，放射線，放射性同位元素に関連した基本的知識を正しく身につけるための教科書として，「平成25年度改訂版・薬学モデル・コアカリキュラム」にある放射線，放射性同位元素に関係する事項を中心に，さらに現在の薬学，医療領域での放射線利用に関連している事項を組み入れてまとめられたものであり，この企画は，今求められている，薬学における放射線に関する教育ニーズに応えることのできる，まことに時機を得たものである．

　本書は，薬学部にて，現在放射線教育に携わっている教員が中心となって，現場での経験をもとに作成されたもので，各章の最初に学習すべき要点を挙げるとともに，本文中に適宜練習問題などを配置することよって，重要な事項が理解しやすいように配慮されている．

　本書は，これまで薬学教育に多大なる貢献をしてきた廣川書店の教科書に，また新しいページを加えるものであり，薬学領域での放射線およびその関連領域に関する教育の発展と充実に貢献すると信じるものである．

2015年2月

佐治　英郎

序

　レントゲンによるX線の発見から120年を経た今日,放射線,放射性同位元素は,我々の身近にあって医療も含め様々な面において我々の生活と切り離せない存在である.周囲の環境や食品中に含まれる自然放射線と共存していることはもとより,放射性医薬品を用いた核医学検査やγ線治療,重粒子治療等によって我々は大きな恩恵を蒙っている.またその他,工業,農業,人文科学の各分野においても放射線,放射性同位元素は,その発展において大きな貢献を行っている.医療薬学分野においては,上記の診断用放射性医薬品として2005年7月に[^{18}F]2-デオキシ-2-フルオログルコースが陽電子放出核種で標識された放射性医薬品として初めて認可され,さらに2008年,2009年には内部照射療法のための内用放射線治療薬が新たに市販されるなど,放射線医薬品学領域で大きな変化がある.さらに創薬研究の基礎となるライフサイエンスやバイオテクノロジーにおいても,放射性同位元素はトレーサーとして利用され大きな役割を果たしてきた.

　一方で,放射線を間違って大量に受けると人体には様々な障害が生じ,さらに受けてから年数を経てからも新たにその障害が現れることがある.このような放射線を安全に取扱い障害を防止するための基本法として,我が国には「放射性同位元素による放射線障害の防止に関する法律」(放射線障害防止法)が定められている.最近では,2005年に国際免除レベルと言われる,国際原子力機関(IAEA)等の定めた国際標準値(規制対象下限値)を導入するためにこの障害防止法は大きく改正された.またこれに伴い放射性廃棄物の安全廃棄基準(クリアランスレベル)の改正も行われている.

　薬学教育においては,2006年4月から6年制が始まり,基礎薬学教育の充実と病院・薬局における長期の実務実習によって,医療薬学教育を充実させ医療により貢献できる薬剤師の育成が行われている.特に医療機関においては薬剤師には放射性医薬品の取扱いに関する法的な資格が認められており,放射性医薬品の取扱いや管理に責任を持つ場合も生じるので,放射線,放射性同位元素に関する正確な知識や技能を身につけることは,この責任を果たすことで薬剤師の職能を広げるという意味からも大変重要と言える.

　このような状況下において,本書は薬学および関連分野の学部学生が放射線,放射性同位元素に関する正確な知識を身につけ,さらに薬剤師国家試験に向けての勉学にも役立つような教科書を目指して,薬学部にて放射線教育に携わる教員が中心となって現場での経験を生かして編集したものである.各章には専門的に薬剤師に必要な事項の他,興味深いエピソードや練習問題も配置して,座右で役に立ちまた飽きない内容を目指したつもりであるが,今後のさらなる改善のため,読者諸氏からのご意見,ご指摘等を積極的にお寄せいただけることをお願いする次第である.

　本書が,放射線,放射性同位元素を勉強する学生諸君の役に立ち,また薬剤師国家試験合格の一助になれば編者としてこれにまさる喜びはない.

　最後に,本書の執筆にあたり貴重な資料の提供を快諾いただいた方々のご厚意に心から感謝し

たい．さらに，本書の出版に多大なるご努力をいただいた廣川書店社長廣川治男氏，同書店の花田康博氏，荻原弘子氏，並びに出版部の関係各位に心より御礼申し上げたい．

2015年2月

編　者

目 次

第1章 放射能・放射線の基礎 ……………………………………（中西　徹）*1*
- 1-1　放射能・放射線研究の歴史 …………………………………………… *1*
- 1-2　身近にある放射能・放射線 …………………………………………… *6*
- 1-3　放射能・放射線の利用 ………………………………………………… *11*

第2章 放射性核種と放射能 ………………………………………（田口　忠緒）*15*
- 2-1　原子と原子核 …………………………………………………………… *16*
  - 2-1-1　原子の構造 ………………………………………………………… *16*
  - 2-1-2　核　種 ……………………………………………………………… *19*
  - 2-1-3　原子質量と結合エネルギー ……………………………………… *21*
- 2-2　放射壊変 ………………………………………………………………… *24*
  - 2-2-1　放射壊変の形式と壊変図式 ……………………………………… *24*
  - 2-2-2　α壊変 ………………………………………………………… *26*
  - 2-2-3　β壊変 ………………………………………………………… *27*
  - 2-2-4　γ転移（γ放射あるいはγ壊変） ……… *32*
- 2-3　壊変定数と半減期 ……………………………………………………… *33*
- 2-4　放射平衡 ………………………………………………………………… *35*
  - 2-4-1　永続平衡 …………………………………………………………… *36*
  - 2-4-2　過渡平衡 …………………………………………………………… *37*
  - 2-4-3　ミルキング ………………………………………………………… *38*
- 2-5　放射能の単位 …………………………………………………………… *39*
- 2-6　章末問題 ………………………………………………………………… *42*

第3章 放射線と物質の相互作用 …………………………………（松野　純男）*47*
- 3-1　放射線の波長とエネルギー …………………………………………… *48*
  - 3-1-1　放射線の種類 ……………………………………………………… *49*
  - 3-1-2　電離と励起 ………………………………………………………… *50*
- 3-2　α線の作用 ……………………………………………………… *50*
- 3-3　β^-線の作用 ……………………………………………………… *51*
  - 3-3-1　軌道電子との相互作用 …………………………………………… *52*
  - 3-3-2　原子核との相互作用 ……………………………………………… *52*
- 3-4　β^+線の作用 ……………………………………………………… *53*
- 3-5　γ線，X線の作用 ……………………………………………… *54*

3-5-1 光電効果 ……………………………………………………… *54*
  3-5-2 コンプトン散乱 ………………………………………………… *55*
  3-5-3 電子対生成 …………………………………………………… *55*
  3-5-4 放射線の吸収と半価層 ………………………………………… *56*
 3-6 中性子の作用 ……………………………………………………… *58*
 3-7 放射線の単位 ……………………………………………………… *59*
  3-7-1 放射能 ………………………………………………………… *59*
  3-7-2 照射線量 ……………………………………………………… *59*
  3-7-3 吸収線量 ……………………………………………………… *59*
  3-7-4 等価線量 ……………………………………………………… *59*
  3-7-5 実効線量 ……………………………………………………… *60*
 3-8 章末問題 …………………………………………………………… *62*

第 4 章 放射線測定法 ………………………………………（志村 紀子）*65*
 4-1 放射線測定器の性質と分類 ………………………………………… *66*
  4-1-1 放射線測定器の性質 …………………………………………… *66*
  4-1-2 放射線測定器の分類 …………………………………………… *67*
 4-2 電離を利用した放射線測定器 ……………………………………… *68*
  4-2-1 計測原理 ……………………………………………………… *68*
  4-2-2 測定器の種類 …………………………………………………… *71*
 4-3 励起・蛍光作用を利用した放射線測定器 …………………………… *72*
  4-3-1 計測原理 ……………………………………………………… *72*
  4-3-2 測定器の種類 …………………………………………………… *72*
 4-4 放射線エネルギーの測定とエネルギースペクトル ………………… *75*
  4-4-1 α 線のエネルギー測定 ……………………………………… *75*
  4-4-2 β 線のエネルギー測定 ……………………………………… *76*
  4-4-3 γ 線のエネルギー測定 ……………………………………… *77*
 4-5 その他の放射線測定器 ……………………………………………… *78*
  4-5-1 フィルムとイメージングプレート ……………………………… *78*
  4-5-2 放射線管理用測定器 …………………………………………… *79*
  4-5-3 核医学診断用測定器 …………………………………………… *83*
  4-5-4 放射線測定値の統計処理 ……………………………………… *84*
 4-6 章末問題 …………………………………………………………… *86*

第 5 章 天然放射性核種と人工放射性核種 ………………（上田 真史）*89*
 5-1 天然放射性核種 …………………………………………………… *90*
  5-1-1 長半減期の天然放射性核種 …………………………………… *90*
  5-1-2 誘導放射性核種 ………………………………………………… *92*

5-2　人工放射性核種 ………………………………………………………… 93
5-3　加速器 …………………………………………………………………… 94
5-4　核医学診断と放射性同位元素の製造 ………………………………… 96
　5-4-1　ジェネレータによる放射性同位元素の製造 ……………………… 96
　5-4-2　サイクロトロンによる放射性同位元素の製造 …………………… 97
　5-4-3　原子炉による放射性同位元素の製造 ……………………………… 98
5-5　章末問題 ……………………………………………………………… 100

第6章　薬学領域における放射性同位元素の利用 ……………………… 103

6-1　トレーサ法 …………………………………………………（松野　純男）106
　6-1-1　トレーサ法に用いる核種 ………………………………………… 106
　6-1-2　トレーサ実験の実際 ……………………………………………… 107
6-2　標識化合物の合成 …………………………………………（松野　純男）108
　6-2-1　^{32}P（^{33}P）による核酸の標識 ………………………………… 108
　6-2-2　タンパク質・ペプチドの標識 …………………………………… 111
6-3　オートラジオグラフィー …………………………………（松野　純男）112
6-4　薬物動態・薬物代謝研究への応用 ………………………（松野　純男）115
6-5　同位体希釈法 ………………………………………（氷見　敏行，飯田　靖彦）116
　6-5-1　直接同位体希釈法 ………………………………………………… 117
　6-5-2　逆同位体希釈法 …………………………………………………… 117
6-6　イムノアッセイ ……………………………………………（小崎　康子）119
　6-6-1　ラジオイムノアッセイ（RIA）…………………………………… 121
　6-6-2　非放射性イムノアッセイ ………………………………………… 126
6-7　分子細胞生物学・遺伝子工学への応用 …………………（小崎　康子）129
　6-7-1　分子細胞生物学への応用 ………………………………………… 129
　6-7-2　遺伝子工学への応用 ……………………………………………… 130
6-8　放射化分析 ………………………………………（氷見　敏行，飯田　靖彦）138
6-9　X線結晶解析 ……………………………………（氷見　敏行，飯田　靖彦）138
6-10　その他の利用 …………………………………（氷見　敏行，飯田　靖彦）140
　6-10-1　X線分析 ………………………………………………………… 140
　6-10-2　滅　菌 …………………………………………………………… 140
　6-10-3　年代測定 ………………………………………………………… 140
　6-10-4　電子捕獲型検出器付ガスクロマトグラフ …………………… 141
6-11　章末問題 …………（松野　純男，氷見　敏行，飯田　靖彦，小崎　康子）142

第7章　放射性医薬品 ……………………………………………………… 149

7-1　放射性医薬品の概説 ………………………………………（飯田　靖彦）150
　7-1-1　放射性医薬品の定義 ……………………………………………… 151

  7-1-2 放射性医薬品の分類 …………………………………………… *151*
  7-1-3 放射性医薬品の特徴 …………………………………………… *152*
 7-2 インビボ診断用放射性医薬品 ………………（小池　千恵子，塚田　秀夫）*153*
  7-2-1 核医学診断の方法 ……………………………………………… *153*
  7-2-2 PET/SPECT 診断 ………………………………………………… *155*
  7-2-3 インビボ放射性医薬品に用いられる放射性同位元素 …………… *157*
  7-2-4 代表的なインビボ放射性医薬品 ……………………………… *158*
 7-3 インビボ治療用放射性医薬品 ……………………………（上田　真史）*166*
 7-4 インビボ放射性医薬品の取扱と管理 ……………………（上田　真史）*167*
  7-4-1 インビボ放射性医薬品の取扱と管理 ………………………… *167*
  7-4-2 インビボ放射性医薬品の品質管理 …………………………… *168*
 7-5 インビトロ放射性医薬品 …………………………………（上田　真史）*170*
 7-6 章末問題 …………………………………………………（上田　真史）*174*

第8章　物理的診断法とそれに用いられる診断薬 ……………………… *179*

 8-1 X 線診断法 …………………………………………………（杉本　幹治）*181*
  8-1-1 単純撮影法 ……………………………………………………… *183*
  8-1-2 コンピュータ断層撮影法（CT）……………………………… *184*
  8-1-3 X 線造影剤 ……………………………………………………… *187*
 8-2 磁気共鳴イメージング（MRI）診断法 …………………（杉本　幹治）*189*
  8-2-1 MRI の原理と特徴 …………………………………………… *189*
  8-2-2 MRI 造影剤 …………………………………………………… *195*
 8-3 超音波診断法 ………………………………………………（上田　真史）*197*
  8-3-1 超音波診断法の原理と特徴 …………………………………… *197*
  8-3-2 超音波診断用造影剤 …………………………………………… *200*
 8-4 ファイバースコープ診断法 ………………………………（上田　真史）*200*
 8-5 その他の画像診断法 ………………………………………（上田　真史）*201*
 8-6 章末問題 ……………………………………………………（上田　真史）*202*

第9章　放射線の生体への影響 ……………………………………………… *207*

 9-1 放射線の生体への影響 ………………………………………………… *209*
  9-1-1 放射線のレベルと生体への影響 …………………（上田　真史）*209*
  9-1-2 放射線障害のメカニズム …………………………（上田　真史）*212*
  9-1-3 内部被ばくと外部被ばく …………………………（上田　真史）*216*
  9-1-4 放射線障害とその分類 ……………………………（中西　徹）*218*
  9-1-5 身体的影響と遺伝的影響 …………………………（中西　徹）*220*
  9-1-6 急性障害と晩発障害 ………………………………（中西　徹）*223*
  9-1-7 確率的影響と生体組織反応（確定的影響）………（中西　徹）*226*

9-2　放射線障害の評価 ……………………………………（中西　徹）*228*
　　　9-2-1　放射線の影響の評価とその基準 …………………………… *228*
　　　9-2-2　放射線と食品 …………………………………………………… *230*
　9-3　章末問題 ………………………………………………（中西　徹）*231*

第10章　放射線の管理と安全取扱 ……………………（飯田　靖彦）*235*
　10-1　国際放射線防護委員会 ……………………………………………… *236*
　10-2　放射線障害防止法と放射線防護 …………………………………… *239*
　10-3　放射線の安全取扱と施設管理 ……………………………………… *248*
　　　10-3-1　施設・使用および作業者の管理 ………………………… *248*
　　　10-3-2　安全取扱と緊急時対策 …………………………………… *251*
　10-4　放射線事故の例と対策 ……………………………………………… *257*
　10-5　放射性医薬品の管理と法令 ………………………………………… *259*
　10-6　章末問題 ……………………………………………………………… *263*

付　表 ……………………………………………………………………………… *267*

索　引 ……………………………………………………………………………… *293*

第1章 放射能・放射線の基礎

1-1 放射能・放射線研究の歴史

　超新星爆発などでまき散らされた星間ガスから恒星や惑星が形成される時，地球のような惑星には多くの放射性同位元素が集積されて存在し，そこで誕生する生命体にもこれらが取り込まれた．また太陽のような恒星は，その中心核で熱核融合反応を行っており，陽子を中心とする太陽粒子線が地球に降り注いできた．さらに，太陽系は秒速約 240 km の速度で銀河系内を周回しており，陽子と α 線を中心とする 10 GeV 以上の高エネルギー粒子の銀河宇宙線の中を移動してきた．

　このように，地球上の生命体は，その誕生以来，常に放射性同位元素や，そこから放出される放射線と共存して進化を続けてきたわけであり，今後もそこから逃れることはできない運命にある．実際，地球が形成された約 46 億年前からしばらくの間は，降り注ぐ宇宙線によって生命の誕生は阻まれてきたが，約 27 億年前に形成された地球の磁場によってこの宇宙線の侵入が回避されたことで海に生命が誕生し，さらに，約 5 億年前にオゾン層が形成されて紫外線の侵入が回避されたことで，生命は陸上に進出することが可能となったと考えられている．

　こうして，我々は，地球上の微弱な放射線とこれまで共存して生きてきたわけであるが，この放射線・放射能の存在に人類が気づいたのは，1895 年にドイツの物理学者である**レントゲン**（W.C.Röntgen）が **X 線**を発見したことが最初である．レントゲンは，真空放電や陰極線の研究を行っていて，黒い紙で覆った放電管から，蛍光版を感光させる陰極線ではない電磁波が放出されていることを発見し，これを未知の X を用いて X 線と命名した．この発見は急速に広まり，レントゲンはこの業績で 1901 年に第 1 回のノーベル物理学賞を受賞した．

図 1-1　レントゲン

　このX線の発見は，当時ウラン塩（鉱石）が出す蛍光の研究をしていたフランスの物理学者であるベクレル（A.H.Becquerel）にもたらされた．彼は，太陽光に当てると蛍光を発するウラン塩を黒い紙で包んで机の中に入れておくと写真乾板が感光することを発見した．このX線と似た性質をもつ線が，レントゲンが用いたような装置からではなく鉱石から放出されることから，彼はこの線をX線とは別にベクレル線と命名し1896年に発表した．これは今でいうα線である．さらに彼は，このベクレル線が気体を電離する性質がある放射線であることなども明らかにした．この発見によりベクレルは1903年ノーベル物理学賞を受賞した．

図 1-2　ベクレル

　このベクレルの実験に興味を持ち，ベクレル線の研究をさらに進めたのがキュリー夫妻（P.Curie & M.S.Curie）である．キュリー夫人の劇的な生涯については多くの著書があるので，ここでは詳細に触れないが，女性初のノーベル賞受賞者であるのみならず，ノーベル物理学賞とノーベル化学賞を受賞（すなわち2回ノーベル賞を受賞，前者は1903年夫のピエール並びに上記のベクレルと，後者は夫の死後1911年）した彼女の超人的な努力によって，現代の放射化学の研究の端緒が開かれたと

言っても過言ではない．物性物理学者として高名であった夫のピエールが開発した微小電流の高精度測定器（ピエゾ素子電位計）を用いて，ウランを含む鉱石であるピッチブレンドがウラン塩より強い放射線を出すことを見いだし，その中に含まれると思われる新しい物質の発見に取り組んだ．その結果，1898 年にポロニウム（夫人の祖国ポーランドから命名）とラジウム（放射線を出す性質から命名）の 2 つの元素を発見した．この成果の発表にあたり，夫人は放射能 radioactivity という言葉を初めて用いた．2 人はさらに純粋なラジウムを取り出すために 2 トンの鉱石から 4 年の歳月を費やして 1902 年に 0.1 g の塩化ラジウムを精製することに成功し，その化学的性質をも明らかにした．この作業の困難さと当時の生活の苦労は現在に至るまで語り継がれている．また夫妻は，このラジウムの医学への応用について注目し，キュリー療法とよばれる放射線治療の基礎を築いた．その後，彼女は第一次大戦の負傷者を救うために初めて移動 X 線撮影車を考案し，自らもそれに乗って各地を回った．驚くべきことに夫妻は，ラジウムの発見やその応用について特許を取得せず，無償でそれらの使用を許可したのである．当時は放射線の人体に及ぼす影響について徐々に認知はされていたが，今日のような明確な防護基準などは存在せず，夫人は素手でラジウムを扱っていたのでその手は火傷だらけだったという．また夫人が使用したノートや本からは放射線が検出されるので，現在記念館では鉛の箱に入れて保管し，閲覧には防護服を着用するという．

図 1-3　キュリー夫妻

　放射能の単位には，現在，1 秒間に 1 個の放射性壊変を 1 ベクレルとするベクレル（Bq）が使用されているが，慣用的には 1911 年に決定された単位であるキュリー（Ci）も用いられている．1 Ci はラジウム-226 1 g の放射能と定められていて，1 Ci = 3.7×10^{10} ベクレルの関係にある．

> **Tea Break**──ノーベル賞を2回受賞した科学者
>
> 　キュリー夫人は，1人で2回ノーベル賞を受賞した史上4人の受賞者の1人でかつ唯一の女性である．しかも長女夫婦もノーベル賞を受賞，さらに次女の夫もノーベル賞を受賞し，一家で5人の受賞者を輩出した奇跡？の家族である．ちなみに，過去に1人で2回ノーベル賞を受賞した受賞者はすべて科学者であり以下の4人である．
> マリー・キュリー：1903年に放射線発見で物理学賞，1911年に純正なラジウム抽出で化学賞
> ジョン・バーディーン：1956年にトランジスタ発明で物理学賞，1972年に超伝導理論で物理学賞
> ライナス・ポーリング：1954年に化学結合の本性・複雑な分子の構造研究で化学賞，1962年に核兵器反対運動で平和賞
> フレデリック・サンガー：1958年にインスリンの一次構造発見で化学賞，1980年に核酸の塩基配列の決定で化学賞

　次に登場するのはラザフォード（E.Rutherford）である．このニュージーランド出身の大化学者は，α線とβ⁻線を発見し，放射性壊変の理論を確立した．さらに，α線の散乱実験の結果から原子核の存在を発見し，これらの重要な発見と研究成果から「原子物理学の父」と呼ばれていて1908年にはノーベル化学賞を受賞した．彼は1898年にウランから2種類の放射線が出ていることを見いだして，これらがα線とβ⁻線であることを明らかにした．また1900年にはヴィラールにより見いだされた放射線が電磁波であることを示し，後年これをγ線と命名した．さらに半減期の考えを提唱して1902年には放射性元素壊変説を提唱した．その後，α線の本体を明らかにして，これを用いた散乱実験によって原子核の存在を発見した．

図1-4　ラザフォード

　その後，ラザフォードはα線照射による原子核の人工変換の可能性を示し，キュリー夫人の娘であるイレーヌ夫妻は，原子核を人工的に変換して人工放射性同位元素を製造することに初めて成功した．これによりイレーヌ夫妻は母親に次いでノーベル化学賞を受賞した．これらの研究は，1930年代から40年代にかけて核分裂の発見や原子炉の製造につながっていった．一方，原子核の研究も進

展し，1930年代から素粒子や中間子が発見されていき，核力を説明するために中間子の存在を予言した湯川秀樹は1949年ノーベル物理学賞を受賞した．これは日本人として初めてのノーベル賞受賞であった．

図1-5　湯川秀樹

なお，原子物理学における日本人の活躍は戦前から目覚ましいものがあり，湯川秀樹の他に1903年に土星状の原子モデルを提唱した長岡半太郎，アイソトープに同位体，同位元素の日本語を考案した飯盛里安，1937年にサイクロトロン（核粒子加速器）を完成させた仁科芳雄などが挙げられる．戦後の日本においては放射線の平和利用が推進され，1957年には現在の放射線防護体系の基になる放射線障害防止法が公布された．また，同年には国内初の原子炉が稼働し，アイソトープの生産が東海村で初めて行われた．

図1-6　長岡半太郎（左），仁科芳雄（右）

Tea Break —— 放射線障害防止法と東京タワー

　正式には,「放射性同位元素等による放射線障害の防止に関する法律」と称する放射線障害防止法が公布されたのは1957年6月のことである．これによりわが国において，放射線障害を防止し，公共の安全を確保するために，放射性同位元素の使用，販売，賃貸，廃棄その他の取扱いや放射線発生装置の使用及び放射性同位元素によって汚染された物の廃棄等の法的規制が確立した．この1957年6月は，偶然にも東京タワー（日本電波塔）が着工された月であり，日本が，戦後の混乱から脱却して科学技術立国を目指す記念すべき時期にあたっていたといえる．ちなみに，この年の7月には放射線医学総合研究所が発足し，8月には国内初の原子炉が稼働，12月には国産初のアイソトープ生産が行われるなど，1957年はわが国の放射線研究において特筆すべき年であった．

1-2 身近にある放射能・放射線

　前項で述べたように，微量の放射線や微量の放射線を出す物質は身近にあって，私たちはこれらと共存しながら生活してきた．これらの放射線の量は，放射線が人体に及ぼす影響の単位であるシーベルト（Sv：線量当量）で表される（第9章参照）．人が自然界から受ける放射線の量は，地球上の場所によっても異なるが，平均すると，建物や大地から空気中に放出されるラドン（^{222}Rn 気体）などの吸入によって年間1.3 mSv，食物中のカリウム（^{40}K）や炭素（^{14}C）などから0.33 mSv，大地から来る放射線から0.41 mSv，宇宙線などの放射線から0.36 mSvで，合計で1年間に**約2.4 mSv**の放射線を受けている．このうち，大地から来る放射線と宇宙線からの放射線では，体の外部から放射線を受けるのでこれを外部被ばくという．一方，空気中のラドンの吸収や，食物中に含まれるカリウムや炭素の摂取によって，体の内部から放射線を受けるのでこれを内部被ばくという．

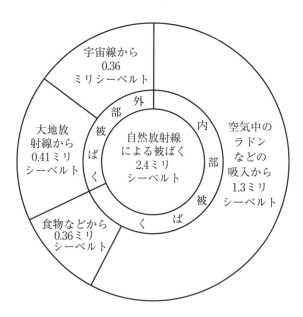

図 1-7　自然放射線

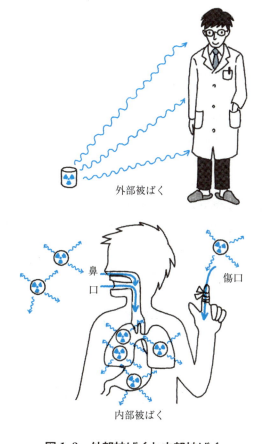

図 1-8　外部被ばくと内部被ばく
（日本アイソトープ協会編集・発行（2011）改訂版　放射線の ABC，p.49，発売所：丸善出版株式会社）

例えば，日常，我々が口にしている食物中には，通常，図1-9に示すような量の放射性カリウム（^{40}K）が含まれている．

```
体内の自然放射性物質の量
（体重 60 kg の日本人の場合）

  カリウム 40              4,000 ベクレル
  炭素 14                  2,500 ベクレル
  ルビジウム 87              500 ベクレル
  鉛 210・ポロニウム 210       20 ベクレル


食物中の K-40 の放射能量（日本）（ベクレル/kg）

  米                          30
  ほうれん草                  200
  干しいたけ                  700
  魚                         100
  生わかめ                    200
  牛肉                        100
  ポテトチップ                400
  干こんぶ                  2,000
  牛乳                         50
  ビール                       10
```

図 1-9　食物中の ^{40}K の放射能量

これらの食物を，日々，我々が摂取することで，人体の中には常に放射能が存在することになる．その量は，体重 60 kg の人でカリウム（^{40}K）が4,000ベクレル，炭素（^{14}C）が2,500ベクレル，その他で520ベクレル程度になるので，合計，人体には約7,000ベクレル程度の放射能が存在することになる．1ベクレルは1秒に1個の原子が壊変して別の原子に変わる時の放射能のことで，もしこれらをすべて測定できれば，1分間に42万カウントという放射能が人体から検出されることになる．実際はこれらは体内に分布し，また体の組織で遮へいされるため，体外から検出することは困難である．

通常の生活で，我々がより多くの自然放射線に接する機会として2つの例を挙げる．1つ目は温泉である．有馬温泉（兵庫県）や三朝温泉（鳥取県）などはラジウム温泉として有名である．ラジウム温泉には療養や保養目的で多くの人が訪れるが，ラジウム温泉とは実際はラジウムが崩壊してできる気体のラドンを一定量以上含む放射線泉のことを指すので，このラドンから放出されるα線の影響を主に考えておく必要がある．

これらのラジウム温泉に行く時に，平均的にラドンからどの程度の放射線を受けるかというと，一般市街地における放射線量がおよそ 0.1 μSv 毎時以下であるのに対して，温泉の浴室では 0.5 μSv 毎時程度，さらに源泉では 10 μSv 毎時程度といわれている．一年中温泉に入り続けることはないとしても，これは通常の生活よりは高い線量である．しかし，ラドンの体内での半減期（体内に入ったラドンの量が半分になる時間）は約30分で，長時間滞留することがないことと，さらに，この程度の放射線を受けることで，むしろ身体の細胞が刺激されて免疫力が向上し，抗酸化力が高まるとの報

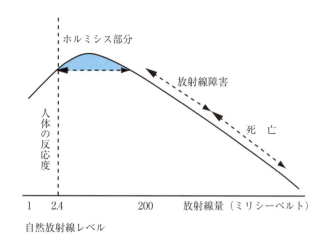

図 1-10　放射線ホルミシス

告もあることからラジウム温泉は体によいとされている．上述の三朝温泉にある三朝医療センターでは，温泉水が生体に及ぼすこのようなよい作用について実際に動物を使った研究を行っている．

このようないわゆる低線量放射線による生命維持に対する有益な影響を放射線ホルミシスといい，大量の紫外線は皮膚がんの原因となるが，少量の紫外線は体内でビタミン D を合成するのに必要であり，不足するとくる病の原因となることなどと似た現象である．

2 つ目は飛行機で上空に上がった時である．高度が高くなるほど陽子を中心とする宇宙線が強くなることは，1912 年オーストリアの科学者ヘスの気球を用いた実験により明らかにされたが，現在は，航空機で飛行中に約 1 万メートルの上空へ上がることができるので，一般人にはこのケースが考慮の対象になる．国際線でアメリカあるいはヨーロッパに旅行したことを考えた場合，片道 12 時間，往復 24 時間乗ることになるので，その間に受ける宇宙線による放射線は地上の約 50 倍の 5 μSv 毎時と仮定して，120 μSv の放射線を受けることになる．これを年に 20 回程度繰り返すと通常の生活で 1 年間に受ける自然放射線 2.4 mSv とほぼ同じ線量となる．一般人でこれだけ年間航空機を利用する人は少ないとしても，航空機に職業的に乗務する人の場合は無視できない数値になり，最大年間で 5 mSv 程度の放射線を受けることを考慮しなくてはならない．こうした事実から，国際放射線防護委員会（ICRP）は，航空機における勤務中の被ばくを職業的被ばくに含める必要があるとの見解を示しており，日本でも，2006 年 4 月に放射線審議会が「航空機乗務員の宇宙線被ばく管理に関するガイドライン」を策定し，各航空会社に通達を行った．この通達では，航空機乗務員の被ばく線量として，年間 5 mSv の管理目標値を定めて，各会社でこの数値を下回るように努力することが求められている．

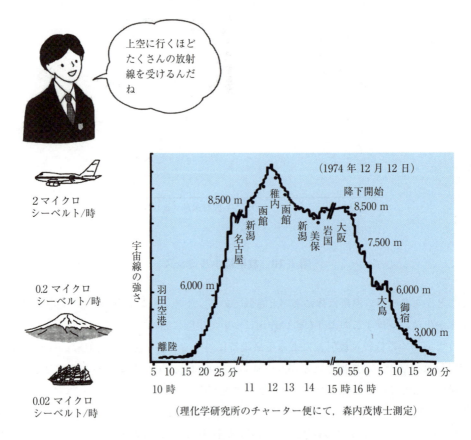

図 1-11　高空における宇宙線強度の変化
(日本アイソトープ協会編集・発行（2011）改訂版　放射線の ABC, p.16, 発売所：丸善出版株式会社)

　次項の，放射能・放射線の利用とも関連するが，我々が自然放射線以外で日常生活で接する放射線としては，もう一つ医療放射線が挙げられる．定期健康診断で受ける X 線間接撮影では，1 回当たり約 0.3 mSv，胃の X 線検査では 1 回当たり約 4 mSv を受けるといわれている．さらに CT スキャンでは 1 回当たり約 7 mSv，PET-CT 検査では 1 回当たり約 10 mSv を受けることになり，このような画像検査では，通常の生活で 1 年間に受ける自然放射線 2.4 mSv の最大約 4 倍の放射線を受けることになる．実際，PET-CT 検査の直後においては，GM 計数管式サーベイメータを用いて，体内から放出される毎分数千カウントの放射線を検出することがある．しかし，これらの検査で放射線障害を受けることはなく，職業人の最大許容被ばく値が法令で年間 20 mSv（5 年間で 100 mSv）に設定されていることからも，全く問題のない数値であることがわかる．

図 1-12　医療検査における被ばく値

1-3　放射能・放射線の利用

　放射線や放射線を出す物質は，前項のように身近に存在するだけでなく，いろいろな方面で利用されている．生活や産業における放射線の利用の代表的な例をいくつか以下で説明する．

A　医療における利用

① 滅　菌

　注射筒などの医療器具や細胞の培養に用いるピペットやシャーレは，雑菌やウイルスなどを除去した完全に清潔なものを使用しなければならない．現在，これらにはプラスチック製のディスポーザブル（使い捨て）の器具が衛生上，無菌管理上の利点から多く用いられている．こうしたプラスチック製の器具を滅菌する場合，煮沸滅菌では器具が熱で溶けてしまう恐れがあり，また，薬品による滅菌では残留する試薬類が生体や細胞に害を及ぼす可能性がある．そこで，現在，最も多く用いられている滅菌法が放射線照射による滅菌である．これは，既に箱詰めされた製品の外部から，コバルト60などの線源から放出されるγ線を照射して，雑菌やウイルスを死滅させる方法であるが，製品の外形にはまったく影響することがなく，また残留毒性などもまったくない優れた方法である．ディスポーザブルの注射針や注射筒，その他の医療用具，実験器材等の滅菌に広く用いられており，医療用具全体の滅菌法の約60％，売り上げにして3,000億円程度を占めている．

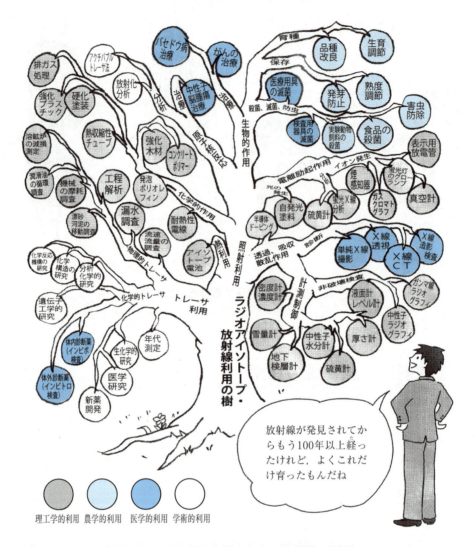

図 1-13　生活や産業における放射線の利用
(日本アイソトープ協会編集・発行（2011）改訂版　放射線の ABC, p.15, 発売所：丸善出版株式会社)

② 診　断

　健康診断においては，胸や胃の検査を行うために X 線撮影を行う．また，がんや血管障害，心筋梗塞など病気の診断を行うために，体の外から X 線を当てて検査を行う X 線 CT（コンピュータ断層撮影法）や，病院の核医学施設において半減期の短い放射性核種を利用した放射性医薬品を体内に入れて，その薬品が集積する病巣から放出される放射線を画像化するインビボ画像診断法が利用されている．最近はより精度の高い方法として，陽電子放出核種を用いて調合した放射性医薬品を体内に入れて，陽電子消滅によって放出される 2 本の γ 線を検出する PET（陽電子放射断層撮影）検査が用いられるようになった．これと X 線 CT を組み合わせた PET-CT は，現在，全国で約 330 の施設で実施されており，その中の約 140 の施設では，施設内に陽電子放出核種を製造可能なサイクロトロンを備えている．

③ 治 療

がんの治療において，抗がん剤を用いる治療や外科的切除による治療と較べて，痛みや苦痛を伴わない治療法として放射線治療がある．この治療法には，外部から放射線（γ線）を当てる方法と，体内の患部に放射線を出す線源を埋め込む方法がある．いずれも正常の細胞も傷つける可能性もあるが，最近開発されたガンマナイフは，定位的放射線治療方法の一つとして注目されている．この方法では，200個近いコバルト60の線源をヘルメット状に並べて，これらから出る放射線が患部の一点に集まるようにコントロールするので，正常細胞へのダメージが少なくて済む．さらに最近，炭素イオン等の重粒子線を用いるがん治療がいくつかの先端医療施設で行われている．

B　農業における利用

① 食品照射

食品の殺虫，殺菌を目的に食品に放射線を当てることは，加熱や薬品・ガスによる殺虫・殺菌が困難な香辛料，肉，野菜などの食品に有効と考えられる．世界各国では，香辛料を筆頭として，生鮮野菜，生鮮肉類，果物等，多くの食品に対して放射線の照射が認められている．しかしながら，日本においてはジャガイモへの放射線の照射のみが認められている状況である．これは，保存中のじゃがいもの発芽を抑制する目的で行われているもので，現在，北海道のみで行われている．

② 品種改良

作物に放射線を照射して突然変異を誘発し，新しい品種を作出する試みは日本でも戦後から実施されている．1950年代からは，国立遺伝学研究所や農業技術研究所にガンマルームが設置されて研究が進められた．1962年には，茨城県にガンマフィールドが設置され，照射試験が開始された．これは現在，独立行政法人農業生物資源研究所の放射線育種場となり，最近では，菊の花色変種品種の作出や，黒斑病に強い梨品種への改良などの成果を挙げている．

③ 害虫駆除

害虫駆除への放射線の利用例として，放射線照射による不妊虫の放飼法がある．これは，放射線を照射することで突然変異を誘発し，交配しても次世代が生まれない，すなわち不妊となった虫を放虫して害虫を駆除する方法である．不妊となった雄の虫を野外に多数放出して，野生の雄との交配の機会を減らせば，次世代が徐々に減っていき，やがてはその害虫は絶滅する．日本ではゴーヤーやキュウリなどの野菜に被害を与えるウリミバエを駆除するためにこの方法が用いられて，1972年から沖縄県農業試験場で不妊のウリミバエを作製して野外に放出を試みたところ，1993年にほぼこの絶滅に成功した．

C　工業における利用

① 非破壊検査

X線や放射性物質から放出されるγ線を用いて，機械や乗り物，文化財，様々な製品などを破壊したり壊したりしないで内部の様子を調べたり，微小であるなどで外部からわからないような傷や亀裂などを検査したりする方法を非破壊検査という．航空機のジェットエンジンの定期検査，ストラディバリウスなどの高価な楽器の研究や貴重な仏像などの調査に用いられている．空港などの手荷物

検査でも，この方法によって荷物を開けることなく内部の様子を調べている．

② 厚さ計

放射線が物質により吸収されて減弱される性質を利用して，物質の厚さを計測する厚さ計が工業製品の製品管理に利用されている．鉄板などの薄い板，アルミホイルや紙などの薄い膜を一定の厚さで仕上げていく工程で，これらの板や膜に上から放射線を当て下へ通過した放射線の量を測っていけば，板や膜の厚さを正確に測定できる．このようにして正確に一定の厚さの製品を製造することが可能になっている．また，大きなタンクなどの中の液量を測定するのには，水による放射線の減弱効果を利用して液面を調べるレベル計が用いられている．

③ 新しい材料の作製

ポリエチレンなどの材料に電子線を照射すると，熱に強く変形しない製品を作ることができる．この方法で，熱湯を入れたり電子レンジで加熱しても変形しない容器が作られる．また，同じく電子線を照射することで電線の被覆部を燃えにくくした耐熱性電線を作ることができる．この電線は，テレビ，ビデオや自動車に用いられている．さらに，マットやクッション，断熱材等に用いられる発泡性の材料をうまく製造するためにも電子線の照射が行われている．

④ 環境の保全

火力発電所の燃料になる石油製品中の硫黄成分の量や，大気中の塵，有害な微量有機物質の量などを放射線を利用して測定し，環境保全に役立てる試みが行われている．また，火力発電所から放出される硫黄酸化物や窒素酸化物を含む雨は，酸性雨となって土壌や水を汚染するが，これらの物質に電子線を照射して除去する方法が，日本原子力研究開発機構によって開発された．この方法は，海外でも実用化されて環境改善に役立っている．

D 人文科学分野における利用

① 年代測定

考古学において，発見された遺跡ができた年代や出土した木片の年代を決定するのに，β 線を放出する放射性炭素（^{14}C）が用いられる．^{14}C は二酸化炭素（CO_2）の形で大気中に存在し，大気中に一定の割合で存在するので，同じ割合で植物内や体内に取り込まれる．しかし，一度生物が死滅したり植物が伐採されると，そこからは ^{14}C はその半減期（放射能が半分になる時間，^{14}C の場合 5,730 年）に従って減少していく．したがって，発見された時に含まれている ^{14}C の割合を測定して，そこまで減少する時間を半減期を用いて計算すれば，逆算から遺跡の年代や木片が作られた年代が求められる．二酸化炭素に含まれる ^{14}C は，ほとんどの有機物質に含まれていて，しかもその半減期は人類が文明を発展させてきた年数にほぼ相当するので，年代測定に大変有用な放射性物質である．このような方法を用いれば正確に年代を算出できるので，歴史的論争に結論が出たり，新たな発見が行われることも少なくない．奈良県にある現在の法隆寺が聖徳太子創建によるものか，あるいはその後再建されたものかという，いわゆる「再建・非再建論争」に，建築木材の伐採年代の測定などから再建という結論が出されたのは有名な話である．

第2章

放射性核種と放射能

第2章の要点

放射性同位体	同位体の中で原子核が不安定のために放射線を出すもの.
壊変図式	放射性壊変の推移を視覚的にわかりやすく表記したもの.
α壊変	質量数が過剰な原子核からα線（ヘリウムの原子核：線スペクトル）が放出される現象. 娘核種は, 親核種にくらべて質量数が4, 原子番号が2だけ少なくなる. ^{226}Ra, ^{222}Rn, ^{235}U, ^{238}U, ^{239}Pu
β$^-$壊変	中性子過剰の原子核で, 中性子1個が陽子に変換する現象. 娘核種は原子番号が1増加し, 質量数は変わらない. β$^-$線（陰電子：連続スペクトル）とニュートリノが放出される. 軟β：^{3}H, ^{14}C, ^{35}S, 硬β：^{32}P, ^{89}Sr, ^{90}Y
β$^+$壊変	陽子過剰の原子核で, 陽子1個が中性子に変換する現象. 娘核種は原子番号が1減少し, 質量数は変わらない. β$^+$線（陽電子：連続スペクトル）とニュートリノが放出される. 陽電子は放出直後に陰電子と合体して消滅し180度反対方向に2本の消滅放射線（消滅γ線）を放射する. ^{11}C, ^{13}N, ^{15}O, ^{18}F
軌道電子捕獲	陽子過剰の原子核で, 軌道電子が原子核内に取り込まれ, 余剰の陽子1個が中性子に変換する現象. 娘核種は原子番号が1減少し, ニュートリノが放出される. ^{123}I, ^{67}Ga, ^{201}Tl
γ転移	放射性壊変の直後に励起状態にある原子核が, γ線（電磁波：線スペクトル）を放出して基底状態に達する現象. 原子番号と質量数は変わらない.
核異性体転移	壊変直後の励起状態が比較的長時間続く場合, この核異性体がγ線を放射して基底状態に転移する現象. ^{99m}Tc, ^{81m}Kr
壊変定数と半減期	放射能：A, 放射性核種の原子数：N, 時間：t, 壊変定数：λ $$A = -\frac{dN}{dt} = \lambda N$$ 初めの放射能：A_0, これを積分して$t = 0$のときの原子数をN_0とすると $N = N_0 e^{-\lambda t}$ 半減期Tの時 $\frac{N}{N_0} = \frac{1}{2}$なので, $\ln\left(\frac{1}{2}\right) = -\lambda T$ $\lambda = \frac{0.693}{T}$

	$A = A_0 \left(\dfrac{1}{2}\right)^{\frac{t}{T}} \quad N = N_0 \left(\dfrac{1}{2}\right)^{\frac{t}{T}}$
永続平衡	親核種 X の半減期 T_X が娘核種 T_Y の半減期 T_Y より非常に長い場合（1000倍以上），Y の放射能 A_Y は X の放射能 A_X と等しくなる．　$^{90}\text{Sr} \rightarrow {}^{90}\text{Y}$
過渡平衡	親核種 X の半減期 T_X が娘核種 Y の半減期 T_Y より十分に長い場合 $\left(\dfrac{T_X}{T_Y} > 10\right)$，Y の放射能 A_Y と X の放射能 A_X の比が一定となり，A_Y は A_X より少し大きくなる．また A_Y は極大値をもつ． $^{99}\text{Mo} \rightarrow {}^{99\text{m}}\text{Tc}$
ミルキング	放射平衡を利用して，比較的短寿命の有用な核種を得る操作を，乳牛からミルクをしぼることに例えてミルキングといい，乳牛に相当する装置をジェネレータという． ^{99}Mo-$^{99\text{m}}\text{Tc}$ ジェネレーター
放射能の単位	放射能とは，単位時間に壊変する原子の数を示す．1秒間に1個の原子核が壊変して放射線を出すときを1 Bq（ベクレル）とし，その単位は 1/s である．
飛程と電離能	各放射線の飛程を比較すると，α線＜β線＜γ線となる．また物質を電離する能力は，α線＞β線＞γ線の順となる．

2-1 原子と原子核

2-1-1 原子の構造

物質を構成する最小単位は，フェルミ粒子（クォーク6種，レプトン6種），ボース粒子（グルーオンなど5種）と称される**素粒子**である（表2-1）．これらのうち，2種類のクォーク（アップクォーク：u とダウンクォーク：d）3個が，グルーオンという素粒子の力で組み合わさって正電荷を持つ**陽子** proton（p）あるいは電荷を持たない**中性子** neutron（n）を構成している．陽子と中性子は**核子** nucleon と呼ばれ，これらが複数結合して原子核を形成している（図2-1）．

表 2-1　素粒子の標準模型

フェルミノン（物質）	第一世代	第二世代	第三世代	電荷
クォーク	アップ（u）	チャーム（c）	トップ（t）	＋2/3
	ダウン（d）	ストレンジ（s）	ボトム（b）	－1/3
レプトン	電子（e）	ミューオン（μ）	タウオン（τ）	
	e ニュートリノ（ν_e）	μ ニュートリノ（ν_μ）	τ ニュートリノ（ν_τ）	

ボソン（力）		
電磁気力：	フォトン（光子，ν）	ヒッグス粒子（H）
強い力：	グルーオン（g）	
弱い力：	Z，W ボソン（Z, W）	
重力：	グラビトン（？）	

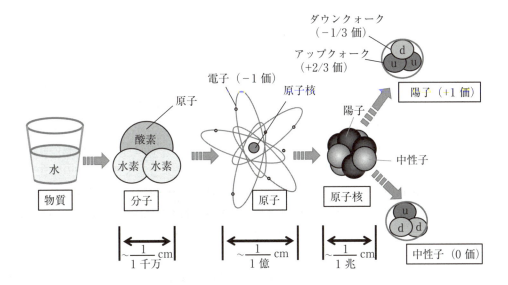

図 2-1　物質の構造と大きさ

　薬学領域で扱う知識分野のうち放射線に関係する現象を理解するためには，着眼点を原子の世界に置き，その構造や大きさを把握しておくべきである．

　原子核の直径は，10^{-15} m 程度であり，陽子は正（＋）の電荷を有し，中性子は電荷を持たないため，原子核全体では正に荷電している．陽子と陽子は正電荷どうしのクーロン斥力で反発しあうが，原子核をまとめる核力 nuclear force の作用により中性子も含め結合状態が保たれている．

　原子核の周囲には負（－）の電荷を有する電子 electron が周回しており，その場所を電子軌道 electron orbit，周回する電子を軌道電子 orbital electron と呼ぶ（図 2-2）．

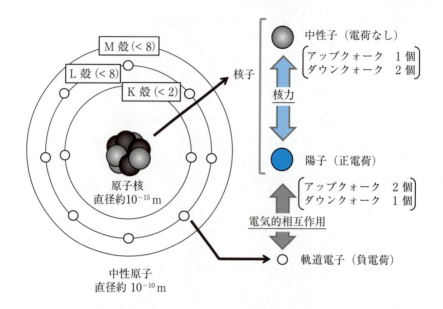

図 2-2　原子模型

電子はレプトンの一つに分類され，その大きさは陽子に比べはるかに小さい．軌道電子は，原子核との間のクーロン力が釣り合う位置に存在し，原子核に近い方からK，L，M軌道の順で特定のエネルギー準位を保って偏在している．このうち最外殻の軌道電子の状態が個々の原子の化学的性質を示すことが多い．電子軌道の広がりは，直径10^{-10}m程度であるので，軌道電子は原子核の直径と比べて10^5倍（10万倍）もある広い空間を非常な高速で運動していることになる．原子の大きさは，原子核を中心として軌道電子が分布している空間の広がりを示す．中性原子の軌道電子の数は，原子核の陽子数（原子番号）に等しい．原子番号が大きな原子では，陽子と軌道電子間のクーロン力のため内側軌道の直径が小さくなるが，外側の軌道はあまり変わらないため，原子の大きさは原子番号の大小にはさほど影響しない．

表2-2には，放射線の分野と関係が深い素粒子と素粒子の組み合わせで構成される複合粒子の性質が示されている．

表 2-2 基本的な粒子の性質

	名　称	記　号	静止質量（amu）	電　荷	スピン
素粒子	光子	γ	0	0	1
	ニュートリノ	ν	0＜	0	1/2
	電子	e⁻（β⁻）	0.0005486	－1	1/2
	陽電子	e⁺（β⁺）	0.0005486	＋1	1/2
複合粒子	μ電子	μ⁺, μ⁻	0.1134	＋1, －1	1/2
	π中間子	π⁰	0.1449	0	0
		π⁺, π⁻	0.1498	＋1, －1	0
	中性子	n	1.0086650	0	1/2
	陽子	p	1.0072765	＋1	1/2
	重陽子	d	2.0141022	＋1	1
	α粒子	α	4.0026036	＋2	0

> ***Tea Break*** ── 物質の誕生
>
> 138億年前のビッグバンにより宇宙が誕生し，物質の最少単位である素粒子が生まれた．当初，これらは高温の空間を光速で飛び回っていたが，一部の素粒子（クオーク）は宇宙の温度が低下するに従いヒッグス粒子の作用で運動が制限され質量を獲得した．これらは質量を持たない別の素粒子（ボソン）の働きにより結合して陽子と中性子ができ，これらが互いに結合して原子核を形成した．そうするとそれまで無秩序に飛び回っていた電子が原子核のまわりにとらえられて簡単な原子である水素やヘリウムが誕生した．これら簡単な構造の原子は，宇宙空間で重力の作用で集合・結合して星をつくり，この星の爆発と再生が繰り返されるうちに各種の原子が生まれたのである．

2-1-2　核　種

　原子核は，構成する陽子の数と中性子の数およびそのエネルギー状態によって種類別され，これを**核種** nuclide と呼ぶ．一般化学の分野では個々の元素とその組み合わせを中心に考えるが，放射線の分野では個々の核種の性質に注目する．

　原子核内の陽子数（Z）は，周期律表にある元素固有の数値で**原子番号** atomic number を示し，中性原子では陽子数（原子番号）と軌道電子の数は等しい．また，原子核内の陽子数と中性子数（N）との和を**質量数** mass number（A）と呼び，整数で表す．核種を表すには，元素記号をXとした場合，Xの左下にZを，左上にAを併記する．ここで，Z（原子番号）は元素により決まっている値なので，簡潔にするために表記しないこともある．

　原子核の安定性は，陽子数と中性数のバランスによって決まり，安定なものを**安定核種** stable nuclide と呼ぶ．図2-3に安定核種における陽子，中性子数との関係を示す．原子核が不安定な核種は，自然に安定化しようとしてエネルギーを放出する．このエネルギー放出が**放射線** radiation であ

り，放射線を発生する性質のことを**放射能** radioactivity という．また，放射線を放出する不安定な核種のことを**放射性核種** radionuclide と呼ぶ．

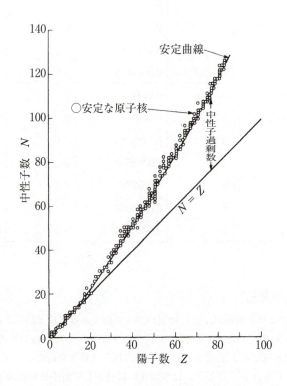

図 2-3　安定な原子核の分布と安定曲線
（浦久保五郎編（1987）放射薬学テキスト 第2改稿版，p.10，廣川書店）

> ### *Tea Break* ── 放射性物質と放射能
> 　放射性物質とは放射性核種を含む物質であり，含まれる放射性核種の量によって発生する放射線の量（放射能）が異なる．容器内に閉じ込めた放射性物質から，放射線だけが漏れてくる場合を"放射線漏れ"といい，放射性物質そのものが容器外にこぼれることを"放射性物質汚染"という．原発事故などの報道において，時々「放射能漏れ」という表現が使われたことがあったが，これでは"放射線漏れ"なのか"放射性物質汚染"なのかがわからず正しい表現とはいえない．これは，生化学で学習する"酵素"と"酵素活性"の関係に例えることができる．細胞破壊により，血中に"酵素"が漏れだすが，"酵素活性"が漏れだすとはいわない．

　放射性核種から放出される放射線は，直接あるいは間接的に物質原子を電離させる能力があるので**電離放射線** ionizing radiation といい，一般的に放射線といえば電離放射線のことを示す．また放射線は，その本体が質量と電荷を持った粒子であるもの（α線，β^-，β^+線など）と，質量も電荷も持たない電磁波（γ線，X線）であるものの二種類に大別される（後述）．電磁波であっても，紫外線，可視光線，赤外線，テレビ・ラジオ等の電波などは，エネルギーが小さく電離能力がないため**非電離放射線** non-ionizing radiation と呼んで区別する．

原子番号（陽子数：Z）が同じであっても，質量数（A）が異なる核種の関係を**同位元素**または**同位体** isotope（**アイソトープ**）という．ある元素の同位体は，軌道電子の配列状態が同じであるためにほぼ同じ化学的な性質を示す．このため，混合物から個々の同位体を分離することは非常に困難である．一つの元素について，天然に存在する各同位体の原子数の百分率を**同位体存在比** isotope abundance ratio という．周期律表に記載されている原子量は，個々の元素について同位体存在比をもとに算出された値である．例えば，炭素の同位体のうち，天然の同位体存在比が最も多いのは ^{12}C であるが，^{11}C（天然にはない），^{13}C, ^{14}C といった核種も存在する（表2-3）．

表 2-3　炭素の同位元素の比較

核　種	^{11}C	^{12}C	^{13}C	^{14}C
陽子数：Z（原子番号）	6	6	6	6
中性子数：N	5	6	7	8
質量数	11	12	13	14
同位体存在比	天然には存在しない	98.93%	1.07%	$< 10^{-12}$ %
性質	Z > N 放射性同位体	Z, N のバランス良好 安定同位体		Z < N 放射性同位体

　核種の場合と同様に，同位体の中でも原子核が安定なものを**安定同位体** stable isotope，不安定で放射線を放出するものを**放射性同位体** radioisotope（**ラジオアイソトープ**）と呼ぶ．^{12}C と ^{13}C は安定同位元素であるが，^{11}C は中性子数が少ないため，^{14}C は中性子数が多いためにそれぞれ不安定で，放射性同位元素である（表2-3）．原子番号（Z）と質量数（A）はそれぞれ同じであるが，原子核のエネルギー準位のみが異なる核種を互いに**核異性体** nuclear isomer と呼ぶ．例えば，^{99}Tc の核異性体である ^{99m}Tc は，^{99}Tc よりもエネルギー準位が高く不安定であるため，質量数の右に準安定 metastable を示す "m" を付記する．^{99m}Tc は，薬剤師が医療現場で取り扱うことが多い重要な核種の一つである．

　一方，原子番号（Z）が異なるが質量数（A）が等しい核種の関係は，**同重体** isobar と呼ばれ，^{14}C と ^{14}N，^{90}Sr と ^{90}Y などがある．また，^{13}C と ^{14}N では双方とも中性子数が7と同じであり，これらの関係を**同中性子体** isotone と呼ぶ．

2-1-3　原子質量と結合エネルギー

　原子を構成する核子や素粒子の質量は，**統一原子質量単位** unified atomic mass unit：u で表し，基準として，質量数（A）が12の炭素原子（^{12}C）1個の質量を 12 u と定める．^{12}C の 1 mol（6.022×10^{23} 個：アボガドロ定数）は 12 g であるので，12 u = 12 g ÷ 6.022×10^{23} = 1.99×10^{-23} g であり，1 u（1.66×10^{-24} g）はアボガドロ数の逆数（g）となる．表 2-4 に示したように，基準とした ^{12}C は，質量と質量数が同じである．他の核種の質量にはすべて端数があるが，質量数とほぼ等しいと考えてよい．

表 2-4 核種の質量と質量数の比較

原子番号 (陽子数)	核種	天然の同位体 存在比（%）	質量	質量数	安定性
1	^{1}H	99.98	1.0078	1	安定核種
	^{2}H	0.02	2.0141	2	安定核種
4	^{9}Be	100	9.0121	9	安定核種
6	^{12}C	98.89	12.0000	12	安定核種
	^{13}C	1.11	13.0034	13	安定核種
	^{14}C	$< 10^{-12}$	14.0032	14	放射性核種
19	^{39}K	93.22	38.9638	39	安定核種
	^{40}K	0.01	39.9640	40	放射性核種
	^{41}K	6.77	40.9618	41	安定核種

(A) 原子核形成

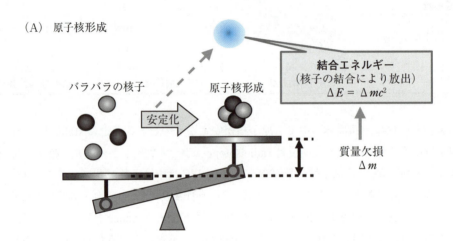

(B) 核分裂生成物形成

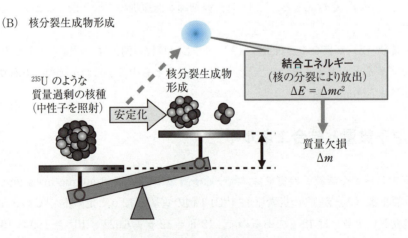

図 2-4 質量欠損と結合エネルギー

^{12}C 原子は，陽子と中性子 6 個ずつと軌道電子 6 個で構成されている．これらの核子と素粒子の原子質量をバラバラの状態で足し合わせると，12.0989406 u となり，^{12}C 原子 1 個分を組み立てた時の原子質量（12 u）は，0.0989406 u だけ小さいことになる．この現象は，^{1}H 以外のすべての元素で認められ，**質量欠損** mass defect という．図 2-4 に示したように，バラバラの状態の核子は，互いに結合して原子核を構成することで安定化する．質量欠損は，安定化によるエネルギー減少分に相当し，これを**結合エネルギー** binding energy という．高校の化学で学んだラボアジエ（A. Lavoisier）の質量保存の法則は，核子の間では成立しないことになるが，この点を解明したのがアインシュタイン（A. Einstein）であり，彼は特殊相対性理論により質量（m）はエネルギー（E）と等価であること（2-1 式）を導いた．

$$E = mc^2 \tag{2-1}$$

E：エネルギー（J），m：質量（kg），c：光速度 2.998×10^8（m/s）

^{12}C 原子の質量欠損分（0.0989406 u）を，2-1 式からエネルギーに換算すると 2-2 式のように計算される．

$$E = 0.0989406 \times (1.66 \times 10^{-27} \text{ kg}) \times (2.998 \times 10^8 \text{ m/s})^2 = 1.477 \times 10^{-11} \text{ J} \tag{2-2}$$

放射線の分野では，エネルギーを表す単位として J のかわりに**電子ボルト（eV）**を使うことが多い．1eV は，1 個の電子（1 電気素量）が真空中で 1 V の電位差をかけた電極の間を負極から正極に移動するときに得る運動エネルギーを示し，1 eV = 1.6022×10^{-19} CV = 1.6022×10^{-19} J である．^{12}C 原子の質量欠損分（＝結合エネルギー）は，$(1.477 \times 10^{-11}) \div (1.6022 \times 10^{-19})$ = 92.2×10^6 eV = 92.2 MeV となり，核子 1 個当たりの結合エネルギーは，7.68 MeV となる．同様に，1 u をエネルギーに換算すると 931.5 MeV となり，電子 1 個分の質量がエネルギーに変わると E = 931.5（MeV）× 0.00054858（u）= 0.511（MeV）のエネルギーが発生する．

天然に存在する核種について，質量数と平均結合エネルギーの関係を図 2-5 に示す．核種は，結合エネルギーが大きいものほど安定であり，多くは 7 ～ 9 MeV である．この値は，化学結合のエネルギー（数 eV）に比べると桁違いに大きい．また，質量数 60 付近までは質量数の増加とともに増えるが，60 付近で最大値となったのちは減少している．このことから，^{235}U のような大きな核種の原子核が 2 個に分裂（核分裂）する場合や，水素のような小さな核種の原子核同士が合体（核融合）する際には，結合エネルギーの差に由来する大きなエネルギーが放出されることがわかる．質量数が小さい核種のうちでは ^{4}He が特に安定であり，大きな核種が安定化する際に α 線（^{4}He 原子核）を放射することと関係している．

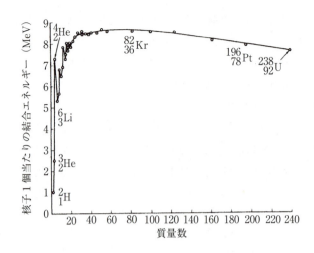

図 2-5　質量数と核子 1 個当たりの結合エネルギーの関係

> ### *Tea Break* ── 輝く星と原子力発電
>
> 　宇宙誕生後まもなく出現した水素やヘリウムなどのガスは，集合して大きな重力場を形成し，高速で運動しながら衝突・結合を繰り返し安定化していった．このような経過（核融合反応）で質量数が大きな元素がつくられる際，質量欠損に相当するエネルギー（結合エネルギー）が放たれ，膨大な熱と光が発生した．これが輝く星の誕生である．我々の太陽でもこの現象が続いており，そのおかげで地球上には生命があふれている．核子 1 個当たりの結合エネルギーは質量数が 60 付近まで増加するが，それ以上になると減少する（図 2.4）．質量数が 235 のウランは，核子 1 個当たりの結合エネルギーが比較的小さく不安定である．これに人工的に中性子を吸収させると核分裂が起こり，ウランより結合エネルギーが大きい断片（核分裂生成物）になる．この時にも核子 1 個当たりの結合エネルギーの差の分が放たれるので，そのエネルギーで水蒸気を発生させ発電に利用する．すなわち原子力発電とは，質量欠損に相当する結合エネルギーを人工的に取り出して電力を産生することなのである．

2-2　放射壊変

2-2-1　放射壊変の形式と壊変図式

　原子核を構成する核子の構成バランスが悪いために不安定である核種（放射性核種）は，放射線として余分なエネルギーを自発的に放出し，より安定な核種となる．この現象を放射壊変 radioactive disintegration, あるいは放射崩壊 radioactive decay という．放射線を取り扱う分野では，単に壊変あるいは崩壊とも呼ぶ．ある放射性核種が壊変して別の核種になる場合，壊変前の核種を親核種 parent nuclide といい，壊変によって生じた核種を娘核種 daughter nuclide あるいは生成核種 produced nuclide という．主な壊変形式を表 2-5 に示した．

表 2-5 主な壊変形式

壊変形式	一次的に放出される粒子	原子番号の変化	質量数の変化	二次的に放出される粒子*
α壊変	α	−2	−4	γ線
β⁻壊変	β⁻, ν	+1	0	γ線
β⁺壊変	β⁺, ν	−1	0	消滅放射線, γ線
軌道電子捕獲（EC）	ν	−1	0	特性X線, オージェ電子, γ線
γ線放出（γ壊変）	γ	0	0	内部転換電子, 特性X線, オージェ電子

*放出されないこともある.

　放射壊変の推移を，視覚的にわかりやすく表記したものを**壊変図式** disintegration scheme といい，その例を図 2-6 に示した．壊変図式では，核種名の下に水平線を付記し，エネルギー準位の高低を水平線の上下位置の変動，原子番号の変化を左右位置の変動で示す．親核種を示す水平線の位置を基準とし，壊変により生成した娘核種のエネルギー準位が低下し原子番号が減る場合は娘核種を示す水平線を左下に，エネルギー準位の低下とともに原子番号が増える場合は娘核種を示す水平線を右下に記す．これら壊変の過程で，原子番号の変化を伴わずにエネルギー準位の低下のみが起こる場合は，水平線を親核種の真下に記す．また壊変図式では，壊変による推移が核種を示す水平線の間の矢印で表記され，壊変の種類と発生する割合（％），エネルギー値（MeV），半減期など原子核に関する情報が付記される．

　放射性核種が壊変するときは，必ずしも一種類の壊変形式のみが起きるのではない．一つの核種が複数の形式で壊変することを，**分岐壊変** branching decay という．例えば，天然に広く存在する ^{40}K は，89％が β⁻壊変して ^{40}Ca となるが，11％は軌道電子捕獲により ^{40}Ar となる．このとき軌道電子捕獲に伴って γ線が放出される（図 2-6）．また，放射性医薬品に利用される ^{18}F は，97％が β⁺壊変，3％が軌道電子捕獲に分岐壊変して ^{18}O になる．

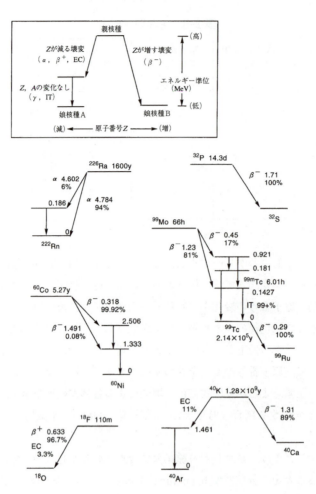

図 2-6　壊変図式

2-2-2　α壊変

不安定な原子核からα粒子が放出される現象を **α壊変** alpha disintegration（**α崩壊**）といい，強い運動エネルギーを持ったα粒子の流れが **α線** alpha ray という放射線である．α粒子の本体はヘリウム ^{4}He の原子核であり，質量数は4で2個の陽子を持つため2価の正電荷を有する．このため，壊変で生じた娘核種（Y）は，親核種（X）にくらべて質量数が4，原子番号が2だけ少なくなる．

$$^{A}_{Z}X \longrightarrow {}^{A-4}_{Z-2}Y + \alpha\,(^4{\rm He}^{2+}) \qquad 例：{}^{226}{\rm Ra} \longrightarrow {}^{222}{\rm Rn} + \alpha \qquad （図2-7参照）$$

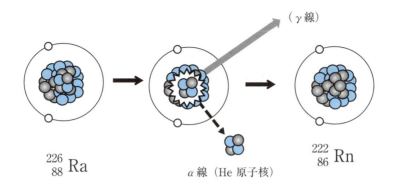

図 2-7　α壊変による原子核の変化

　α壊変は質量数が大きな原子核にみられる現象であり，これらの核種は陽子数が多いために核内のクーロン反発力が強くて不安定となっている．安定化のためには，核子を一部放出すればよいが，質量数が小さい核種のうちでヘリウム原子核は，前述のように平均結合エネルギーが大きくて安定である（図 2-5）．そのため，大きな質量数の核種はα粒子を放出することで，より安定な核種となる傾向がある．

　例として，図 2-6 で ^{226}Ra の壊変図式をみると，^{226}Ra はα壊変により 4.784 MeV のα線を 94％，4.602 MeV のα線を 6％の割合で放射して ^{222}Rn となる．後者の壊変で生成した ^{222}Rn の原子核は励起状態にあり，まだエネルギー準位が高いため 0.186 MeV のエネルギーを放射（γ転移）して基底状態となる．

　α壊変において，親核種の質量は，娘核種とα粒子の質量の和より大きい．壊変に伴う質量の減少分は，**壊変エネルギー** disintegration energy に相当する．このエネルギーの多くはα粒子と娘核種の運動エネルギーとなる．このように，α壊変する原子核は，核種固有のエネルギーを持ったα線を放射するため，α線のエネルギー分布は**線スペクトル**を示す．

　薬学分野で知っておくべき代表的なα壊変核種には，^{226}Ra の他にその娘核種である ^{222}Rn，^{235}U，^{238}U，^{239}Pu などがある．これらは原子番号が 82（Pb）以上で，質量数 200 以上の大きな核種である．

$$^{222}\text{Rn} \longrightarrow {}^{218}\text{Po} + \alpha$$
$$^{235}\text{U} \longrightarrow {}^{231}\text{Th} + \alpha$$
$$^{238}\text{U} \longrightarrow {}^{234}\text{Th} + \alpha$$
$$^{239}\text{Pu} \longrightarrow {}^{235}\text{Th} + \alpha$$

2-2-3　β壊変

　不安定な原子核内で電子の出入が起きた結果，中性子と陽子が相互に変換する壊変様式を**β壊変** beta disintegration（**β崩壊**）と総称する．この壊変には**β⁻壊変**，**β⁺壊変**および**軌道電子捕獲**の三つの形式があり，壊変の前後で原子番号が変化するが，質量数は変わらない．一般に，β⁻壊変は，前述の安定核種の核子数バランスを示す図 2-3 で，曲線より上側に位置する中性子過剰核種においてみられ，β⁺壊変および軌道電子捕獲は，曲線より下側に位置する陽子過剰核種にみられる．

A　β^-壊変

　β^-壊変は，中性子過剰のために不安定な原子核において，余剰の中性子（n）1個が陽子（p）に変換する現象で，娘核種の原子番号は1増加する．この時に陰電子 negatron（e^-）と中性微子（ニュートリノ neutrino, ν）が核外に放出される．陰電子とは，後述の陽電子と区別するための用語であり，普通の電子と同じものである．運動エネルギーを持って飛び出した陰電子の流れがβ^-線という放射線であり，単にβ線 beta ray ともいう．また，β^-壊変では，陽子数と中性数の総和は変わらず，娘核種の質量数は親核種と同じとなる．

$$^A_Z X \longrightarrow {}^A_{Z+1} Y + \beta^- + \nu \quad : 壊変による核種の変化$$

$$(n \longrightarrow p + e^- + \nu \quad : 壊変による核子の変化)$$

$$例：{}^{14}C \longrightarrow {}^{14}N + \beta^- + \nu$$

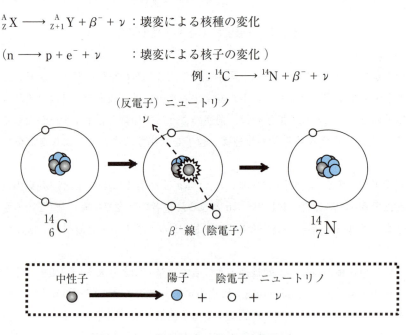

図 2-8　β^-壊変による原子核の変化

　β^-線は，α線とは異なり，核種ごとに定まった壊変エネルギーをニュートリノと分かち合うため，エネルギー分布は連続スペクトルを示す（図2-9）．このため，個々の核種のβ^-線エネルギーを表示するときは，最大エネルギーE_{max}で示す．E_{max}が250 keV以下の低エネルギーβ^-線を放出する^{3}H，^{14}C，^{35}Sなどを軟β放射体 soft β emitter と呼び，ライフサイエンス領域のトレーサー実験で汎用される．β^-壊変では，α壊変と同様にγ線の放射を伴う場合が多いが，γ線は放射せずβ^-線とニュートリノの放出のみで基底状態に達するものもある．

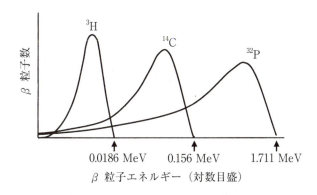

図2-9 β⁻線スペクトルの例

B　$β^+$壊変

　$β^+$壊変は，陽子過剰のために不安定な原子核において，余剰の陽子（p）1個が中性子（n）に変換する現象であり，娘核種の原子番号は1減少する．この時に**陽電子** positron（e^+）とニュートリノが核外に放出される．陽電子と前述の陰電子は，質量とスピンが同じで電荷のみが正反対の関係にあり，互いを**反物質** antimatter と呼ぶ．素粒子の分野では，同時に発生するニュートリノも反電子ニュートリノ（$β^-$壊変時），と電子ニュートリノ（$β^+$壊変時）と区別するが，放射線の分野では区別しなくても差し支えない．$β^+$壊変が起きた結果，運動エネルギーを持って飛び出した陽電子の流れが**$β^+$線**という放射線である．また，$β^-$壊変同様，壊変により陽子数と中性数の総和は変わらないため，娘核種の質量数は親核種と同じとなる．

$$^A_Z X \longrightarrow {}^A_{Z+1} Y + β^+ + ν　：壊変による核種の変化$$
$$(p \longrightarrow n + e^+ + ν　　：壊変による核子の変化)$$
$$例：{}^{11}C \longrightarrow {}^{11}B + β^+ + ν$$

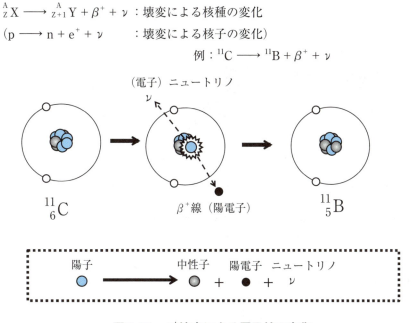

図2-10　$β^+$壊変による原子核の変化

β⁺線のエネルギー分布は，β⁻線と同様に連続スペクトルを示す．放出されたβ⁺線は，しだいにエネルギーを失い陽電子として静止する．すると近辺に存在していた電子が結合して，陽電子とともに消滅する．このとき電子1個分の質量に相当するエネルギー（0.511 MeV）が，電磁波（光子）として正反対（180°方向）に2本放射される．これを消滅放射線 annihilation radiation または消滅γ線と呼ぶ．このように，β⁺壊変の結果少なくとも電子2個分の質量（1.022 MeV）に相当するエネルギー放出が起きるので，陽電子過剰であっても壊変エネルギーがこれ以下の核種ではβ⁺壊変は起こらない．また，β⁺壊変でも，γ線の放射を伴う場合が多い．

核医学の分野では，^{11}C，^{13}N，^{15}O，^{18}F などのようなβ⁺壊変する核種を含む化合物を，陽電子放射断層撮影 positron emission tomograph（**PET**）のための診断用放射性医薬品として使用している．

C 軌道電子捕獲

陽子過剰の原子核では，β⁺壊変に加えて軌道電子捕獲 electron capture（**EC壊変**）が起こる．これは，原子核を取り巻く電子軌道（K軌道）の電子1個が原子核内に取り込まれ，余剰の陽子（p）1個と結合して中性子（n）に変換する現象であり，**K電子捕獲**とも呼ばれる．陽子過剰であっても壊変エネルギーがβ⁺壊変を起こすほど高くない場合は，軌道電子捕獲のみが起きる．娘核種の原子番号は1減少し，壊変前後の微小な質量差に相当するエネルギーから軌道電子の束縛エネルギーを引いた値がニュートリノとして放出される．また，β⁻壊変，β⁺壊変と同様，娘核種の質量数は親核種と同じである．

$$^{A}_{Z}X + e^- \longrightarrow ^{A}_{Z-1}Y + \nu \quad :壊変による核種の変化$$

$$(p + e^- \longrightarrow n + \nu \quad :壊変による核子の変化)$$

$$例：^{125}I \longrightarrow ^{125}Te + \nu$$

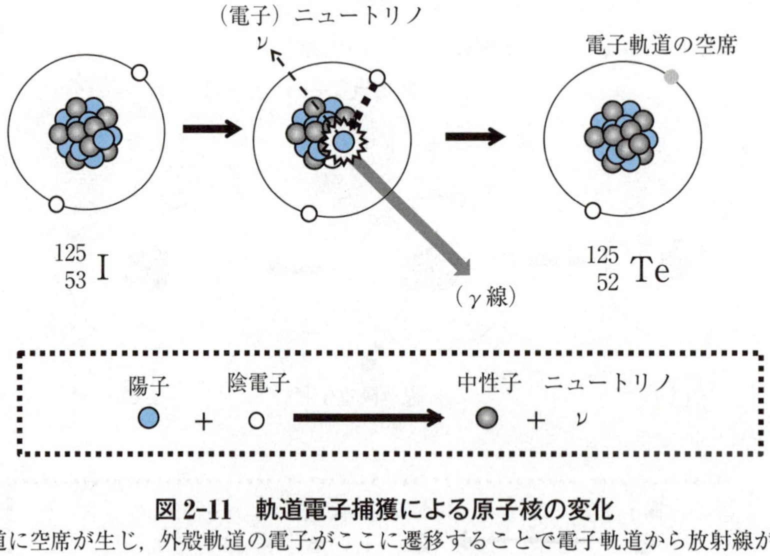

図 2-11 軌道電子捕獲による原子核の変化
電子軌道に空席が生じ，外殻軌道の電子がここに遷移することで電子軌道から放射線が発生する（図2-12）．

Tea Break —— β^+壊変か軌道電子捕獲か？

β^+壊変と軌道電子捕獲どちらも，原子核を構成する陽子数が中性数よりも過剰な場合に起こる．しかしβ^+壊変では，親核種と娘核種の間の質量差（エネルギー差）が1.02 MeV以上でなければならない．これにくらべ軌道電子捕獲では，K軌道の電子を核内捕獲するだけのイオン化エネルギー（0.15 MeV以下）があればよく，親娘間の質量差は小さくても起こる．したがって，β^+壊変を起こす核種（^{18}F，^{11}Cなど）は，わずかであるが軌道電子捕獲も起こす．一方^{125}Iなどは，壊変後の娘核種との質量差が小さいため，軌道電子捕獲は起こすがβ^+壊変は起こさないのである．

軌道電子捕獲が起きた結果，K軌道に空席ができ，これを埋めるためにエネルギー準位の高い外側の軌道電子が落ち込んでくる．このとき二つの軌道間のエネルギー準位の差に相当するエネルギーが，電磁波として放射される．これを**特性X線** characteristic X-rayと呼び，核種固有の波長を持ち**線スペクトル**を示す．特性X線が放射される代わりに，これに相当するエネルギーがより外側の軌道電子に付与されて，その電子が飛び出すことがある．これを**オージェ効果** Auger effectと呼び，放出された電子を**オージェ電子** Auger electronという（図2-12）．また，他の壊変と同様に，壊変直後の原子核からγ線の放射を伴う場合もある．ニュートリノを検出することは困難であるため，軌道電子捕獲の観察は，特性X線，オージェ電子およびγ線を検出することで可能となる．

薬学の分野で取り扱う放射性医薬品の大部分は，前述のβ^+壊変核種の他，軌道電子捕獲および次項で述べる核異性体転移する核種を利用したもので占められている．軌道電子捕獲をする核種では，^{123}I，^{67}Ga，^{201}Tlなどを含む化合物がインビボ放射性医薬品（画像診断用）として，^{125}Iを含む化合物がインビトロ放射性医薬品（ラジオイムノアッセイ用）として繁用されており，これらから放射されるγ線を検出している．

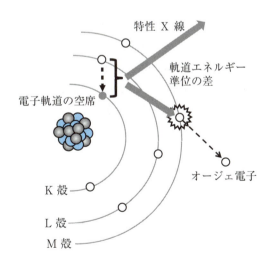

図 2-12　電子軌道で発生する放射線（特性X線とオージェ電子）
軌道電子捕獲や内部転換によって生じた電子軌道の空席に外殻軌道の電子が遷移することで発生．

> **Tea Break ── 特性X線とオージェ電子**
>
> 　軌道電子捕獲（β壊変）あるいは内部転換（γ転移）により，K軌道電子に空席が生じると電子軌道がエネルギー的に不安定となる．これを修復するため，よりエネルギー準位の高いL，M軌道の電子が空席めがけて落ち込み（遷移），その際の余分なエネルギーが特性X線あるいはオージェ電子として放出される．一般に原子番号が大きな核種では特性X線が放出されやすく，原子番号が小さな核種では余分なエネルギーが軌道電子に与えられ，特性X線の代わりにオージェ電子が放出される．"特性"とは核種特有のエネルギー（波長）を持った電磁波であることを意味し，壊変により特性X線を放射するものは，そのエネルギーを測定することで核種の同定ができる．これを利用して，外部からのエネルギー照射により特性X線を発生させ，その元素の同定・定量を行うことができる（エネルギー分散型X線分析など）．

2-2-4　γ転移（γ放射あるいはγ壊変）

　前述のように，α壊変やβ壊変によって生成した核種には，壊変直後の原子核が高エネルギー準位の励起状態にあり，瞬間的に余剰なエネルギーを電磁波として放出して基底状態に達するものがある．この現象をγ転移 gamma transition（γ放射 gamma emission）あるいはγ壊変といい，原子核から放射される電磁波をγ線 gamma ray という．γ転移では，核子間の変換や核子数の変動は起きないため，原子番号と質量数は変わらない．個々の原子核のエネルギー準位は，連続ではなく階段のようにとびとびの値をとるので，γ線は核種に固有の線スペクトルを示す．例えば，^{226}Ra のα壊変では，6％が励起状態を経由してγ線放出により基底状態に達するが，^{60}Co ではβ$^-$壊変後に段階的に移行する（図2-6）．ほとんどの場合，励起状態は非常に不安定であり，その寿命は 10^{-12} 秒と非常に短い．そのためα線やβ線と同時にγ線が放出されるように観察される．

　壊変直後の励起状態が，比較的安定である準安定 meta stable な状態を保つ核種もあり，このような核種は質量数の右側に "m" を付記する．例えば，^{99}Mo はβ$^-$壊変して準安定状態の ^{99m}Tc となり，その後にγ線を放射して基底状態の ^{99}Tc に転移する．^{99m}Tc と ^{99}Tc のような関係を核異性体といい，この現象を核異性体転移 isomeric transition（IT）と呼ぶ．核異性体転移はβ$^-$壊変に伴うγ転移の一種であるが，^{99m}T を親核種，^{99}Tc を娘核種とした単独の壊変現象のように扱う．

　壊変後の不安定な原子核が，余剰のエネルギーをγ線として放出する代わりに，そのエネルギーを受け取った軌道電子が放出される場合がある．この現象は内部転換 internal conversion と呼ばれ，放出された電子を内部転換電子 internal conversion electron という．原子核に近くてエネルギー準位が低いK軌道の電子が放出されやすい（図2-13）．内部転換電子はβ$^-$線と同様の電子線であるが，その運動エネルギーは，γ線として放出されるはずであった余剰エネルギーから軌道電子の結合エネルギーを差し引いた値となるので，β$^-$線とは異なり核種に固有の線スペクトルを示す．また，内部転換電子の放出により電子軌道に空白席ができるため，前述の軌道電子捕獲の場合と同様に，特性X線またはオージェ電子の放出も起きる．

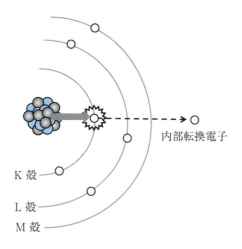

図 2-13　電子軌道で発生する放射線（内部転換電子）
励起状態の原子核のエネルギーが軌道電子を跳ね飛ばす．生じた空席には外殻軌道の電子が遷移し，特性 X 線またはオージェ電子が発生する

> **Tea Break**──いろいろな電子？
>
> 　ピストルの弾丸は，手のひらの上で転がっている分は怖くも何ともないが，引き金を引いて発射されると猛烈な速度で飛び出し物質を破壊する．β^- 線の本体は通常の陰電子（e^-）そのものであり，質量を有する粒子である．これが原子核から高速で飛び出して，物質中に撃ち込まれると物質原子の軌道電子を跳ね飛ばして電離させながら突き進んでいき，やがては止まってしまい通常の陰電子と区別がつかなくなってしまう．発射された弾丸のように物質に影響（電離）を与える状態にある場合，これを（電離）放射線と見なすのである．オージェ電子や内部転換電子も同様であり，同じ電子でも電子（弾丸）を発射する原理の違い（ピストルなのか，弓矢なのか）によって呼び方が異なる．

2-3　壊変定数と半減期

　放射性核種の壊変は，一般の化学反応と異なり，温度や圧力などの影響を受けない．また，1 個ずつの原子がそれぞれ単独で固有の確率に従って壊変するため，その速度は一次反応として表すことができる．放射能 A は，放射性核種の原子数 N に依存するため，時間 t で壊変して減少する原子数 $-\dfrac{dN}{dt}$ で示される．ここで核種に固有な壊変の確率を**壊変定数** disintegration constant：λ として表すと，N と時間 t の関係は微分方程式 2-3 式で示される．

$$A = -\frac{dN}{dt} = \lambda N \tag{2-3}$$

これを変形して（2-4 式），両辺を積分すると 2-5 式が得られる．ln は自然対数である．

$$\frac{dN}{N} = -\lambda dt \tag{2-4}$$

$$\ln N = -\lambda t + C \quad (Cは積分定数) \tag{2-5}$$

$t = 0$ の時の原子数を N_0 とすると，2-5 式より $\ln N_0 = C$ であるから 2-6 式となる．

$$\ln N = -\lambda t + \ln N_0 \tag{2-6}$$

したがって，時間 t での原子数 N は 2-7 式で示される．

$$N = N_0\, e^{-\lambda t} \tag{2-7}$$

また，$t = 0$ の時の放射能を A_0 とすると，2-3 式より 2-8 式が導かれる．

$$A = A_0\, e^{-\lambda t} \tag{2-8}$$

このように，自然科学の分野では時間経過による物質の増減が指数関数的に進行することがよくある．図 2-14 には，^{32}P の放射能が減衰する様子を示した．この現象をわかりやすく示すために，物質量が半分に減少する時間である半減期 half-life を用いることが多い．半減期は放射性核種にも固有の価であるため，壊変定数のかわりに広く用いられている．半減期を表す記号には，時間 t との区別を明確にするため T が用いられることが多く，$t_{\frac{1}{2}}$ を用いることもある．

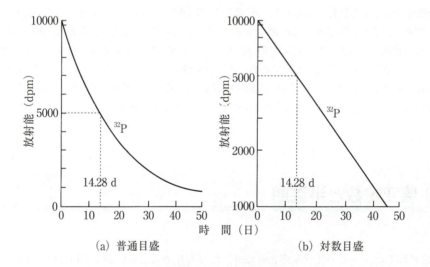

図 2-14　^{32}P の減衰曲線
(浦久保五郎編 (1987) 放射薬学テキスト 第 2 改稿版，p.20，廣川書店)

放射能が当初の半分となる時間 $t = T$ では $\dfrac{A}{A_0} = \dfrac{1}{2}$ なので，2-8 式に代入すると $\dfrac{1}{2} = e^{-\lambda T}$ となり $\ln\left(\dfrac{1}{2}\right) = -\lambda T$ と表記できる．このため壊変定数と半減期の関係は，$\lambda = \dfrac{0.693}{T}$ となり反比例する．

2-8 式を半減期 T を用いて書き換えると 2-9 式が得られ，$e^{-0.693} = \dfrac{1}{2}$ であるから結局 2-10 式が得られ

る．この式から，はじめの放射能が同じである放射性核種を比較すると，半減期が短いものほど放射線が大きいことがわかる．

$$A = A_0 \, e^{\frac{-0.693 t}{T}} \tag{2-9}$$

$$A = A_0 \left(\frac{1}{2}\right)^{\frac{t}{T}} \tag{2-10}$$

半減期がわかっている核種に 2-10 式を利用すれば，時間経過による放射能の減衰を計算することができる．また，2-3 式にあるように放射能 A は原子数 N に比例するので，2-10 式から 2-11 式が導かれ，これより時間 t 経過後に壊変によって減少した親核種の原子数も計算できる．

$$N = N_0 \left(\frac{1}{2}\right)^{\frac{t}{T}} \tag{2-11}$$

2-4 放射平衡

親核種が放射壊変して生成した娘核種は，必ずしも安定とは限らない．娘核種が放射性のためさらに壊変して別の核種となる現象を逐次壊変といい，安定核種に達するまで次々と壊変が進んで壊変系列 disintegration series が形成されることもある．

以下のような逐次壊変が起こるとき，最初は親核種 X のみであっても時間経過とともに Y，および Z が混在するようになる．

親核種 X ── [壊変定数 λ_X / 半減期 T_X] ── 娘核種 Y ── [壊変定数 λ_Y / 半減期 T_Y] ── Z 安定核種
原子数（t = 0）$N_{X,0}$　　　　　　　　　原子数（t = 0）$N_{Y,0}$
原子数（t = t）N_X　　　　　　　　　　原子数（t = t）N_Y

また，親核種の半減期 T_X が娘核種の半減期 T_Y より長い場合では，親核種の壊変が続くかぎり娘核種の壊変が継続するため，十分な時間が経過した後では娘核種が見かけ上親核種の半減期で減衰するようになる．この状態を放射平衡 radioactive equilibrium と呼ぶ．

ここで親核種 X と娘核種 Y について壊変定数を λ_X，λ_Y，半減期を T_X，T_Y とし，まだ Y が生成されていない瞬間（t = 0）の X と Y の原子数を $N_{X,0}$，$N_{Y,0}$，時間 t 経過時（t = t）の X と Y の原子数を N_X，N_Y とする．このとき X の壊変率は 2-12 式で与えられ，これは Y の生成率に等しい．一方で Y は生成と同時に壊変するため，その時間経過は 2-13 式で示される．

$$-\frac{dN_X}{dt} = \lambda_X N_X \tag{2-12}$$

$$\frac{dN_Y}{dt} = \lambda_X N_X - \lambda_Y N_Y \tag{2-13}$$

それぞれを積分すると 2-14 式，2-15 式のようになる．

$$N_\mathrm{X} = N_{\mathrm{X},0}\, e^{-\lambda_\mathrm{X} t} \tag{2-14}$$

$$N_\mathrm{Y} = \frac{\lambda_\mathrm{X} N_{\mathrm{X},0}}{\lambda_\mathrm{Y} - \lambda_\mathrm{X}} (e^{-\lambda_\mathrm{X} t} - e^{-\lambda_\mathrm{Y} t}) + N_{\mathrm{Y},0}\, e^{-\lambda_\mathrm{Y} t} \tag{2-15}$$

Y が生成される前の $t = 0$ では $N_{\mathrm{Y},0}\, e^{-\lambda_\mathrm{Y} t} = 0$ であるので，この時の X の放射能を $A_{\mathrm{X},0}$ とすると Y の放射能 A_Y は 2-16 式で表され，$\lambda = \dfrac{0.693}{T}$ と $e^{-\lambda t} = \left(\dfrac{1}{2}\right)^{\frac{t}{T}}$ を使用して 2-16 式を書き換えると 2-17 式が与えられる．

$$A_\mathrm{Y} = \lambda_\mathrm{Y} N_\mathrm{Y} = \frac{\lambda_\mathrm{Y} \lambda_\mathrm{X} N_{\mathrm{X},0}}{\lambda_\mathrm{Y} - \lambda_\mathrm{X}} (e^{-\lambda_\mathrm{X} t} - e^{-\lambda_\mathrm{Y} t}) = \frac{\lambda_\mathrm{Y} A_{\mathrm{X},0}}{\lambda_\mathrm{Y} - \lambda_\mathrm{X}} (e^{-\lambda_\mathrm{X} t} - e^{-\lambda_\mathrm{Y} t}) \tag{2-16}$$

$$A_\mathrm{Y} = \frac{T_\mathrm{X} A_{\mathrm{X},0}}{T_\mathrm{X} - T_\mathrm{Y}} \left[\left(\frac{1}{2}\right)^{\frac{t}{T_\mathrm{X}}} - \left(\frac{1}{2}\right)^{\frac{t}{T_\mathrm{Y}}} \right] \tag{2-17}$$

この系全体での放射能の経時的変化の様子は，親核種 X，娘核種 Y それぞれの半減期（T_X，T_Y）の大小関係により決定される．

2-4-1 永続平衡

放射平衡が成立する系において，T_X が極端に長くて測定期間中の減衰を無視でき，T_Y が T_X 比べて非常に短い場合（$T_\mathrm{X} \gg T_\mathrm{Y}$，1000 倍以上），$T_\mathrm{X} \fallingdotseq T_\mathrm{X} - T_\mathrm{Y}$ とみなし 2-17 式の $\dfrac{T_\mathrm{X}}{T_\mathrm{X} - T_\mathrm{Y}}$ は近似的に 1 となる．また，十分な時間が経過した後（$T \gg T_\mathrm{Y}$）には $\left(\dfrac{1}{2}\right)^{\frac{t}{T_\mathrm{Y}}}$ が近似的に 0 となるので 2-18 式が導かれ，娘核種 Y の放射能 A_Y が親核種 X の放射能 A_X と等しくなる．この状態を**永続平衡** secular equilibrium という．

$$A_\mathrm{Y} = A_{\mathrm{X},0} \left[\left(\frac{1}{2}\right)^{\frac{t}{T_\mathrm{X}}} \right] = A_\mathrm{X} \tag{2-18}$$

永続平衡にある系の全体の放射能は，A_X と A_Y の和であるので，X のみ存在していた時の 2 倍の値で推移する．また，2-3 式から $\lambda_\mathrm{Y} N_\mathrm{Y} = \lambda_\mathrm{X} N_\mathrm{X}$ となり，X と Y の原子数の比 $\left(\dfrac{N_\mathrm{Y}}{N_\mathrm{X}}\right)$ は一定値を示し，2-19 式のように半減期の比 $\left(\dfrac{T_\mathrm{Y}}{T_\mathrm{X}}\right)$ と等しくなる．

$$\frac{N_\mathrm{Y}}{N_\mathrm{X}} = \frac{\lambda_\mathrm{X}}{\lambda_\mathrm{Y}} = \frac{T_\mathrm{Y}}{T_\mathrm{X}} \tag{2-19}$$

平衡に到達する前では，時間 t が T_Y に比べて無視できないので，2-17 式は 2-20 式のようになる．

$$A_\mathrm{Y} = A_{\mathrm{X},0} \left[1 - \left(\frac{1}{2}\right)^{\frac{t}{T_\mathrm{Y}}} \right] \tag{2-20}$$

ここで時間 t が T_Y と同じだけ経過（$t = T_\mathrm{Y}$）すると，$A_\mathrm{Y} = A_{\mathrm{X},0} \left[1 - \left(\dfrac{1}{2}\right) \right]$ となり娘核種の放射能

は親核種の半分となる．時間 t が T_Y の10倍経過したあとでは $A_Y = A_{X,0}\left[1-\left(\frac{1}{2}\right)^{10}\right]$ となり $\left(\frac{1}{2}\right)^{10} = \frac{1}{1024}$ なので，$A_Y = 0.999 A_{X,0}$ となる．つまり娘核種の放射能は親核種の99.9％の値となることがわかる．

2-4-2 過渡平衡

親核種の半減期 T_X が娘核種の半減期 T_Y に比べて長いが，永続平衡ほどの大きな差がない場合 $\left(\frac{T_X}{T_Y} > 10\right)$ では，2-17式の $\left(\frac{T_X}{T_X - T_Y}\right)$ は1より大きな値となる．それでも十分な時間が経過した後 $(t \gg T_Y)$ では，$\left(\frac{1}{2}\right)^{\frac{t}{T_Y}}$ は近似的に0となるため2-21式が導かれ，親核種 X と娘核種 Y の放射能の比が一定となって放射平衡が成立し，娘核種の放射能 A_Y は親核種 A_X より $\left(\frac{T_X}{T_X - T_Y}\right)$ 倍だけ大きくなり（1より大きな値）娘核種の放射能 A_Y は極大値を示す．この状態を**過渡平衡** transient equilibrium という．

$$A_Y = \left(\frac{T_X}{T_X - T_Y}\right) A_{X,0} \left[\left(\frac{1}{2}\right)^{\frac{t}{T_X}}\right] = \left(\frac{T_X}{T_X - T_Y}\right) A_X \tag{2-21}$$

過渡平衡における原子数の比 $\left(\frac{N_Y}{N_X}\right)$ は，2-3式から $\lambda_Y N_Y = \left(\frac{T_X}{T_X - T_Y}\right) \lambda_X N_X$ となり $\lambda = \frac{0.693}{T}$ であるから，結局2-22式のように表されて永続平衡の場合と同様に一定値となる．

$$\frac{N_Y}{N_X} = \frac{\lambda_X}{\lambda_Y - \lambda_X} = \frac{T_X}{T_X - T_Y} \tag{2-22}$$

永続平衡と過渡平衡の例を図2-15に示した．永続平衡のグラフでは，観察時間（グラフの横軸）が親核種 ^{90}Sr の半減期28.7年に比べて極端に短く設定してあるので，放射能の値はプラトーに達しているように見える．

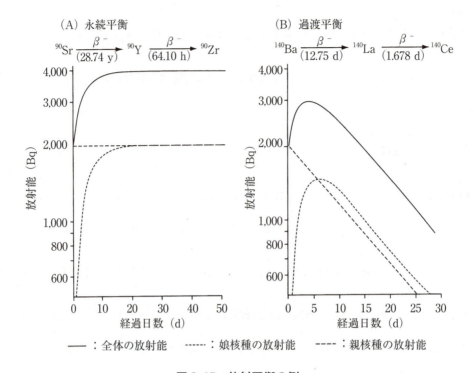

図 2-15　放射平衡の例
(馬場茂雄編 (1999) 薬学生の放射化学 第 4 版, p.27, 廣川書店より一部改変)

2-4-3 ミルキング

　放射平衡が成立している系では，娘核種だけを化学的に分離してしまっても，時間の経過とともに残された親核種から娘核種が生成するため，しばらくすると再び放射平衡の状態が成立する．この現象は，親核種がなくなるまで繰り返すことができる．

　放射性医薬品として最もよく使われるものに，^{99m}Tc（テクネチウム）の化合物がある．^{99m}Tc は，^{99}Mo（半減期 66 時間）の β^- 壊変によって生成するが，準安定状態であるため核異性体転移を起こし，γ 線のみを放射して 6 時間の半減期で ^{99}Tc となる．したがって，^{99}Mo を親核種，^{99m}Tc を娘核種とした過渡平衡が成立することになる．

$$^{99}\text{Mo} \xrightarrow[66\text{h}]{\beta^-} {}^{99m}\text{Tc} \xrightarrow[6\text{h}]{\text{IT}} {}^{99}\text{Tc}$$

　^{99m}Tc は半減期が短いので，インビボの核医学検査において非常に有用な核種であるが，その一方で輸送や供給は難しい．そこで，^{99}Mo の化合物（^{99}MoO$_4^{2-}$）をアルミナカラムに吸着させておき，過渡平衡の極大に達した頃にカラムを生理食塩水で洗うと，壊変によって生成した ^{99m}TcO$_4^-$ だけを溶出することができる．カラム内では再び ^{99m}Tc が生成され始め約 23 時間で極大値に達するので，毎日繰り返し ^{99m}TcO$_4^-$ を溶出し利用することができる（図 2-16）．このように，放射平衡を利用し

て比較的短寿命の核種を得る操作を，乳牛からミルクをしぼることに例えて**ミルキング** milking といい，このための装置を**ジェネレータ** generator という（図2-17）．

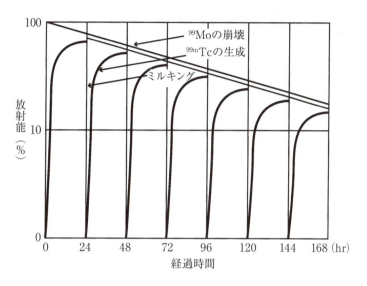

図2-16　ミルキング

> **Tea Break**——放射平衡が成立しない場合
>
> 　逐次壊変を起こす系で，親核種の半減期が娘核種の半減期より長い場合は放射平衡が成立するが，娘核種の半減期のほうが長い場合はどうであろうか？　この場合は，親核種は先に消滅してしまい，残された娘核種の壊変のみが継続することになる．娘核種の放射能は，親核種と混在している間に極大値に達し，そのあとは娘核種の半減期に従って減少していき，放射平衡は成立しないのである．放射平衡状態では長寿命の親が次々に娘を生み出し，寿命が短い娘はどんどん消えていく．その間，親と娘が力を合わせて放射線を出し，娘は親と離れても一人前に働けるのである（ミルキングにおける ^{99m}Tc）．一方，平衡が成り立たない場合は，親に先立たれた娘がひとり残って頑張るのである．

2-5　放射能の単位

　前述（2-1-1）のように，放射能とは不安定な放射性核種が放射線を出す性質のことであり，単位時間に壊変する原子の数（壊変率）と定義される．その単位記号は**ベクレル**（Bq；becquerel）を用い単位は1/s（s^{-1}）である．1 Bq は1秒間に1個の原子核が壊変して放射線を出すことを意味する．以前は放射能の単位記号として**キュリー**（Ci；curie）が使用されていた．1 Ci は約1gの^{226}Raの放射能に相当し，1 Ci = 3.7×10^{10} Bq = 37 GBq である．放射能の大きさを表す際には，1秒間当たりの壊変数（dps；disintegrations per second）や1分間当たりの壊変数（dpm；disintegrations per minute）

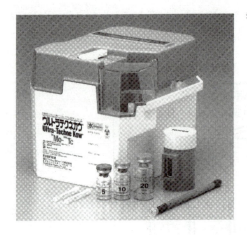
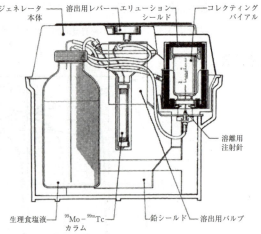

(a) 市販 ^{99}Mo–^{99m}Tc ジェネレータの外観と構造
(富士フイルム RI ファーマ提供)

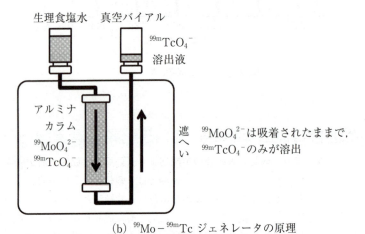

(b) ^{99}Mo–^{99m}Tc ジェネレータの原理

図 2-17　^{99}Mo-^{99m}Tc ジェネレータ
(NEW 放射化学・放射薬品学 第2版（編集：佐治英郎），図 5.8，廣川書店)

も用いられ，1 Bq = 1 dps = 60 dpm の関係にある．また，放射線測定機器で実測した単位時間当たりの計数値（計数率）は，cps：counts per second や cpm：counts per minute で表し，cps（cpm）= 計数効率 × dps（dpm）の関係にある．

　放射性核種を含む元素あるいは化合物の，単位質量または単位物質量当たりの放射能を，**比放射能** specific radio activity といい，放射性核種のみで安定同位体を全く含まない場合を**無担体** carrier free という．

　無担体状態の放射性物質（半減期 T 秒，原子量 M）の原子が N 個存在したとすると，その質量 W（g）は，2-23 式で表される．

$$W = M \times \frac{N}{アボガドロ定数} \tag{2-23}$$

また，放射能が A（Bq）であった場合，前述（2-3）のように $A = \lambda N$, $\lambda = \dfrac{0.693}{T}$ であるから $N = \dfrac{A}{\lambda}$ $= A \times \dfrac{T}{0.693}$ となり 2-24 式が導かれる．

$$W = M \times \dfrac{A \times \dfrac{T}{0.693}}{\text{アボガドロ定数}} = \dfrac{M \times A \times T}{0.693 \times \text{アボガドロ定数}} = 2.4 \times 10^{-24}\, MAT \tag{2-24}$$

この式から，核種が判明している無担体の放射性物質では，放射能がわかれば質量を導くことができ，質量を与えると放射能が導かれることがわかる．代表的な放射性核種の 1 MBq 当たりの質量を表 2-6 に示す．表より，核種間の放射能が同じである場合は，半減期が短いものほど質量が少ないことがわかる．

表 2-6　放射性核種 1 MBq 当たりの質量

核　種	半減期	質量（g）
^{3}H	12.3y	2.79×10^{-9}
^{11}C	20.4m	3.23×10^{-14}
^{14}C	5,730y	6.06×10^{-6}
^{18}F	110m	2.85×10^{-13}
^{32}P	14.3d	9.48×10^{-11}
^{90}Sr	28.7y	1.96×10^{-7}
^{99m}Tc	6.01h	5.14×10^{-12}
^{123}I	13.3h	1.41×10^{-11}
^{125}I	59.4d	1.56×10^{-9}
^{131}I	8.02d	2.18×10^{-10}
^{226}Ra	1,600y	2.74×10^{-5}
^{238}U	4.47×10^9y	80.4

（m：分，h：時間，d：日，y：年）

2-6 章末問題

問1 放射性核種のうち，β^+線を放出するのはどれか．1つ選べ．
 1. ^{14}C 2. ^{18}F 3. ^{32}P 4. ^{35}S 5. ^{60}Co

第98回薬剤師国家試験（平成25年）

正解 2

解説 β^+線を放出するのは^{18}Fであり，ほかには^{11}C, ^{13}N, ^{15}Oなどがある．^{14}C, ^{32}P, ^{35}Sは，β^-線を放出し，^{60}Coはβ^-線とγ線を放出する．

問2 放射壊変と放射線に関する記述のうち，正しいものの組合せはどれか．1つ選べ．
 a. α壊変では，陽子2個と中性微子（ニュートリノ）2個が放出される．
 b. β^+壊変では，親核種は原子番号が1増えた娘核種となる．
 c. β壊変では，親核種と娘核種の質量数は変わらない．
 d. γ線の放射の前後では，核種の原子番号も質量数も変化しない．
 e. 軌道電子捕獲（EC）は，α壊変の一種である．
 1.（a, b） 2.（a, e） 3.（b, c） 4.（c, d） 5.（d, e）

第93回薬剤師国家試験（平成20年）

正解 4

解説 a. α壊変では，α粒子（ヘリウム原子核：陽子2個と中性子2個）が放出される．
 b. β^+壊変では，親核種原子核の陽子が中性子に変わるため，原子番号が1減った娘核種が生成する．
 e. 軌道電子捕獲（EC）は，β壊変の一種である．

問3 原子に関する以下の記述のうち正しいのはどれか．1つ選べ．
 1. 軌道電子の数は，原子核の中性子数と相関する．
 2. 軌道電子には質量がない．
 3. 原子核を構成する核子は，電気的相互作用により結合している．
 4. X線は原子核から発生する電磁波である．
 5. 陽子と中性子の質量は，ほぼ同じである．

正解 5

解説 1.（×）軌道電子の数と相関するのは陽子数である．
 2.（×）電子はエネルギー換算で0.511 MeVの質量を有する．
 3.（×）陽子，中性子といった核子は，核力によって結合している．
 4.（×）X線は電子軌道で発生する．原子核から発生する電磁波はγ線である．
 5.（○）

問 4 原子核の質量欠損に関する記述のうち正しいのはどれか．1 つ選べ．
1. ラボアジエの質量保存の法則に従う．
2. 陽子 2 個と中性子 2 個がバラバラで存在したときの質量の総和は，ヘリウム原子核 1 個の質量よりも小さい．
3. 質量欠損分のエネルギーは核子間の結合エネルギーに相当する．
4. 質量とエネルギーが本質的に異なるものであることを示す現象である．
5. 原子番号の大きな核種では質量欠損は見られない．

正解 3

解説 原子核の質量を，構成核子がバラバラで存在した際の質量の総和と比較すると，バラバラで存在したほうが重くなる．この差を質量欠損という．欠損分の質量に相当するエネルギーは，原子核の結合エネルギーに使われている．

問 5 放射性核種の核異性体について正しいのはどれか．1 つ選べ．
1. 質量数は等しいが，原子番号が異なる．
2. 中性子数は等しいが，陽子数が異なる．
3. 原子番号も質量数も等しいが原子核のエネルギー順位が異なる．
4. 陽子の数は等しいが，中性子数が異なる．
5. ^{99}Mo は ^{99m}Tc の核異性体である．

正解 3

解説
1. （×）同重体のことである．
2. （×）同中性子体のことであり，中性子数が等しいが質量数は異なる．
3. （○）
4. （×）同位体のことであり，原子番号が等しいが質量数は異なる．
5. （×）^{99}Mo は ^{99m}Tc の親核種である．^{99m}Tc の核異性体は ^{99}Tc である．

α 壊変や β 壊変の後，娘核種の核がまだ励起状態を保つ場合は，γ 線を放出してより安定な状態へと転移する．この時，測定できる程度の長い半減期で転移する場合，励起状態の核種を核異性体と呼び，このときの γ 転移を核異性体転移と呼ぶ．核異性体転移では，原子番号も質量数も変化しない．

問 6 放射壊変のうち，連続スペクトルのエネルギーを持つ荷電粒子を放出する現象はどれか．1 つ選べ．
1. α 壊変
2. β^- 壊変
3. 内部転換
4. γ 転移
5. 核異性体転移

正解 1

解説
1. （×）α 粒子を放出し，そのエネルギー分布は線スペクトルとなる．

2. （○）β⁻粒子を放出し，そのエネルギー分布は連続スペクトルとなる．
3. （×）内部転換では，γ線放出の代わりに線スペクトルを示す軌道電子（内部転換電子）が飛び出す．
4. （×）γ線は電磁波であり，そのエネルギー分布は線スペクトルである．
5. （×）核異性体転移では電磁波であるγ線が放射される．

問7 放射性核種の放射能を表す単位はどれか．1つ選べ．
1. クーロン
2. グレイ
3. シーベルト
4. ベクレル
5. カンデラ

正解 3

解説
1. （×）クーロンは電気量の単位である．
2. （×）吸収線量を示す単位で，放射線の物理的な影響を考慮する際に用いる（第3章）．
3. （×）放射線の人体への影響を考慮して評価する際の単位である（第3章）．
4. （○）放射能の単位であり，1秒間の壊変頻度（壊変数）で表す．
5. （×）光度の単位である．

問8 放射線に関する記述のうち，正しいものはどれか．2つ選べ．
1. α壊変は，原子核からヘリウム原子核が放出される壊変で，一般に，ウランやラジウムなどの質量数の大きな原子核で起こる．
2. 1ベクレル（Bq）は，1分間当たりの崩壊数が1個であるときの放射能の量である．
3. 放射線による蛍光現象を利用する検出器として，シンチレーション検出器がある．
4. 一般に，γ線の波長は，X線の波長よりも長い．

第95回薬剤師国家試験（平成22年）

正解 1, 3

解説
1. （○）α壊変はウラン，ラジウム等の質量数が210以上の核種で起き，ヘリウムの原子核に相当するα粒子が核の中から放出される．このため，α壊変により原子番号が2，質量数が4減少した娘核種が生成する．
2. （×）ベクレル（Bq）は放射能の単位で，1 Bqとは1秒間に1回の放射壊変が起きることを意味する．壊変数は壊変する原子の個数を示すので，1 Bqでは毎秒1個の原子が壊変すること示す．
3. （○）シンチレーションカウンターは放射線により励起した蛍光物質が，基底状態に戻る時に発する光（蛍光）を光電子増倍管で増幅して計数することで放射能を測定する装置である（第4章）．
4. （×）電磁波の波長は振動数に反比例する．γ線は電磁波のうち最も振動数が大きく，次いで大きいのがX線である．このためγ線の波長は，X線よりも短い．

第 2 章　放射性核種と放射能

問 9　放射性核種のうち，過渡平衡を利用したミルキングで得られるものはどれか．1 つ選べ．
1. ^{131}I　　2. ^{125}I　　3. ^{235}U　　4. ^{90}Sr　　5. ^{99m}Tc

正解　5

解説　^{99m}Tc は，^{99}Mo が β^- 壊変して生じる娘核種であり，両者は過渡平衡の関係にある．このため，^{99}Mo をジェネレータとしたミルキングにより短半減期の ^{99m}Tc を継続して得ることができる．^{131}I，^{125}I は核分裂生成物，^{235}U は核燃料，^{90}Sr は永続平衡の親核種として重要である．

問 10　^{90}Sr は以下に示す放射壊変により，放射性核種 ^{90}Y を経て，^{90}Zr の安定核種になる．^{90}Y の放射能の時間推移を示す曲線はどれか．1 つ選べ．但し，時間ゼロにおける ^{90}Sr の放射能は 5×10^4 Bq とする．

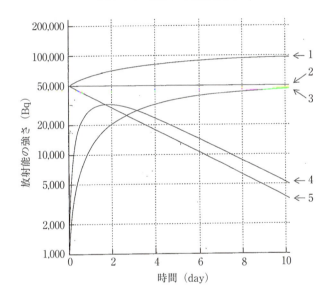

$^{90}\text{Sr} \xrightarrow[28.8年]{\beta^-} {}^{90}\text{Y} \xrightarrow[64.1時間]{\beta^-} {}^{90}\text{Zr}$
矢印の下の数字は半減期を示す．

第 99 回薬剤師国家試験　（平成 26 年）

正解　3

解説
1. （×）親核種 ^{90}Sr と生成する娘核種 ^{90}Y の総放射能（和）の時間的推移を表す．
2. （×）親核種 ^{90}Sr のみの放射能の時間的推移を表す．
3. （○）生成する娘核種 ^{90}Y のみの放射能の時間的推移を表す．
4. （×）過渡平衡が成立する場合における，娘核種の放射能の時間的推移パターンである．
5. （×）5×10^4 Bq の ^{90}Y が単独で存在したと仮定した場合の放射能の時間推移を表す．

問 11　放射能及び放射性核種に関する記述のうち，正しいものはどれか．2 つ選べ．
1. 放射性核種の半減期は，崩壊定数に比例する．
2. ^{14}C は β^- 線を放出して崩壊し，その半減期は 5,000 年以上である．

3. GM 計数管は，一般に α 線量の測定に用いられる．
4. 液体シンチレーションカウンターは，^{3}H などが放出する低エネルギー β^- 線の放射線量の測定に用いられる．

第 92 回薬剤師国家試験　(平成 19 年)

正解　2，4

解説
1. (×) 崩壊（壊変）定数とは，放射性核種の壊変のしやすさを表す定数である．半減期は放射能が半分になるまでの時間で，これが短いと激しく壊変し，長いと壊変しにくいことを意味する．すなわち，崩壊（壊変）定数と半減期は反比例の関係にある．
2. (○) ^{14}C は β^- 壊変を行い軟 β^- 線のみを放出する．^{14}C の半減期は 5,730 年と非常に長いため，化石などの年代測定に用いられる．
3. (×) GM 計数管は気体の電離を利用した測定器で荷電粒子線である β 線の測定に適している．α 線は透過力が非常に小さく GM 管の雲母の窓を透過できないために測定できない（第 4 章）．
4. (○) 液体シンチレーションカウンターは，^{3}H，^{14}C のような軟 β 線放出核種の測定に適している（第 4 章）．

第3章

放射線と物質の相互作用

第3章の要点

放射線の種類

荷電粒子（α線，β^-線，β^+線），非荷電粒子（中性子線），電磁波（γ線，X線）

放射線と物質の相互作用（共通）

軌道電子の電離（一次電離，二次電離），励起（蛍光）

電離能と透過性の関係

	α線	β^-線	γ線
電離能	強い	←――――	弱い
透過性	低い	――――→	高い

α線と物質の相互作用

短い距離で大きいエネルギーを失うので比電離が大きい．

Bragg曲線：速度が遅くなった飛程の終わり付近で一気にエネルギーを失い，比電離が最大となる．

β^-線と物質の相互作用

軌道電子との相互作用：電離・励起

原子核との相互作用：

　弾性散乱（後方散乱含む）→エネルギーは減衰しない．

　制動放射→相手物質の原子核の極めて近傍を通過する時，β^-線は相手の核のもつ電場で急激に減速され，制動放射線（制動X線）を放出する（連続スペクトル）．

β^+線と物質の相互作用

陽電子消滅：軌道電子（陰電子）と反応して180°方向に2本の電磁波（消滅放射線，消滅γ線）を放射．1本あたりのエネルギーは電子1個の静止質量に相当する0.511 MeV．

γ線と物質の相互作用

光電効果（光電子に全付与）電子の運動エネルギーは，γ線のエネルギーから放射線による軌道電子のイオン化エネルギー（W値）を引いたもの

コンプトン散乱（コンプトン電子＋エネルギーの低い散乱γ線）

電子対生成（光子のエネルギーが1.022 MeV（電子2個の静止質量エネルギー）以上の時，1対の陰電子と陽電子を生成）

γ線の吸収

半価層 D（γ線の強さが半分になる時の吸収材の厚さ）

吸収係数 μ，質量吸収係数 $\mu_m = \dfrac{\mu}{\rho}$

$$I = I_0 e^{-\mu x} \qquad \mu = \dfrac{\ln 2}{D} = \dfrac{0.693}{D} \qquad I = I_0 \left(\dfrac{1}{2}\right)^{\frac{x}{D}}$$

中性子線の吸収

電荷を持たないため，原子核との衝突を基本とする．

高速中性子：弾性散乱 → 非弾性散乱（γ線の放出）→ 熱中性子（中性子捕獲反応）

原子番号の小さい原子核ほどエネルギーを吸収しやすい．

放射線の単位

Bq：ベクレル　放射能の単位記号，単位は 1/s（s^{-1}）．1秒間に1つの原子が壊変するのを 1 Bq とする．

以前用いられた 1 Ci（キュリー）は 3.7×10^{10} Bq

C/kg：照射線量の単位．空気 1 kg に 1 C の電荷を生じさせる電磁波の線量

Gy：グレイ　吸収線量の単位記号．物質 1 kg に 1 J（ジュール）のエネルギーを与える線量．単位は J/kg

Sv：シーベルト　等価線量，実効線量の単位記号．放射線荷重係数（w_R）および組織荷重係数（w_T）を考慮した，生体への影響の直接的な指標．単位は J/kg

放射線は高速の粒子やエネルギーの高い電磁波であるが，物質中を通過する間にそのエネルギーを失う．物質との相互作用は主にこのエネルギーのやり取りを軸として考えるものである．被ばくなどの生体への影響も，基本的には生体に与えるエネルギーによるダメージが基本であり（第9章参照），まずは相互作用を通じて，放射線のエネルギーの受け渡しの概略について理解を深めていきたい．

3-1 放射線の波長とエネルギー

エネルギー的に不安定な放射性核種が壊変して放出されるα線，β線，γ線などは，直接あるいは間接的に物質を電離させる能力を持つことから電離放射線と呼ばれる．この電離放射線のエネルギーは，物質との相互作用により次第に失われる．本章では，この電離放射線による物質との相互作用について主に取り上げる．一方，紫外線や可視光線などは，エネルギーが低い電磁波で電離能力を持たないため非電離放射線と呼ばれる．放射線障害防止法では電離放射線のことを「放射線」という（第10章参照）．

3-1-1 放射線の種類

放射線にはα線やβ⁻線などのような電荷を持つ**粒子線**と，中性子線のように電荷を持たない粒子線，γ線やX線のような**電磁波**がある．一口に「放射線」といっても，粒子線と電磁波では，その作用や影響が全く異なる．電荷を持つ粒子線は原子との相互作用を起こしやすい．これに対して電荷を持たない中性子線や電磁波は物質との相互作用を起こしにくく，物質の透過能が高い（表3-1）．一般に物質との相互作用を電離能で表した場合，α線＞β線＞γ線の順となる．

表3-1 主な電離放射線の特徴

放射線の種類		主な相互作用	その他の特徴
荷電粒子	α線	主に電離	比電離大，透過性小
	β⁻線	弾性散乱，制動放射 電離・励起	
	β⁺線		消滅放射線の発生
非荷電粒子	中性子線	弾性散乱・非弾性散乱 中性子捕獲	物質透過性が高い
電磁波	γ線	光電効果・コンプトン散乱 電子対生成	原子核から放出される電磁波
	X線		核外から放出される電磁波

なお，電磁波のエネルギーはその波長あるいは振動数により異なる．今，電磁波の波長をλ，振動数をν，光速をcとすると，電磁波のエネルギーEは次の式で表される．

$$E = h\nu = \frac{hc}{\lambda} \tag{3-1}$$

ここでhはプランク定数と呼ばれる．(3-1) 式より，電磁波のエネルギーは振動数に比例し，波長に反比例するので，γ線やX線のような波長の短く振動数の大きい電磁波ほど高いエネルギーを持ち，物質を電離する能力がある（図3-1）．

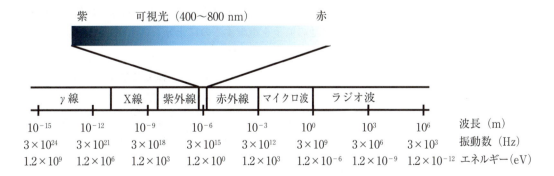

図3-1 電磁波の振動数および波長とエネルギーの関係

3-1-2 電離と励起

電離放射線のエネルギーは化学結合やイオン化エネルギーよりもはるかに高いので，物質中を通過する間に，原子を電離または励起する作用を持っている（図3-2）．原子と衝突して軌道電子と相互作用を起こし，軌道から電子をはじき出してイオン化する現象を電離という．一方，放射線から電子がエネルギーを与えられることで，電子がより外側の軌道に移動することがあり，これを励起という．励起された電子が元の軌道に戻る際には，余剰なエネルギーが蛍光として放出される場合がある．

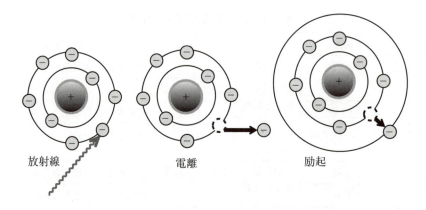

図3-2　放射線による電離と励起

3-2　α線の作用

α線の本体はヘリウム原子核であり，非常に重い静止質量（電子の7千倍以上）と2価のプラスの電荷を持つ．そのため，物質中を進行する間に原子と次々に衝突して電離を引き起こし（一次電離），エネルギーを急速に失う．このような性質から，α線の比電離力は他の放射線に比べて非常に大きい．また，はじき出された電子は，さらに他の原子を電離するのに十分なエネルギーを持っており，連鎖的に多くのイオン対が生成されることとなる（二次電離）．

α粒子は質量が大きいため，進行方向はほとんど変わらず，飛跡は直線上となる．また物質を通過する際にエネルギーを失ってスピードを落とし，物質原子との相互作用の割合が増し，より多くのイオン対を作るようになる．その結果，図3-3に示すように飛程の終わり付近で急激に比電離能が増加して一気にエネルギーを失うという現象が認められる．この曲線を，発見したW. H. Bragg（ブラッグ父子の父）の名前をとってBragg曲線という．

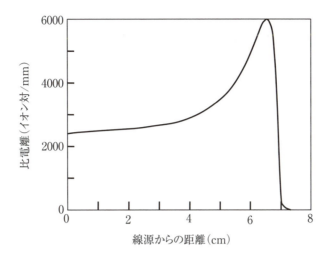

図 3-3　^{212}Po からの α 線による空気中での Bragg 曲線[1)]

α 線は飛程が短く（^{226}Ra の α 線で空気中約 3.3 cm），紙 1 枚で十分に遮へいできる．そのため，外部被ばくを考慮する必要はないが，体内に取り込まれた場合に生体組織への影響が非常に大きい（内部被ばく）．

> **Tea Break**──α 線の内部被ばくとスパイ事件
>
> 上記のように，α 線による内部被ばくは非常に大きいため，α 線放出核種は強い毒性をもつ．例えば ^{210}Po（半減期 138.4 日）は 5.305 MeV の α 線を放出し，数十 ng の摂取で致死量に達する．このような性質から，スパイ小説などの完全犯罪で ^{210}Po が登場することもある．2006 年にロシアの元スパイであった A. Litvinenko が内臓系の障害が原因で急死した際に，体内から ^{210}Po が検出されるという事件が起きた．致死量の ^{210}Po を入手する方法は原子炉などでの製造に限られ，国家機関による毒殺との説が出たのは記憶に新しい．パレスチナ自治政府議長だった Y. Arafat の遺体からやはり ^{210}Po が検出されたとの説もあり，まさに「事実は小説より奇なり」である．

3-3　β^- 線の作用

β^- 線の本体は原子核より放出された電子であり，荷電粒子として軌道電子および原子核との間で相互作用を起こす．β^- 線の比電離能は α 線より小さく飛程は大きいが，やはり荷電粒子として体内被ばくに注意する必要がある．

3-3-1 軌道電子との相互作用

β^-線は原子の近くを通過した際に，軌道電子との間でクーロン斥力が働き，原子を励起させたり電離させたりする（図3-2）．β^-線はこの励起と電離を繰り返しながら徐々に運動エネルギーを失う．

3-3-2 原子核との相互作用

β^-線は軌道電子との相互作用のほか，原子核との間にもクーロン引力により影響を受ける．この際は運動エネルギーをほとんど失わずに大きく方向が曲げられる弾性散乱という現象が起きる．この弾性散乱を繰り返すため，β^-線は物質中をジグザグに通過する．特に，物質中での複数回の弾性散乱によって入射したβ^-線が元に戻ってくる現象を後方散乱という（図3-4）．後方散乱は物質の原子番号が大きいほど増加する．

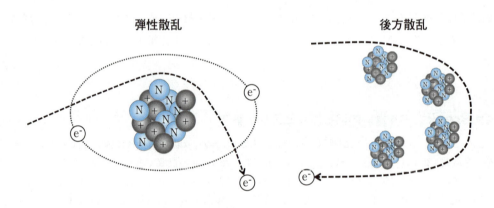

図3-4 弾性散乱と後方散乱

さらに，高エネルギーのβ^-線が原子番号の大きな原子核の近傍を通過する場合は，クーロン引力により急ブレーキがかかり，そのときに失ったエネルギーを電磁波として放出する．これを制動放射といい，放出される電磁波を制動放射線（制動X線）という（図3-5）．このようにして発生する制動X線は連続スペクトルを示す．ちょうど，猛スピードの車に急ブレーキをかけた場合に似ており，地面との摩擦でタイヤから熱が発生する状況を考えてほしい．

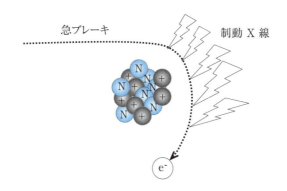

図 3-5　制動放射

　β^- 線の飛程は α 線より大きいが，それでもアクリル板程度で容易に遮へいされる．しかし，原子番号の大きい鉛などで遮へいすると制動放射による電磁波で外部被ばくが起こるので注意が必要である．特にエネルギーの高い β^- 線を遮へいする場合は，アクリル板などを用いるとともに，さらに発生する制動 X 線を鉛で遮へいするなどの対策をとることが望ましい．

3-4　β^+ 線の作用

　β^+ 線の本体は，原子核から放出される＋電荷を持った陽電子である．β^- 線と同様に（±逆ではあるが）クーロン引力および斥力によって電離や励起を引き起こし，徐々に運動エネルギーを失う．このようにして運動エネルギーをほとんど失った陽電子は，物質中の電子（陰電子）と容易に結合して消滅する．このとき，互いに 180° 反対方向に 2 本の電磁波が放出される．この現象を**陽電子消滅**といい，放出される電磁波を**消滅放射線**または**消滅 γ 線**と呼ぶ（図 3-6）．

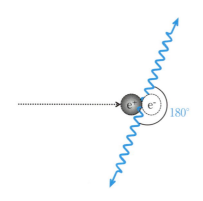

図 3-6　消滅放射線の発生

　放出される 2 本の消滅放射線のエネルギーは，電子および陽電子の静止質量に等しく，それぞれ

0.511 MeV の線スペクトルとなる．また，180°反対方向へ放出される特性は，近年の PET（positron emission tomography）の発展に利用されている．

> **Tea Break**──消滅放射線と癌診断
>
> がんの転移を診断する際に，近年 PET を用いた画像診断が重要となっている．これは，がん細胞が正常細胞よりもエネルギー代謝が盛んな性質を利用して，グルコースのアナログである ^{18}F-フルオロデオキシグルコース（^{18}F-FDG）を取り込ませ画像化するというものである．β^+ 線放出核種である ^{18}F から 2 本の消滅放射線が放出されるため，これを同時に検出すれば，その直線上にがん細胞があることがわかる．これを何度か検出することで，直線の交点にがん細胞の場所が特定されるため，非常に感度のよい診断が可能となった．まさに消滅放射線の性質をうまく利用した診断法と言える（詳細は第 7 章参照）．

3-5　γ 線，X 線の作用

　γ 線および X 線は電磁波であり電荷を持たないので，原子との間で静電的な相互作用は示さず，電離や励起作用は小さい．また，質量を持たないので，粒子線に比較して透過性が非常に高い．γ（X）線は主に原子中の軌道電子との間で相互作用を起こし，光電効果，コンプトン散乱，電子対生成によりエネルギーを失う．なお，いずれの現象も電子密度の高いほどよく起きるため，γ（X）線の遮へいは鉛などの原子番号の大きい原子で行う．

3-5-1　光電効果

　$0.1 \sim 0.5$ MeV 程度のエネルギーを持つ γ（X）線において，軌道電子と衝突してその全エネルギーを電子に与えて消滅し，光電子として軌道外に飛び出す現象を **光電効果** という（図 3-7）．ちょうどビリヤードの球が当たってはじき飛ばされる状況を想定すると，イメージがつかみやすい．光電効果は γ（X）線のエネルギーが軌道電子のイオン化エネルギー（W 値という）よりも大きい場合に起こり，その運動エネルギー E は γ（X）線のエネルギーから W 値を引いた価となる（$E = h\nu - W$）．

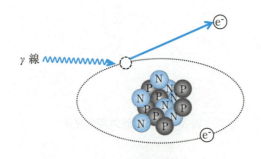

図 3-7　光電効果

3-5-2 コンプトン散乱

中程度のエネルギーのγ(X)線と電子との相互作用では，軌道電子と衝突した際にエネルギーの一部を電子に与えて飛び出させ（コンプトン電子），残りはよりエネルギーの低い電磁波として散乱する．この現象を**コンプトン散乱**（コンプトン効果）という（図3-8）．

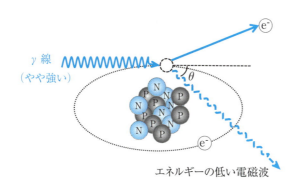

図3-8 コンプトン散乱

電子の静止質量を m，光子の散乱角を θ とすると，入射するγ(X)線の波長 λ と散乱光子の波長 λ' には次のような関係が成り立つ．

$$\lambda' - \lambda = \frac{h(1 - \cos \theta)}{mc} \tag{3-2}$$

3-5-3 電子対生成

γ線のエネルギーがさらに大きくなると，原子内の電磁場と相互作用を起こし，γ線が消滅して一対の陰電子と陽電子を生成することがある．これを電子対生成という（図3-9）．陰電子と陽電子それぞれの静止質量は 0.511 MeV なので，電子対生成は 0.511 × 2 = 1.022 MeV 以上のエネルギーがなければ起こらない．

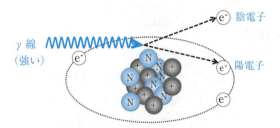

γ線, X線のエネルギーが電子の質量の2倍より大きい場合に起こる

$E = h\nu > 1.022 \text{ MeV}$

図 3-9　電子対生成

　γ（X）線のエネルギーが増大する順に，光電効果→コンプトン効果→電子対生成の寄与が大きくなる．また，この割合は物質の原子番号にも大きく依存しており，両者の関係を図 3-10 にまとめた．

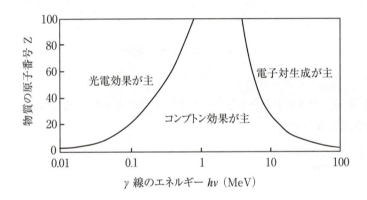

図 3-10　γ線のエネルギーと物質との相互作用[4]

3-5-4　放射線の吸収と半価層

　γ線のような電磁波は，物質との相互作用（主に光電効果，コンプトン効果，電子対生成）によってエネルギーを失い減衰するが，粒子線とは異なって一定の飛程距離を示すのではなく，物質を通過する際に指数関数的に減弱する．厚さ x の物質を通過した γ線強度の減弱は，下記の微分方程式で表される．

$$\frac{dI}{dx} = -\mu I \tag{3-3}$$

これを展開して，厚さ x（cm）の物質を通過した際の放射線の強度 I は

$$I = I_0 e^{-\mu x} \quad I_0：通過前の放射線強度，\mu：線吸収係数（\text{cm}^{-1}） \tag{3-4}$$

ここで，μ は線吸収係数と呼ばれ，単位長さあたりに吸収される放射線の割合を表す．また，μ は物

質の密度で変化するので，μ を物質の密度 ρ で割った $\mu_m = \dfrac{\mu}{\rho}$ (cm²/g) を**質量吸収係数**と呼ぶ．物質により μ_m はほぼ一定なので，γ 線の遮へいには原子番号が大きく密度の大きな鉛などが用いられる．

通過した放射線強度（I）が入射した放射線（I_0）の半分まで減弱する厚さを**半価層**という（図 3-11，表 3-2）．

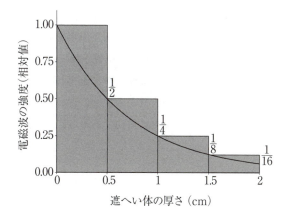

図 3-11 半価層が 0.5 cm である場合の電磁波の吸収
吸収体の遮へいによって電磁波強度は指数関数的に減少する．

半価層 D のとき $I = \dfrac{I_0}{2}$ なので，(3-4) 式より

$$\mu = \frac{\ln 2}{D} = \frac{0.693}{D} \tag{3-5}$$

$$I = I_0 \left(\frac{1}{2}\right)^{\frac{x}{D}} \tag{3-6}$$

となる．半価層の計算は，遮へいなどの放射線の管理において重要である．

表 3-2　γ 線に対するおよその半価層と 1/10 価層

遮へい材	鉛 [cm]		鉄 [cm]		コンクリート [cm]	
核種	半価層	1/10 価層	半価層	1/10 価層	半価層	1/10 価層
⁶⁰Co	1.3 (1.1)	4.2 (3.7)	2.6 (1.8)	7.7 (6.0)	8.7 (5.8)	25.3 (19.2)
¹³¹I	0.3 (0.6)	1.3 (2.1)	1.6 (1.3)	4.7 (4.4)	6.0 (4.2)	16.7 (13.9)
¹³⁷Cs	0.7 (0.6)	2.2 (2.0)	2.0 (1.3)	5.9 (4.4)	7.1 (4.3)	20.0 (14.3)
¹⁹⁸Au	0.3 (1.0)	1.1 (3.3)	1.6 (1.3)	4.7 (4.6)	6.1 (4.1)	16.9 (13.8)
²²⁶Ra	1.3 (1.4)	4.6 (4.7)	2.5 (2.2)	7.8 (7.4)	8.2 (7.3)	25.3 (24.4)

( ) 外数字は薄い遮へい材（減衰が $1 \sim 10^{-1}$），( ) 内数字は厚い遮へい材（$10^{-5} \sim 10^{-6}$）の場合を表す（丸善「放射線管理の実際」より）．

3-6 中性子の作用

中性子は電荷を持たない粒子のため，電磁場との間で相互作用を起こさない．そのため，原子核との相互作用が主なものとなる．数 MeV のエネルギーの中性子は，主に原子核と衝突し，弾性散乱によって徐々にエネルギーを失う．この場合，大きな原子核に衝突してもはじき飛ばされるだけでエネルギーはほとんど変化しない．相手の原子核の質量が中性子に近いほどエネルギーを失う効率がよいので，中性子の減弱には水素原子との衝突が最も効果的である（図 3-12）．

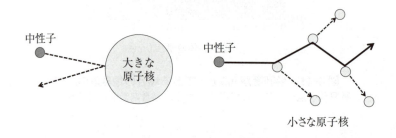

図 3-12　中性子の弾性散乱
左のような大きな原子核との衝突では，はじき飛ばされるだけでエネルギーはほとんど変化しないが，小さな原子核との衝突では，運動エネルギーを受け渡して徐々に減速する．

1 MeV 以下の運動エネルギーの中性子では，原子核が一度中性子を吸収して励起し，再び中性子が放出される際に減速され，一部のエネルギーを γ 線として放出する．これを非弾性散乱という．

中性子がさらに減速されて，周囲の分子と熱平衡になった状態を熱中性子と呼ぶ．この状態では原子核は中性子を捕獲して γ 線が放出される中性子捕獲反応（n, γ）が起こる．ホウ素やガドリニウムなどは中性子捕獲を起こしやすく，炭化ホウ素材は原子炉の制御棒として用いられている．

> **Tea Break**──「水は中性子を通しにくいんだ」
>
> 中性子は水素原子核によって大きく減速するので，中性子の遮へいには水が用いられる．2012 年にリメイクされたアニメ作品「宇宙戦艦ヤマト 2199」では，亜空間ゲート再起動の際に大量に放出される中性子から身を守るために，真田志郎がとっさに水の中に潜って難を逃れるというエピソードがある．
>
> 一般に，原子炉から放出される高速中性子は，10 cm の厚さの水があれば，ほぼ運動エネルギーを失って熱中性子になるが，この熱中性子を吸収するためには，さらにホウ素のような中性子捕獲剤が必要である．したがって，真田の命を守った水槽の中には，ホウ酸水が満たされていたと考えられる??

3-7 放射線の単位

3-7-1 放射能

放射能は放射性物質が放射線を出す能力のことであり，単位時間に壊変した放射性物質の原子数で表す．1秒間に壊変する原子の個数を **Bq（ベクレル）** という．以前は非SI単位として Ci（キュリー）が用いられていたが，これはラジウム約1gの放射能に相当し，3.7×10^{10} Bq に等しい．

3-7-2 照射線量

照射線量は γ 線や X 線が物質を電離する能力を **C/kg（クーロン毎キログラム）** で表す．標準状態にある乾燥空気1 kgあたり1 Cの電荷を生じさせる照射線量が1 C/kgである．

3-7-3 吸収線量

吸収線量は放射線の照射によって物質に吸収されたエネルギーを表し，単位記号は **Gy（グレイ）** で表す．物質1 kgあたりに1 Jのエネルギーが与えられたときの吸収線量が1 Gyである．吸収線量は放射線の種類や物質の種類に関係なく適用される．

3-7-4 等価線量

放射線のうち，α 線が最も生体への影響が大きく，対照的に電磁波は相互作用をあまり示さない．このように，放射線の種類によって生体への影響には大きな違いがあるため，放射線防護の立場からは，吸収線量に対して放射線の種類ごとの影響を加味して評価する必要がある．この線ごとの影響を加味した係数を **放射線荷重係数（w_R）** という（表3-3および図3-13）．吸収線量に放射線荷重係数をかけたものを 等価線量 といい，放射線の種類による影響を考慮した，生体への影響の度合いを表す指標である．吸収線量がGyのときの等価線量の単位は Sv（シーベルト）で表す．

表 3-3 放射線荷重係数 (w_R)[5]

放射線の種類	エネルギー範囲	放射線荷重係数	
		1990 年勧告	2007 年勧告
光子（X 線，γ 線など）	全エネルギー	1	1
電子，ミュー粒子など	全エネルギー	1	1
中性子	10 keV 未満	5	連続関数（図 3-11）
	10 keV 以上 100 keV まで	10	
	100 keV を超え 2 MeV まで	20	
	2 MeV を超え 20 MeV まで	10	
	20 MeV を超えるもの	5	
陽子（反跳陽子を除く）	2 MeV を超えるもの	5	2
荷電 π 粒子		–	2
α 粒子，核分裂片，重原子核		20	20

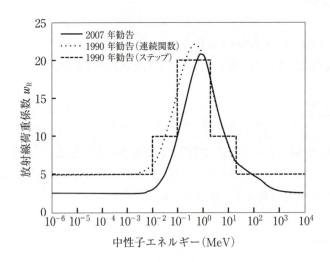

図 3-13 中性子の放射線荷重係数 (w_R)[5]

3-7-5 実効線量

　放射線の生体への影響は，放射線の種類だけでなく，組織ごとにも違いがある（第 9 章）．組織ごとの放射線に対する感受性の違いを表す指標を**組織荷重係数（w_T）**という（表 3-4）．等価線量に組織荷重係数をかけ，これを全身について加算した総和を**実効線量**という．実効線量の単位も等価線量と同じ Sv で表す．

表 3-4　組織荷重係数（w_T）[5]

組織・臓器	組織荷重係数	
	1990 年勧告	2007 年勧告
生殖腺	0.20	0.08
赤色骨髄	0.12	0.12
肺	0.12	0.12
結腸	0.12	0.12
胃	0.12	0.12
乳房	0.05	0.12
甲状腺	0.05	0.04
肝臓	0.05	0.04
食道	0.05	0.04
膀胱	0.05	0.04
骨表面	0.01	0.01
皮膚	0.01	0.01
唾液腺	–	0.01
脳	–	0.01
残りの組織・臓器	0.05	0.12
係数合計	1.00	1.00

Tea Break──よい放射線？　悪い放射線？

　福島第一原発の事故によって大量の放射性物質が放出され，我々は被ばくにいっそう敏感となっている．その中で，しばしば「よい放射線，悪い放射線」などの文言がある場合がある．「セシウムは身体に悪い」「ラジウム温泉は身体に良い」などである．

　放射線により被ばくをすれば，少なからず身体に影響がある．その定量はあくまで生体が受け取ったエネルギーを元に解釈するべきである．放射線ごとの生体への影響や，組織ごとの影響を考慮して，最終的にリスクの程度を換算したのが実効線量であり，Sv の値が同じならば，生体へのダメージも同じである．そこを無視して「いや，Sv は同じでも，これは自然放射線だから身体によい，人工放射線は身体に悪い」などという論述に惑わされないようにしたい．

3-8 章末問題

問1 放射線によって原子が電離される際の，軌道電子のイオン化エネルギーを表す値は何か．1つ選べ．
1. 実効線量　2. 半価層　3. 等価線量　4. 放射線荷重係数　5. W値

正解 5

解説 軌道電子のイオン化エネルギーを表す値を W 値という．

問2 次の放射線のうち，比電離が最も大きいのはどれか．1つ選べ．
1. α線　2. β^-線　3. β^+線　4. γ線　5. 中性子線

正解 1

解説 荷電粒子の中で特に α 線の比電離能は大きく，β^- 線の数百倍である．

問3 高エネルギーの β^- 線が，原子番号の高い原子との相互作用によって急激にエネルギーを失う現象をなんというか．1つ選べ．
1. 弾性散乱　2. コンプトン効果　3. 光電効果　4. 制動放射　5. 電子対生成

正解 4

解説 制動放射によって制動X線が放出されるため，高エネルギーの β^- 線を鉛で遮蔽すると危険である．

問4 次のうち，β^- 線と原子の相互作用で **起こらないもの** はどれか．1つ選べ．
1. 電離　2. 励起　3. 弾性散乱　4. 制動放射　5. 光電効果

正解 5

解説 光電効果は γ 線と物質の相互作用である．

問5 運動エネルギーをほとんど失った β^+ 線が軌道電子と相互作用を起こしたときに放出される放射線は何か．1つ選べ．
1. オージェ電子　2. コンプトン電子　3. 制動X線　4. 消滅放射線
5. ニュートリノ

正解 4

解説 β^+ 線が軌道電子と相互作用を起こして消滅し，180°方向に2本の消滅放射線を放出する．

問6 γ線によって電子対生成が起こるためのエネルギー（E）の条件として正しいものを1つ選べ．
1. 0.511 MeV ＜ E ＜ 1.022 MeV　　2. E ＞ 1.022 MeV　　3. E ＜ 0.511 MeV
4. E ＜ 1.022 MeV　　5. E ＞ 0.511 MeV

正解 2

解説 陰電子と陽電子の静止質量の和である 1.022 MeV を超えることが必要条件である．

問7 1 MeV のγ線が水に入射した時，主に観察される相互作用はどれか．1つ選べ．
1. 陽電子消滅　　2. 制動放射　　3. 弾性散乱　　4. コンプトン効果　　5. 光電効果

正解 4

解説 図 3-10 より，条件のエネルギーではコンプトン効果が主となる．

問8 次の組織・臓器のうち，ICRP 2007 年勧告における組織荷重係数の最も大きいものを1つ選べ．
1. 骨髄　　2. 肝臓　　3. 食道　　4. 甲状腺　　5. 脳

正解 1

解説 組織荷重係数は，一般に細胞分裂の盛んな組織ほど大きくなる（第 9 章参照）．

問9 実効線量の単位は次のどれか．
1. Bq　　2. Gy　　3. Ci　　4. C/kg　　5. Sv

正解 5

解説 1, 3 は放射能，2 は吸収線量，4 は照射線量の単位である．

第4章
放射線測定法

第4章の要点

放射線測定法　分類
1. 電離：電離箱，比例計数管，GM 計数管
   励起，発光：シンチレーションカウンタ
2. γ 線，X 線：NaI(Tl) シンチレーションカウンタ
   $β^-$ 線（^{32}P），γ 線：GM 計数管
   $β^-$ 線（^{32}P，^{35}S，^{14}C，^{3}H）：液体シンチレーションカウンタ
   α 線：ZnS シンチレーションカウンタ，電離箱，比例計数管
3. 放射線エネルギー測定可：シンチレーションカウンタ
   放射線エネルギー測定不可：GM 計数管

電離を利用した測定器：一次電離，二次電離

電離箱，比例計数管，GM 計数管

GM 計数管：パルス型放射線検出器，不活性気体の電離イオンがガス増幅されて生じる電圧パルスを増幅して計数する．

分解時間により数え落としが生じる．入射する放射線のうち測定可能な割合を計数効率といい，測定値をこれで補正すると真の値が得られる．

$$n = \frac{m}{(1-m\tau)}$$　　m：測定値（計数率），n：真の値（計数率），τ：分解時間

励起，発光を利用した測定器：

液体シンチレーションカウンタ：放射線により励起された分子が基底状態に戻るときに放出される蛍光（発光，シンチレーション）を増幅して計数する．放射線のエネルギーに相当する出力パルスの波高の分析によりエネルギースペクトルを得ることができる．

蛍光を出す物質をトルエンなどに溶かしたものを液体シンチレータといい，これに試料を入れて放射線を測定する装置を液体シンチレーションカウンタという．

放射線のエネルギー：^{3}H 0.019 MeV
　　　　　　　　　^{14}C 0.157 MeV，^{35}S 0.167 MeV
　　　　　　　　　^{32}P 1.711 MeV

測定時のクエンチング（消光）に注意が必要．

4-1 放射線測定器の性質と分類

4-1-1 放射線測定器の性質

　放射線は人の五感で感じることができないため，放射線測定器を用いて測定し，検出する必要がある．その際，放射線と物質との相互作用，すなわち放射線によって起こる物理的・化学的現象を利用して測定することになる．一般的には，電離や励起といった相互作用が利用されるが，放射線の種類によって起こる作用が異なるため，線種やエネルギーなどを考慮し，測定の目的に合った適切な放射線測定器を選ばなければならない．

　放射線の測定システムは，一般的に図 4-1 のように構成される．放射線を何らかの信号に変える放射線検出器が最初にあるが，放射線の検出に係る出力信号は極めて微弱でそのままでは計測できない．そのため，検出器からの信号を増幅し（増幅器），数または量として計数・分析し，表示する部分（信号処理システム）が必要である．放射線測定器（放射線検出器）には表 4-1 に示すようなものがある．

　検出器に接続している前置増幅器の役割は，検出器における微少な信号を減衰しないように，まず最初に増幅することである．その後主増幅器でパルスの整形と比例増幅が行われ，さらに波高選別器で，ある高さ以上のパルスを選別し，カウントとして計数率を測定する場合と，パルス波高分析器で波高分布を測定し，エネルギー分析を行い，出力する場合とがある．

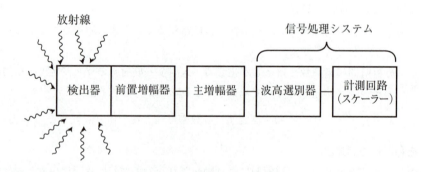

図 4-1　放射線測定システム

表 4-1 放射線の主な検出原理

検出原理	測定器（検出器）	出力信号
気体の電離作用	電離箱 比例計数管 GM 計数管	電離電流 電気パルス 電気パルス
固体の電離作用	半導体検出器	電気パルス
励起-発光現象	シンチレーション検出器	発光数 蛍光強度
化学反応（酸化・還元反応）	$FeSO_4$ の H_2SO_4 溶液 　（酸化反応　$Fe^{2+} \rightarrow Fe^{3+}$）：フリッケ線量計 $Ce(NH_4)_4$ の H_2SO_4 溶液 　（還元反応　$Ce^{4+} \rightarrow Ce^{3+}$）：セリウム線量計	紫外線吸収
写真作用	写真フィルム	フィルム黒化度
物質の損傷作用	固体飛跡検出器	放射線損傷の化学的または電気化学的処理による飛跡やエッチピット
その他	カロリーメータ 泡箱	熱量 飛跡

4-1-2　放射線測定器の分類

　放射線の測定装置は，測定する放射線の種類によって異なる．また，放射線の何を測定するのか，すなわち，放射能，エネルギー，線量など，その目的を明確にした上で，測定する放射線の種類に応じた測定装置を選択する必要がある．例えば核種が既知で単一の場合は，全 α 線，全 β 線，全 γ 線の測定が行われ，核種が未知である場合は，エネルギー測定による核種同定が行われる．また，線量の場合，照射線量，吸収線量の測定が行われる．表 4-2 に放射線の種類と放射線測定装置の関係について示した．

表 4-2 放射線の種類と主な測定装置

放射線の種類	放射線測定器	用　途
α 線	電離箱 ガスフロー比例計数管 ZnS(Ag) シンチレーションカウンタ	放射線計数（パルス型は計数とエネルギー測定） 放射線計数とエネルギー測定 放射線計数とエネルギー測定
β^- 線	GM 計数管 電離箱 液体シンチレーションカウンタ	放射線計数 放射線計数とエネルギー測定 放射線計数
軟 β^- 線	液体シンチレーションカウンタ ガスフロー比例計数管	放射線計数とエネルギー測定 放射線計数とエネルギー測定
γ 線，X 線， （β^+ 線の消滅放射線）	NaI(Tl) シンチレーションカウンタ ゲルマニウム半導体検出器 電離箱 GM 計数管	放射線計数とエネルギー測定 放射線計数とエネルギー測定 放射線計数 放射線計数
中性子線	BF_3 計数管 LiI(Eu) シンチレーションカウンタ	放射線計数 放射線計数とエネルギー測定

4-2 電離を利用した放射線測定器

4-2-1 計測原理

　電離を利用した放射線測定器は，**気体の電離**を利用したものと**固体の電離**を利用したものとに分類される．

A　気体の電離を利用した測定器

　荷電粒子が気体中を通過すると，電離により正イオンと電子のイオン対が生じる．この現象を**一次電離**という．一次電離による一次イオン対は，そのままでは再結合してしまうが，電場のある気体中では，正イオンは陰極に，電子は陽極に移動する．この電極間の印加電圧とパルス波高の関係は図 4-2 のようになっている．すなわち，印加電圧が低い場合，イオン対が生成してもクーロン引力の作用により再結合し，電極には移動しないものが大部分である（再結合領域）．印加電圧を上げてくと，イオン対の再結合は無視できるようになり正イオンと電子は両電極に集まるようになる．この電圧の領域（数 10～200 V）では，多少印加電圧を上げても電極に集まる正イオンや電子の数は大きく変化せず，一定の電離電流が流れる．この領域を**電離箱領域**と呼び，この電流量を直接読み取るか，回路にコンデンサを入れ，発生した電流を積算して読み取ることができる．さらに電圧を上げていくと，生じた

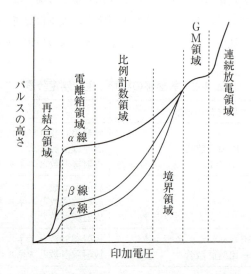

図 4-2　印加電圧とパルス波高との関係
（NEW 放射化学・放射薬品学（廣川書店），p.53，図 4.2）

一次イオン対の電子は陽極に向かって移動する間に加速され，電子の運動エネルギーが高くなり，陽極に到達する間に気体の原子をさらに電離するようになる．これを二次電離という．二次電離によって生成した二次イオン対の数は一次イオン対に比例することからこの領域を比例計数管領域（印加電圧：300〜600 V）という．印加電圧をさらに高めると二次イオン対の数は，一次イオン対の数にかかわらず，ネズミ算的にイオン対が増加する電子なだれを起こすようになる．電子なだれのため，一次イオン対の数とは無関係となるため，放射線のエネルギーの測定は不可能である．この領域をガイガー・ミュラー（Geiger-Müller：GM）計数領域（印加電圧：1000〜1200 V）という．これ以上，印加電圧を上げると，連続的な放電が起こり，放射線の検出はできなくなる（連続放電領域）．

気体の電離を利用した測定器には，電離箱，比例計数管，GM 計数管の 3 種類がある．

このうち，GM 計数管は感度良く β^- 線や γ 線の放射線の数を測定することができるが，電子なだれにより生じた陽イオンの移動速度は電子より遅いため，陰極に移動するまでに時間がかかる一方，電子は既に移動が終わり GM 管の陽極上にさや状に取り巻いて，次の放射線が入射しても，出力パルスを生じない時間ができる（不感時間 dead time）．しかしながら，少し時間が経過すると，陽イオンは陰極に移動するため，出力パルスを生じる（分解時間 resolving time）．さらに時間が経過してパルス波高が元の高さになるまでの時間を回復時間 recovery time という．このため，一度パルスが生じてから分解時間までの間に入射した放射線の数は計数されず，数え落とし counting loss が生じる（図 4-3，図 4-4）．GM 計数管の分解時間はおよそ 100 μs であるが，放射線の計数が高いほど数え落としは多い．分解時間を τ，測定された計数率を m とすると，真の計数率 n は，

$$n = \frac{m}{1 - m\tau}$$ で表される．

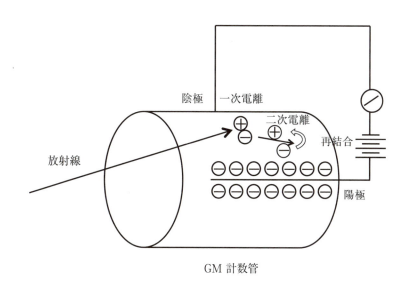

GM 計数管

図 4-3　GM 計数管の数え落としの原理
二次電離により生じた電子は，陽極がつまっており，陽極に到達できないまま，再結合する．そのため，電離電流が流れない．

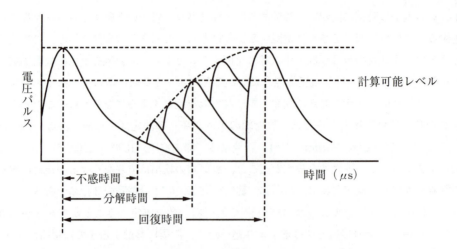

図 4-4 GM 計数管の不感時間，分解時間，回復時間
(NEW 放射化学・放射薬品学（廣川書店），p.56，図 4.6)

> ***Tea break*** —— GM は数え落としに注意
>
> 　計数率の高い試料を測るとき，意外と低い測定値が出てしまうことがある．例えば，10 万 cpm の試料が 2 つあったとして，それらを同時に試料台に乗せて測ったとする．何 cpm になると思うか？ 2 つだから 2 × 10 万 cpm で 20 万 cpm と計算上は考えられるが，実際には 20 万 cpm より低い値になる．これはなぜか？「数え落とし」という現象が起こっているのである．この原理は，GM 管でみられる．放射線の入射後に電離した電子による電子なだれが起こり，陽イオンもたくさん生じる．しかしながら，質量の重い陽イオンは陰極に集まるのに時間がかかり，一時的に陰イオンが GM 管の芯線（電極）の周囲に鞘状に広がり，電界が弱められる時間がある．この時間を不感時間というが，電界が回復するまで（たいてい数 μ 秒）その時間に入ってくる放射線は計数されない．したがって電界が弱まっている間にたくさんの放射線が来てしまうと（すなわち計数が高いと），計数されない放射線の数が多くなり，より数え落としが増えてしまうのである．GM 計数管式のサーベイメータで汚染を確認する時などは，気をつけなければならない．

B 固体の電離を利用した測定器

固体結晶中に放射線が入射すると，その中で電離が起こる．C，Si，Ge，As などの元素は，電気をやや通しやすい性質を持つため半導体 semiconductor と呼ばれる．半導体の中を放射線が通過すると電離により電子と正孔 hole ができる．正孔とは軌道電子の抜けた状態の原子であり，みかけ上は正の電子のような動きをするが，陽電子のような粒子ではない．Si や Ge の純結晶に B や Al などの元素を混ぜたものを P 型半導体 positive semiconductor といい，P や As などの元素を混ぜたものを N 型半導体 negative semiconductor という．P 型半導体では電子が不足しているため正孔を持つ．正孔は近くの電子の移動により満たされるが，また新たな正孔が生じ，結果として電子の移動と逆方向に正孔が移動し，電流が流れた状態になる．N 型では逆に，電子が移動することにより電流が流れる．P 型と N 型を重ね合わせて，P 側に正，N 側に負の直流電源をつなぐと，電流は流れるが，逆に接続すると電流は流れない．半導体検出器は後者のように P 側に負，N 側に正の電源を接続する（逆バイアス電圧をかける）と，電子も正孔も電極側に移動するため，p-n 接合部付近には電子も正孔もほとんど存在しない空乏層 depletion layer ができる．この空乏層に放射線が入射すると，電離作用により電子 – 正孔対が生じ，それぞれ電極側に移動することによって，電離電流が流れ，電気信号が伝わる．

半導体検出器は，空乏層の構造の違いにより，高純度型，表面障壁型，p-n 接合型，リチウムドリフト型等がある．

4-2-2 測定器の種類

放射線の電離作用を利用した測定器について表 4-3 にまとめた．

表 4-3　電離作用を利用した放射線測定器のまとめ

放射線の作用	検出器	用途（測定できる線種）
気体の電離作用	電離箱 比例計数管 GM 計数管	β 線，γ 線，X 線 PR ガス：α 線，β 線 BF_3：中性子線 β 線（比較的高エネルギー）
固体の電離作用	表面障壁型 リチウムドリフト型 高純度型	α 線，重荷電粒子，β 線（低エネルギー） γ 線，X 線（低エネルギー） γ 線

4-3 励起・蛍光作用を利用した放射線測定器

4-3-1 計測原理

　ある種の物質では，放射線のエネルギーが吸収されると蛍光を放出する．蛍光を利用した放射線測定器は放射線の励起作用を利用している．励起された物質はエネルギーを放出し基底状態になるが，その時に与えられたエネルギーを蛍光として放出する（発光）．この現象を特に**シンチレーション** scintillation といい，蛍光を放出する物質を**シンチレータ** scintillator と呼ぶ．シンチレータから発生した蛍光を，光電子に変換し，増幅して電気パルスとして検出する装置を**シンチレーション検出器**という．電気パルスの波高は入射した放射線のエネルギーに比例するため，エネルギー測定も可能である．図 4-5 にシンチレーション検出器の構成を示す．シンチレータの要件としては，放射線のエネルギーからの変換効率が高いこと，発生した蛍光を有効に利用するために，透明な結晶か透明な溶液が得られること，発生した光の波長分布が光電子増倍管に対して感度の高い波長の範囲内であること，蛍光の減衰時間が短いこと，などが挙げられる．

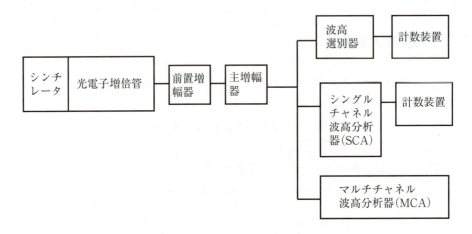

図 4-5　シンチレーション検出器の構成

4-3-2 測定器の種類

　シンチレータの種類により，放射線検出に関する特性が決まる．そのため測定器の種類はシンチレータの種類に従って分類されている．また，増幅された電気信号をスケーラーでパルスとして放射線量を表示するものと，波高分析を行い，スペクトルを得，エネルギー分布を表示するものがある．
　代表的なシンチレータと使用用途について表 4-4 に示す．
　ここでは，一般的によく用いられる固体および液体シンチレータを用いた測定装置の代表として，

表 4-4 代表的なシンチレータと測定対象，特徴

性状	シンチレータ	種　類	測定対象と特徴
固体	無機シンチレータ	NaI（Tl） CsI（Tl） ZnS（Ag）	γ 線，潮解性あり γ 線（α 線，β 線），潮解性小 α 線，粉末（光透過性悪い）
	有機シンチレータ	アントラセン スチルベン プラスチック	α 線，β 線，昇華性あり α 線，β 線 α 線，β 線，γ 線，中性子線の一部
液体	液体シンチレータ	p-ターフェニル＋POPOP （溶媒：トルエン）	低エネルギー β 線

NaI（Tl）シンチレーション検出器と**液体シンチレーション検出器**について述べる．

A　NaI（Tl）シンチレーション検出器

　NaI は，透明で大きな単結晶をつくることが比較的容易であり，原子番号の大きなヨウ素原子を含み，γ 線と相互作用を起こしやすいため，γ 線用のシンチレータとして用いられる．0.1% 程度のタリウムを加えてあるが，この理由としては，放射線のエネルギーがまずNaI結晶格子に与えられた後，このエネルギーが結晶格子中を移動する間に，格子中の Tl 原子を励起し，励起された Tl 原子が特有の波長の蛍光を発するため，この蛍光を光電子増倍管で増幅し検出することが可能であるためである．

　出力形式としては，カウントとして放射線量を測定する場合と，電気パルスを波高分析し，γ 線スペクトルを得て，核種の同定などする場合がある．

　NaI は潮解性があるため，Al などの金属で密封した状態で使用しなければならない．そのため α 線や β 線は遮へいされ測定することができないため，γ 線測定用である．線源の形状を考慮して検出器部分に井戸のような窪みをつけたものを井戸（ウェル）型シンチレーション検出器といい，チューブに入った γ 線放出試料測定の際などに幾何学的効率が非常に良くなる．また, NaI（Tl）シンチレータを用いた検出器は，核医学診断用のガンマカメラや SPECT（single-photon emission computed tomography）の γ 線検出部にも用いられ画像診断に活用されている．

B　液体シンチレーション検出器

　シンチレータとしての溶質を有機溶媒に溶かしたものであり，溶媒としてはトルエンやキシレンなどが用いられる．溶質は第一溶質として 2,5-diphenyloxazol（PPO），第二溶質として 1,4-di［2-(5-phenyloxazolyl)］-benzene（POPOP）やそのジメチル体（dimethyl-POPOP）が用いられる．放射性の試料を低カリウムガラス製またはポリエチレン製のバイアルびん中で溶媒に溶けたシンチレータと混合し，放射線のエネルギーによってシンチレータに発生した蛍光を光電子増倍管で増幅することにより測定する．その際，放射線のエネルギーはまず有機溶媒に与えられ，エネルギーを得た有機溶媒が励起し，その励起した分のエネルギーがシンチレータに移行し，シンチレータが励起状態になる．その励起したシンチレータが基底状態に戻るときに蛍光を発するのである．試料を直接シンチレータに溶かすため，理論上 4π 方向に放出する放射線のエネルギーを検出できることになる．その

ため³Hや¹⁴Cなど低エネルギーβ線放出核種の測定に適しているが，試料が水溶性の場合は溶けにくいため，乳化剤を混合してある場合がある．

一方，液体シンチレータの幾何学的効率が100%であっても，実際には放射線のエネルギーを100%蛍光に変換することは困難である．これは，**クエンチング**（消光現象）と呼ばれる発光を妨害する現象が起こるためである．妨害する物質によって，**化学クエンチング**（ハロゲン，ニトロ基，カルボニル基，水酸基などを有する化合物によってエネルギーが吸収されてしまう場合），**色クエンチング**（試料が黄色や赤色に着色しており，350～400 nmの光を吸収してしまう場合），**濃度クエンチング**（溶質が高濃度のため，吸収されて発光量が低下する場合），**酸素クエンチング**（溶存酸素によりエネルギーが吸収される場合）がある．また，シンチレータと試料が化学反応を起こし，光を発生する場合がある（化学発光：ケミルミネセンス）．その場合，この発光までもが測定されてしまい，実際よりもカウントが多くなる場合がある．そういった場合は，混和後ある程度時間を置くなどして発光がおさまってから測定する必要がある．液体シンチレーション検出器の構造を図4-6，外観写真を図4-7に示す．

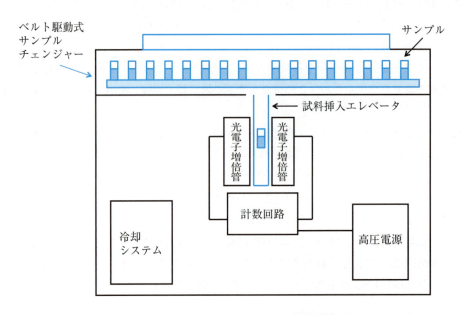

図4-6　液体シンチレーション検出器の構造の概略

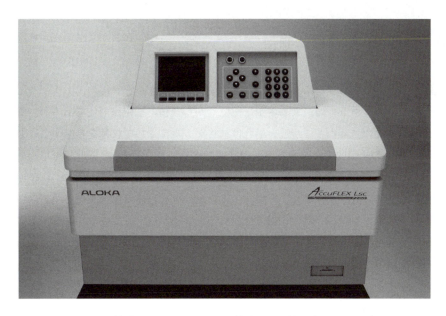

図 4-7　液体シンチレーション検出器の外観（LSC 7200）
（写真提供：日立アロカメディカル(株)）

4-4　放射線エネルギーの測定とエネルギースペクトル

4-4-1　α線のエネルギー測定

　α線は飛程が非常に短く，試料自身の厚みや自己吸収，空気層による吸収をできる限り排除した状態で測定する必要があり，試料自身も薄く蒸着したものを作成したり，真空中で測定するなど，試料作製や検出部の構造を考慮する必要がある．試料を測定器外部に置く形式の表面障壁型半導体検出器，検出器の中に試料を入れて行うグリッド付きパルス型電離箱が用いられる．これらの場合，出力パルスを増幅し，マルチチャネル波高分析器で波高分析する．試料を液体シンチレータに溶かして行う液体シンチレーションスペクトロメータも使用できるが，分解能がやや悪く，クエンチャーの影響により低エネルギーシフトが起こる場合がある．

4-4-2 β線のエネルギー測定

β線は連続スペクトルであるため，通常はβ線の最大エネルギーをβ線のエネルギーという．単一のβ線放出核種ではスペクトルの最大エネルギー位置から核種の推定が可能であるが，複数のβ線放出核種の混合試料でそのエネルギーが近い場合はスペクトルによって核種を推定することは困難である．数 100 keV 以上の比較的高いエネルギーのβ線では GM 計数管と Al 吸収板を用いて，吸収板の厚さと透過後の計数率の減弱からβ線の最大飛程を求め，最大エネルギーを推定する（図 4-8）が，GM 計数管は本来カウント（放射線数）で出力するため，それ自体でエネルギー測定はできない．一方，200 keV 以下のエネルギーの低いβ線では，液体シンチレーションカウンタを使用する．エネルギースペクトルの例を図 4-9 に示す．その他，電離箱，比例計数管，半導体検出器，アントラセンスペクトロメータを用いた測定も可能である．

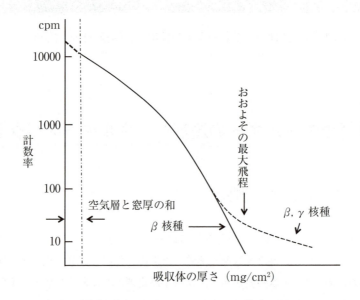

図 4-8　アルミニウム板によるβ線の吸収曲線

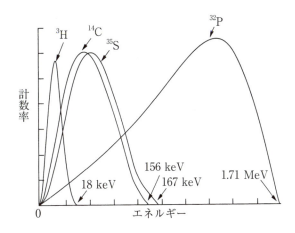

図 4-9　β線のエネルギースペクトル
（NEW 放射化学・放射薬品学（廣川書店），p.63，図 4.14）

4-4-3　γ線のエネルギー測定

γ線は核種固有の単一スペクトルを持ち，物質との相互作用において光電効果，コンプトン散乱，電子対生成を起こしながらエネルギーを失う．γ線がそのエネルギーをすべて軌道電子に与えて，光電子を飛び出させる相互作用が光電効果であるため，スペクトルの光電ピークからγ線のエネルギーを決定し，核種の同定ができる．γ線スペクトルを得るためには，γ線検出器に波高分析器を接続する．光電子増倍管の出力パルスの高さは，シンチレータの吸収エネルギーの大きさに比例するため，このパルスの高さ pulse hight を分析することにより，シンチレータ内での放射線の吸収エネルギー分布がわかる．

波高分析の原理とスペクトルの例を図 4-10 に示す．あらかじめエネルギーのわかっている数種類のγ線源のスペクトルの光電ピーク位置（ピークチャネル）とγ線エネルギーの関係をグラフにしておく（エネルギー・チャネル校正曲線）．このグラフはほぼ直線となり，未知のγ線放出核種のピークチャネルからその核種のエネルギーが推定できる．γ線は核種特有のエネルギーを持つため，核種の同定が可能である．

γ線のエネルギースペクトルの測定には，高純度 Ge 半導体検出器や NaI(Tl) 検出器が用いられる．

放射線のエネルギー測定は，放射線の種類に応じた検出器を用いて得られたシグナルをマルチチャネル波高分析器で分析してエネルギーを測定するという原理となっている．表 4-5 にエネルギー測定に用いられる代表的な検出器を示した．

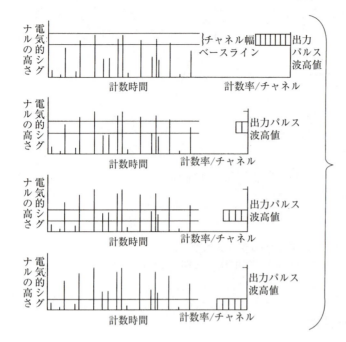
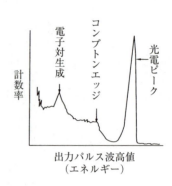

図 4-10　波高分析器の原理と NaI(Tl) シンチレーション検出器による γ 線スペクトル
(NEW 放射化学・放射薬品学（廣川書店），p.61，図 4.11)

表 4-5　放射線エネルギー測定に用いられる検出器

放射線の種類	検出器
α	表面障壁型半導体検出器，グリッド付パルス電離箱
β	有機シンチレータ，液体シンチレータ，表面障壁型半導体検出器
γ	NaI(Tl) シンチレーション検出器，Ge 半導体検出器

4-5　その他の放射線測定器

4-5-1　フィルムとイメージングプレート

　写真フィルムに放射線があたると，エネルギーが吸収され，写真乳剤（主に臭化銀 AgBr 粒子をゼラチン中に懸濁させたもの）から Ag 原子が析出して微視的に集合し，潜像 latent image ができる．これを現像処理すると，潜像を中心に多くの Ag 粒子が析出して目に見える像（黒化）になる．その黒化度を測ることにより，線量測定が可能である．光と同様に放射線がフィルムを黒化させることを放射線の写真作用という．放射線の測定はあらかじめ校正された線量で露出したフィルムの黒化度と比較することにより算出する．この原理を利用し，放射性物質を含む試料や動物組織切片などを

X線フィルムに密着させ,その後現像することにより,試料中の放射性物質の位置や分布,放射能濃度など記録する方法をオートラジオグラフィーという(第6章参照).

一方,ある種の蛍光体は,放射線の照射を受けてエネルギーを吸収すると励起状態になった後,そのエネルギーを結晶内に保持したまま準安定状態にとどまるものがある.その結晶に 600 nm 付近の He-Ne レーザービームを照射すると,蓄積したエネルギーに応じた 420 nm の可視光が生じる.この現象を**光輝尽発光** photo-stimulated luminescence(PLS)といい,このような性質を持つ蛍光体を**輝尽性蛍光体**という.代表的なものに BaFBr に微量の Eu^{2+} を加えたものなどがある.生じた光は光電子増倍管で増幅してデジタル信号に変換したのち,画像処理用のコンピュータに取り込むことにより,放射性物質の分布を 2 次元的に画像化する.このような方法は**ラジオルミノグラフィー** radioluminography と呼ぶ.輝尽性蛍光体をプラスチックの支持体に塗布した板状のものを**イメージングプレート** imaging plate(IP)という.イメージングプレートの感度はフィルムの数十倍あるため,露光時間が短くて済み,現像の手間がかからない,結果が早く出る,という利点がある.また,得られた画像を紫外線照射により消去して再利用することができる.画像化の専用の装置は高価であるが,近年では,薬物動態研究等に広く用いられるようになっている.

Tea break —— X線フィルムと空港の荷物検査

ハイジャックなどを防止するため空港での荷物検査には X 線検査装置が用いられている.空港によっては,強度の X 線で検査が行われる場合がある.1 回目照射で不審物と判断された場合には,2 段階目の強度 X 線照射が行われ,その出力は幅 1 cm 当たり 1〜3 mSv という値といわれている.フィルムが荷物の中に入っていた場合には,放射線の写真効果により感光してしまい,未現像の写真感光材料(フィルム,インスタントカメラ等)に縞模様やカブリを生じ,せっかくとった写真が台無しになる場合がある(高感度フィルムほど影響を受けやすい).以前は,海外旅行によくフィルムを持っていったもので,フィルムを入れたスーツケースをうっかり預けて大変な目に合うこともあったが,現在では,デジタルカメラやスマートフォンのカメラ機能を使う人が多く,このような心配もなくなった.

4-5-2 放射線管理用測定器

放射線管理における測定には,物質の放射能表面密度測定,作業環境における空間線量の測定,空気中及び水中放射能濃度測定,個人被ばく測定などがある.放射性物質による物質の表面汚染については,サーベイメータによる直接測定法と,液体シンチレーションカウンタを用いたふき取り法による間接測定法があるが,ここでは,サーベイメータについて説明する.また,個人被ばく管理に用いられるポケット線量計やフィルムバッチ等について述べる.

A サーベイメータ

表面汚染や空間線量を調査する目的で使用されるハンディタイプの放射線測定器である.

検出器の種類により,電離箱式,比例計数管式,GM 管式,NaI シンチレーション式などがある(図 4-11 参照).測定対象の放射線の線質やエネルギーを考慮して選択する必要がある.指示値(読み

値）は計数率で表される場合と線量率（線量当量率）で表される場合とがある．サーベイメータでは指示値がそのまま正しい線量率を示すとは限らない．測定対象の放射線のエネルギーにより感度が異なるという現象があり，これを**エネルギー依存性**という．また，サーベイメータの検出器への放射線の入射方向によっても感度は変わる．これを**方向依存性**という．サーベイメータの方向依存性は前方2π方向からの放射線はどの種類の検出器でもほぼ同じであるが，後方に関しては検出器によって異なる．そのため散乱線を考慮する場合には注意が必要である．一般に電離箱式がエネルギー依存性が低く，広い線量率範囲で測定に適している．GM管式は表面汚染検査用に使用され，β線放出核種による汚染の検出などに使用されるが，軟β⁻線の検出には向かない．NaI(Tl)シンチレーション式はエネルギー依存性が高く，感度が高いため，測定された線量率と真の線量率との差が大きいが，エネルギー補償型の型式のものもあるので，それを用いるとよい．

　放射線管理区域内には，エリアモニタ，排水モニタ，ガスモニタなどが設置されている場合があり，施設内の放射線の量を監視している．また，立ち入った者の汚染の有無を調べるためにハンドフットクロスモニタが汚染検査室に置かれている．

Tea break ── 時定数

　サーベイメータなどでは，メータの表示が計数値の統計的変動から常に揺れており，一定値を示すことはない．この揺れの大きさは計数率計の中の抵抗（R [Ω]）とコンデンサ（C [F]）で作られている時定数（$\tau = R \cdot C$）[秒]に依存する．メータは2τの測定時間の計数値を表しているため（計数率×$2\tau = x$），この値が大きければ相対誤差$\left(\dfrac{1}{\sqrt{x}}\right)$は小さくなるため，メータの揺れは小さくなる．$\tau$を切り替えて大きくすると，メータの揺れは小さくなって読み取りやすくなるが，測定時間を長くとる必要性が生じる．一般的にはτが大きいほど読み取りは正確になる．福島第一原発事故以来，一般の人がサーベイメータを使用する機会が多くなった．ずいぶんと早い速度で検出器部分を動かして全身をサーベイしている姿がテレビなどで放映されているが，時定数のことを考えるとあまり正確な測り方ではない．ゆっくり一定速度でサーベイして測ることが肝心である．

1. 電離箱式サーベイメータ（ICS-323C）

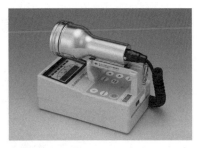
2. GMサーベイメータ（TGS-146B）

3. γ線用シンチレーションサーベイメータ（TCS-172B）

4. ^{3}H/^{14}C サーベイメータ（TPS-313）

5. 中性子用サーベイメータ（TPS-451C）

図4-11　いろいろなサーベイメータ
（写真提供：日立アロカメディカル(株)）

B　個人被ばく線量計

管理区域に立ち入った者の被ばくを管理するために個人被ばく線量計が用いられる．

以下の①～⑤のような種類がある．

① ポケット線量計

作業衣のポケットにクリップで留めるなどして装着するので，ポケット線量計と呼んでいる．従来は小型の電離箱を内蔵した電離箱式ポケット線量計が多く使用されていた．これには線量目盛がついており直読できるが，物理的な衝撃に弱いという欠点があった．現在では半導体検出器が小型化され，被ばく線量を随時直読できるようにした電子式の線量計がよく用いられている．これらの線量計はγ(X)線の検出ができ，1日単位の単時間の作業時に装着して用いる（図4-12）．

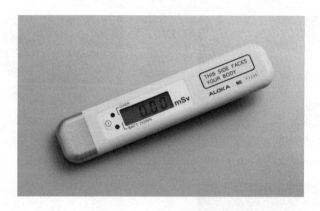

図 4-12　半導体式ポケット線量計外観（PDM-313）
（写真提供：日立アロカメディカル(株)）

② **フィルムバッチ**

　放射線の写真作用を利用した被ばく線量計である．高感度フィルムを遮光ケースに密封した形状である．異なる複数のフィルターでフィルムの異なる場所を被うためその材質により遮へいされたり，透過する放射線の線質が確認できるため，γ（X）線，β線，中性子線を区別して線量測定をすることができる．積算の値が測定できるため，数日〜1か月など定期的に連続して行う作業時に装着し，積算量を確認するのに適している．積算値が時間とともに消失していくフェーディング現象が起こることがあるので，注意が必要である．

③ **蛍光ガラス線量計 radiophoto luminescence glass dosimeter**

　放射線エネルギーを蓄積した銀活性リン酸塩ガラスに紫外線を照射したときに受けた放射線量に比例する蛍光が発生する．この現象をラジオフォトルミネセンス radiophoto luminescence（RPL）といい，この蛍光強度から被ばく線量を測定する線量計である．PRL は極めて安定でフェーディングもない．そのため，繰り返し読み取ることができ，熱処理により再利用ができるため，ランニングコストが安い等の利点があり，②のフィルムバッチに代わり，最近ではよく用いられるようになっている（図 4-13）．

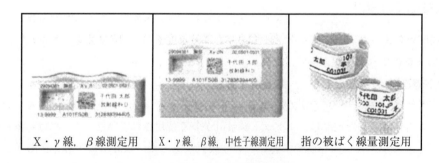

図 4-13　蛍光ガラス線量計

④ 光刺激ルミネッセンス線量計 optically stimulated luminescence dosimeter（OSL 線量計）

酸化アルミニウムは放射線エネルギーを吸収すると，自由電子が格子欠損に捕捉されて，準安定状態となり，そこにレーザー光など照射すると蛍光が発生する．この現象を光刺激ルミネセンス optically stimulated luminescence（OSL）という．発光量は吸収した放射線エネルギーに比例するため，被ばく線量を測定することができる．高感度であり，γ(X)線に対する線量測定範囲が広い．β線と分離測定できる．フェーディング現象がほとんど起こらず，安定であり，複数回読み取りが可能であるといった利点があり，③と同様に最近よく用いられるようになっている（図4-14）．

X・γ線，β線測定用　　　　　　　　中性子線測定用

図 4-14　OSL 線量計

⑤ 熱ルミネセンス線量計 thermoluminescence dosimeter（TLD）

検出部は純粋な無機化合物に微量の他の元素を添加した粉末結晶であり放射線によって生成した電子を捕獲し，励起電子は常温で準安定状態を保持している．この電子は加熱することによって，基底状態に戻るがその時に蓄積したエネルギーに比例した蛍光を発する．この現象を熱ルミネセンス thermoluminescence（TL）といい，この発光量から被ばく線量を測定する．光子用の検出部としては $CaSO_4$：Tm，Mg_2SiO_4：Tb などがあり，中性子用としては LiF：Mg や $Li_2B_4O_7$：Cu などがある．測定範囲が数十 μSv 〜約 10 Sv と広く，アニーリングにより再使用することができる．フェーディングはないが，一度読み取るとデータは消失し，複数回の読み取りはできない．

4-5-3　核医学診断用測定器

核医学診断では，体内に投与した放射性医薬品から放出されるγ線を体外から検出することで画像を得る．放射線測定器は，ガンマカメラ，SPECT 装置，PET 装置などがある．ガンマカメラの検出部は NaI(Tl) が使用されており，シンチレーションが原理であるため，シンチレーションカメラ（シンチカメラ）と呼ばれる．人体から放出される放射性医薬品のγ線を体外から検出し，二次元的に記録する．測定に適したγ線のエネルギーは 50 〜 200 keV であるため，放射性医薬品にはこの範囲のエネルギーを持つγ線放出核種が用いられることが多い．

人体から放出される放射性医薬品のγ線を測定して，コンピュータ処理により断層像を作成し画像化する方法を computed tomography という．SPECT（single-photon emission computed tomography）は，単一のγ線（シングルフォトン）を放出する核種を対象とした方法である．一方 PET（positron emission tomography）とはポジトロン放出核種を対象とした方法である．断面の放射性物質の分布の画像を得るためには，360°方向からの測定をする必要があるが，SPECT では，人体の周りを1個または複数個のガンマカメラを回転させながら走査し，データ収集を行う．一方，

PET装置はポジトロン放出核種特有の消滅放射線（消滅γ線）を検出する装置となっている．すなわち，消滅放射線は同時に 511 keV の電磁波が 180°方向に 2 本放出されるため，この電磁波を同時計数回路に通して 1 対として測定し，データ収集を行い，断層画像を得る．511 keV というエネルギーは，前述のシンチカメラの測定法に適したγ線のエネルギーより高く，望ましくないが，同時計数法で検出する装置の使用により，解像力や定量性に優れた情報が得られるようになる．PET 放出核種は非常に短い半減期を持つものが多く，病院内で核種を製造しなければ時間的に困難な場合があり，病院内の小型サイクロトロンで製造されることが多いが，近年，比較的半減期の長い ^{18}F 標識放射性医薬品については，デリバリーを行う放射性医薬品メーカーが現れて，PET 診断が普及するようになった．

Tea break ── キュリーメータ Curie meter

キュリー（Ci）は，昔よく使われた古い放射能の単位で，歴史的には 1 g の ^{226}Ra の放射能量を 1 Ci として基準としていた．キュリー夫妻にちなんだ単位であるが，現在国際単位系では，放射能の単位はベクレル（Bq）であり，1 Ci = 3.7 × 10^{10} Bq の関係がある．キュリーメータとは，放射能を簡便に調べるための測定器で，病院で使用されるインビボ用放射性医薬品の ^{99m}Tc, ^{67}Ga, ^{123}I および ^{201}Tl などを患者に投与する前に簡便かつ迅速にだいたいの放射能を知りたい時に使用されることが多い．以前は放射性医薬品の包装単位も Ci で表示されていた．Ci が放射能の単位であったことから，キュリーメータと呼ばれているが，測定結果は，Bq と Ci とが切り替え可能で表示される．

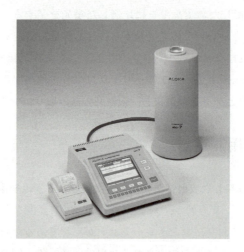

図 4-15　キュリーメータ（IGC-7）
（写真提供：日立アロカメディカル(株)）

4-5-4 放射線測定値の統計処理

線源からの放射線を放射線測定器により測定した値を計数値（カウント）という．単位時間当たりのカウントを計数率といい，通常 cpm（count per minute）（1 分当たりのカウント数）で表される．しかしながら，計数値は線源からの放射線の一部を測っているにすぎない．線源から全周方向に出て

いる放射線のうち，どれだけ測定器に入射して検出されたかを示す割合のことを計数効率（あるいは検出効率）という．一方，単位時間当たりの壊変数を壊変率（dpm：disintegration per minute）といい放射能を表すが，cpm との間に以下のような関係がある．

$$計数効率(\%) = \frac{\text{cpm}}{\text{dpm}} \times 100$$

計数効率は，測定器の種類や構造，線源の形状，測定器と線源の幾何学的配置等により変わる．放射能既知の標準線源を未知検体と同一の条件で測定することにより，計数効率を求め，未知検体の放射能を求めることが可能である．

ところで，1個の放射性の原子核がある1秒間に壊変する確率は，壊変定数 λ（秒$^{-1}$）であるが，放射性壊変はランダムに起こるため，実際にこの原子核がいつ壊変するかはわからない．しかしながら，多数の壊変に対しては平均的な壊変速度を求めることができる．放射性同位元素の壊変は，統計的現象といえる．同一試料を複数回測定したとき，計数値 N の変動は，N が小さいとポアソン分布に従い，N が大きくなるとガウス分布（正規分布）に従う．計数値のばらつきは，標準偏差で表され，$\sigma = \sqrt{\overline{N}}$ で示される（$\overline{N}$ は N の平均値）．1回だけの測定では標準偏差は求められないので，この場合は誤差 error という．よって1回だけの測定による計数値と誤差は，$N \pm \sqrt{N}$ で表され，N は $\overline{N}$ に近い値と考えて $N \pm \sqrt{N}$ とする．1回の計測で得られる N が $N \pm \sqrt{N}$ の範囲に入る確率は約 68.3% である．今，計数率 5000 cpm であったとしても，多数回の測定においていつも正確に 5000 cpm を示すわけではなく，平均値を 5000 cpm とすると，全測定回数の約 68.3% が $5000 \pm \sqrt{5000}$，すなわち 4930～5070 に入るが，他の 31.7% は平均値からはかなり離れた値となる可能性があるということである．t 分間の計数値を N とすると計数率（cpm）とその標準偏差の関係は，$\frac{N}{t} \pm \sqrt{\frac{N}{t^2}}$ となる．この式から，標準偏差を小さくするためには，測定時間を長くすればよいことがわかる．

測定試料を置かずに，放射線測定器で測定した場合でも必ずカウントが出るが，これを自然計数率（バックグラウンド：Background：B.G.）という．宇宙線や自然界に存在する天然放射性同位元素など，測定装置の周辺に放射線源が存在するためである．このため，測定試料の正味の計数を求めるには B.G. を差し引かなければならない．この時の正味の計数率（cpm）は，$\frac{N}{t} - \frac{N_b}{t_b} \pm \sqrt{\frac{N}{t^2} + \frac{N_b}{t_b^2}}$ で表される（N_b：B.G. の計数値，t_b：B.G. の測定時間）．

4-6 章末問題

問1 気体の電離作用を検出原理とする放射線測定器はどれか.
1. GM計数管　2. Ge半導体検出器　3. NaI(Tl)シンチレーション検出器
4. フィルムバッチ　5. 液体シンチレーション検出器

正解 1

解説 2. 固体の電離作用　3. 蛍光作用　4. 写真作用　5. 蛍光作用

問2 放射線の写真作用を検出原理とする放射線測定器はどれか.
1. GM計数管　2. Ge半導体検出器　3. NaI(Tl)シンチレーション検出器
4. フィルムバッチ　5. 液体シンチレーション検出器

正解 4

解説 1. 気体の電離作用　2. 固体の電離作用　3. 蛍光作用　5. 蛍光作用

問3 低エネルギーのβ^-線を測定するのに適している放射線測定器はどれか.
1. GM計数管　2. Ge半導体検出器　3. NaI(Tl)シンチレーション検出器
4. BF_3計数装置　5. 液体シンチレーション検出器

正解 5

解説 1. 高エネルギーのβ^-線　2. γ(X)線　3. γ(X)線　4. 中性子線

問4 NaI(Tl)シンチレーション検出器は以下のうち主にどの放射線の検出・測定に用いられるか.
1. α線　2. β^-線　3. γ線　4. 中性子線　5. 重荷電粒子

正解 3

問5 液体シンチレータの発光を妨害する現象のことを何というか.
1. 数え落とし　2. クエンチング　3. 励起作用　4. 電子なだれ現象
5. フェーディング現象

正解 2

解説 発光を妨害する現象をクエンチング（消光現象）という.

第 4 章　放射線測定法

問 6　PET 装置はポジトロン放出核種特有の放射線を検出するが、その放射線は何と呼ばれるか．
1. β^+ 線　　2. 消滅放射線　　3. コンプトン散乱線　　4. X 線　　5. 中性子線

正解　2

解説　β^+ 線は放射された後，運動エネルギーを失った状態で，近くの陰電子と結合し，消滅する．その際に 2 個の電子の静止質量に相当する 511 keV のエネルギーの 2 本の電磁波を 180° 反対方向に放射する．これを消滅放射線という．PET 装置は消滅放射線を測定している．

問 7　気体の電離により一次イオン対が両電極に集まり，多少印加電圧を上げても一定の電離電流が流れる領域のことを何というか．
1. 再結合領域　　2. 電離箱領域　　3. 比例計数管領域　　4. GM 計数管領域
5. 連続放電領域

正解　2

解説　一次イオン対が両電極に集まり，一定の電離電流が流れる領域を電離箱領域という．

問 8　γ 線のエネルギーを決定し，核種を同定するためには，γ 線スペクトル上の何を指標とするか．
1. 光電ピーク　　2. コンプトンエッジ　　3. サムピーク　　4. エスケープピーク
5. 最大飛程

正解　1

解説　光電ピークは光電効果を表すピークである．光電効果は γ 線の全エネルギーを電子に与えて光電子を飛び出させる現象であり，その光電子のエネルギーは γ 線のエネルギーを反映している．そのため，エネルギーを決定し核種同定に用いられる．

問 9　ある放射性試料を計数効率 10% の測定器で測定したところ，自然計数を差し引き，11,000 cpm であった．この試料の放射能はいくらか．
1. 1.1 MBq　　2. 2.2 MBq　　3. 6.6 MBq　　4. 12.2 kBq　　5. 1.83 kBq

正解　5

解説　計数効率 10% により，この試料の放射能は $\frac{11000}{0.1} = 110000$ dpm，1 秒当たりでは，$\frac{110000}{60} = 1833$ となるため 1.83 kBq

問 10　計数値の統計誤差を 5% 以下とするために必要な最小の計数値はどれか．
1. 100 cpm　　2. 200 cpm　　3. 300 cpm　　4. 400 cpm　　5. 500 cpm

正解　4

解説　計数値を x とすると統計誤差は，$\sqrt{x}$ である．$\frac{\sqrt{x}}{x} \times 100 = 5$ より，$\sqrt{\frac{1}{x}} = \frac{5}{100} = \frac{1}{20}$
よって $x = 400$

問 11 分解時間 $\tau = 200\,\mu s$ の GM 計数管を用いて 1 分間測定したところ，60000 カウントが得られた．真の計数率 $n\,[\text{cpm}]$ はいくらか．

1. 55000 cpm　　2. 65000 cpm　　3. 70000 cpm　　4. 75000 cpm　　5. 80000 cpm

正解 4

解説 真の計数率 n は，$n = \dfrac{60000}{1 - \dfrac{60000 \times 200 \times 10^{-6}}{60}} = 75000$ となる．

（数え落としによる誤差は 20%）

第5章

天然放射性核種と人工放射性核種

第5章の要点

天然放射性核種

1. **一次放射性核種**…半減期が非常に長く，地球創成時より存在

    壊変系列を形成しない核種：^{40}K など

    壊変系列を形成する核種：^{232}Th, ^{235}U, ^{238}U,

2. **二次放射性核種**…壊変系列の2番目以降の放射性核種

    壊変系列：トリウム系列（質量数 $4n$）

    　　　　　ウラン系列（質量数 $4n + 2$）

    　　　　　アクチニウム系列（質量数 $4n + 3$）

    　　　　　ネプツニウム系列（質量数 $4n + 1$：天然には存在しない系列）

人工放射性核種…核反応や核分裂を利用して人工的につくり出された放射性核種

　核反応…原子核に中性子や荷電粒子を衝突させて新たな原子核を生成する反応

　核分裂…重い原子核が分裂して二つ以上の新たな原子核を生成する反応

　　　　　中性子照射などを利用して強制的に分裂させる場合もある．

人工放射性核種の製造法

1. **ジェネレータを利用**

    放射平衡が成立している親核種から娘核種を単離し，娘核種を繰り返し利用する．

    溶出操作のことをミルキングと呼ぶ．

    （核種の例）^{68}Ga, ^{81m}Kr, ^{99m}Tc など

2. **サイクロトロン（加速器）を利用**

    荷電粒子を磁場や電場で加速してエネルギーを与えて標的に照射し，核反応を起こさせる．

    病院内に設置された小型サイクロトロンと，商用の大型サイクロトロンがある．

    （核種の例）^{11}C, ^{13}N, ^{15}O, ^{18}F, ^{67}Ga, ^{123}I, ^{201}Tl など

3. **原子炉を利用**

    核分裂生成物から目的とする放射性核種を得る方法と，中性子照射による核反応を利用する方法の2種類の製造法がある

    （核種の例）^{3}H, ^{14}C, ^{32}P, ^{35}S, ^{99}Mo, ^{131}I, ^{133}Xe など

5-1 天然放射性核種

5-1-1 長半減期の天然放射性核種

約46億年前に地球が誕生した時，地球上には様々な放射性核種が存在していたとされる．それらは核種固有の半減期に応じて減衰し，消滅してしまったものもあるが，半減期が極めて長いものは現在でもなお天然に存在している．このような放射性核種を**一次放射性核種** primary radionuclide と呼ぶ．代表的なものに ^{40}K，^{87}Rb，^{235}U，^{238}U，^{232}Th があり，半減期はおおむね 10^9 年以上である（表5-1）．

表5-1 主な一次放射性核種

核種	壊変形式	半減期（年）	同位体存在度（%）
^{40}K	β^-, EC	1.28×10^9	0.0117
^{87}Rb	β^-	4.75×10^{10}	27.83
^{138}La	β^-, EC	1.05×10^{11}	0.090
^{147}Sm	α	1.06×10^{11}	14.99
^{176}Lu	β^-	3.78×10^{10}	2.59
^{187}Re	β^-	4.35×10^{10}	62.60
^{232}Th	α	1.41×10^{10}	100
^{235}U	α	7.038×10^8	0.72
^{238}U	α	4.468×10^9	99.275

^{40}K や ^{87}Rb は1度の壊変で安定核種となるが，^{235}U，^{238}U，^{232}Th は壊変して生じた娘核種も放射性であり，それぞれ安定核種である ^{207}Pb，^{208}Pb，^{206}Pb になるまで壊変を繰り返す．このように安定核種になるまで次々と壊変を繰り返す核種の系列を**壊変系列** decay series と呼び，^{235}U を出発核種とする質量数 $4n+3$ の壊変系列を**アクチニウム系列**，^{238}U を出発核種とする質量数 $4n+2$ の壊変系列を**ウラン系列**，^{232}Th を出発核種とする質量数 $4n$ の壊変系列を**トリウム系列**と呼ぶ（付表6）．それぞれの系列における2番目以降の核種は系列最後の安定核種以外はすべて放射性核種であり，**二次放射性核種** secondary radionuclide と呼ばれる．これらは親核種である ^{235}U，^{238}U，^{232}Th と放射平衡の関係にあるため，常に生成して天然に存在している．

質量数 $4n+1$ の壊変系列は，系列中で最も半減期の長い ^{237}Np にちなんで**ネプツニウム系列**と呼ばれるが，その半減期は 2.14×10^6 年であり，現在では減衰して天然には存在しない．

Tea Break——キュリー夫妻によるポロニウム・ラジウムの発見

「ウラン鉱石の中で放射線を出しているものの正体は何か？」キュリー夫妻は，ウラン鉱石が純粋なウランよりも強い放射能を持つことに着目し，ウラン鉱石中にウランとは別の新しい元素が存在するのではないかと考えた．そこで研究を進めた結果，1898 年に二つの新元素，ポロニウムとラジウムを発見した．夫妻はさらに研究を進め，4 年の歳月をかけて何トンにも及ぶウラン鉱石から 0.1 g の塩化ラジウムを精製することに成功した．

キュリー夫人がつくったラジウム線源のうちの一つが東北大学サイクロトロン・ラジオアイソトープセンターに保管されており，線源の証明書には，ラジウムが 7.46 mg 含まれていることがキュリー夫人の署名とともに記載されている．

Tea Break——キュリー親子とノーベル賞

夫ピエールはもともと結晶の研究を行っていたが，妻マリーと結婚後は共同で放射性物質の研究を行った．二人は，ピエールの開発した高感度なピエゾ電位計を利用して放射能の測定を行い，前述のとおり，ウラン鉱石からポロニウムとラジウムを発見した．これら放射性物質に関する一連の研究の功績に対し，二人に対してノーベル物理学賞が，またピエールが不慮の交通事故によりこの世を去った後にマリーに対してノーベル化学賞が授与された．マリーは女性初の受賞者かつ 2 度受賞した最初の人物である．

さらに長女のイレーヌとその夫ジョリオも，アルミニウムやホウ素などに α 線を当てることで ^{13}N や ^{30}P を人工的につくり出すことに初めて成功し，夫妻でノーベル化学賞を受賞している．

5-1-2 誘導放射性核種

宇宙空間には高エネルギーの放射線（宇宙線）が飛び交っており，それが地球大気に入射すると大気成分と核反応を起こし，放射性同位元素が生成する場合がある．このようにして生成した放射性核種のことを**誘導放射性核種** induced radionuclide と呼ぶ．誘導放射性核種の生成と減衰は平衡状態にあることから，これらの核種はほぼ一定の濃度で地球上に存在する．代表的な誘導放射性核種として，^{3}H，^{14}C があり，これらは空気中の窒素原子と中性子との核反応（^{14}N(n, ^{3}H)^{12}C および ^{14}N(n, p)^{14}C）により生成する．

^{14}C は半減期が5,730年と長いため，化石などの年代測定に利用される．^{14}C は二酸化炭素として大気中に存在し，光合成・炭酸同化作用で植物に，さらにはそれを摂取した動物の体内に取り込まれる．生物が生きている間は生体内の炭素は環境中の炭素と常に交換しているが，生物が死んだ直後から環境中の炭素との交換が止まり，死んだ生物内の ^{14}C は一定の壊変定数（λ）に従って減衰していく．測定対象試料および環境中の ^{14}C の濃度（同位体存在比）をそれぞれ A，A_0，生物が死んでからの時間を t とすると，

$$A = A_0 e^{-\lambda t}$$

の関係が成り立つので，測定対象試料中の ^{14}C 濃度を実測することで時間 t を算出することができる．

表 5-2　主な誘導放射性核種

核種	壊変形式	半減期	核反応
^{3}H	β^-	12.33 年	宇宙線による ^{14}N (n, ^{3}H) ^{12}C
^{7}Be	EC	53.29 日	宇宙線による大気中の N, O の破砕反応
^{10}Be	β^-	1.6×10^6 年	
^{14}C	β^-	5,730 年	宇宙線による ^{14}N (n, P) ^{14}C
^{22}Na	β^+, EC	2.609 年	宇宙線による大気中の Ar の破砕反応
^{32}P	β^-	14.26 日	
^{35}S	β^-	87.51 日	
^{36}Cl	β^-, EC	3.01×10^5 年	

5-2 人工放射性核種

　人工放射性核種は人工的につくり出された放射性同位元素の総称である．ある原子核を別の種類の原子核に変換する必要があり，そのために核反応を起こさせる必要がある．

　核反応とは，原子核に粒子を衝突させて別の原子核を生成させる反応のことである．この時に用いられる粒子としては，① 原子核に近づいても電気的な反発を受けない中性子，あるいは ② 原子核との電気的な反発を乗り越えるだけのエネルギーをもった荷電粒子，のいずれかである．中性子の発生源としては主に原子炉 nuclear reactor が用いられる．荷電粒子としては，陽子，重陽子，α粒子などがあり，それにエネルギーを与えるためにサイクロトロン cyclotron などの加速器 accelerator が用いられる．これらの詳細については 5-3 節以降で述べる．

　標的核（A）に入射粒子（B）を照射し，放出粒子（C）が放出されて生成核（D）が生成する反応は

$$A + B \longrightarrow C + D \quad \text{または} \quad A(B,C)D$$

という核反応式で表される．模式図を図 5-1 に示す．入射粒子や放出粒子としては，中性子，陽子，α粒子，光子など様々なものが挙げられる．またこれは（B, C）反応（例えば，中性子を照射して陽子が放出される場合は（n, p）反応，など）と呼ばれる．

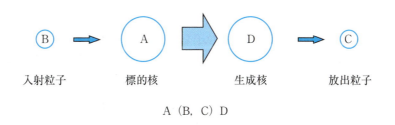

A（B, C）D

図 5-1　核反応の模式図

　核反応の起こりやすさを定量的に表す指標として，核反応断面積 cross section が用いられ，通常 σ で表される．これは具体的に何かの断面積というわけではなく，核反応の起こりやすさを表す指標であり，大きいほど核反応が起こる確率が高いことを意味する．核反応断面積を表す単位として b（barn，バーン）が用いられ，1 b = 10^{-24} cm² である．核反応断面積は，標的核や入射粒子の種類のみならず，入射粒子のエネルギーによっても著しく異なる．核反応断面積と入射粒子の関係を表したものは励起関数 excitation function と呼ばれ，目的とする核反応が最も効率よく起こる入射粒子のエネルギーを知るのに利用される．図 5-2 に励起関数の例を示す．

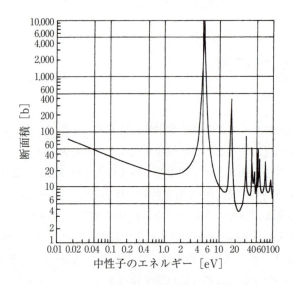

図 5-2　銀の中性子捕獲反応の励起関数
(放射化学・放射薬品学　第 2 版　(編集：五郎丸毅・堀江正信), 図 5.4, 廣川書店)

5-3　加速器

　加速器 accelerator は，核反応に用いる荷電粒子を加速し，運動エネルギーを与えるために使用される．電極間に高電圧をかけて荷電粒子を加速させるが，その電極の配置や電圧のかけ方が異なる複数の加速器が開発されている．

　静電加速器は，静電気的に高電圧をつくって粒子を加速させる装置である．コッククロフト・ワルトン型加速器，ファン・デ・グラーフ型加速器などが該当するが，これらで得られるエネルギーは小さいため，より高エネルギーの加速器の初期加速用に用いられることが多い．

　直線型加速器（リニアック）は，直線状に並べた加速電場によって粒子を加速させる装置である（図 5-3）．小型のものは医療用や工業用に，大型のものは素粒子研究に用いられる．

　サイクロトロン cyclotron は代表的な円形加速器の一つで，電磁石で発生させた磁場によって加速中の粒子にらせん軌道を描かせることで，ディー電極間のギャップに到達するたびに粒子を加速させる装置である（図 5-3）．サイクロトロンは中程度のエネルギーをもつ粒子を多くつくるのに便利なため，放射性同位体の製造に適した加速器である．

　シンクロトロンは円形加速器の一種で，粒子の加速度にあわせて磁場と電圧を調節することで，加速粒子の軌道半径を一定に保ちながら高いエネルギーまで加速させる装置である．高エネルギー衝突実験，放射光分析，医療用重粒子線源として用いられる．

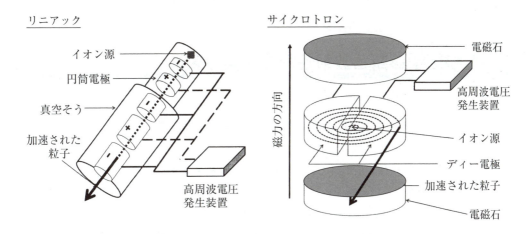

図 5-3　リニアックとサイクロトロンの模式図
（放射化学・放射薬品学 第 2 版（編集：五郎丸毅・堀江正信），図 5.3，廣川書店）

Tea Break──SPring-8

　SPring-8 は兵庫県の播磨科学公園都市にある大型放射光施設である．放射光とは，ほぼ光速まで加速された電子の進行方向を曲げた時に発生する電磁波のことで，非常に明るく高い指向性を持つことから，タンパク質の立体構造解析，環境中の微量成分分析，半導体や高性能電池の構造解析など生命科学から理工学まで幅広い分野で活用されている．この電子を加速するためにシンクロトロンが利用されており，その蓄積リングの周長は 1,436 m に達する．なお，名前の 8 は電子の最大加速エネルギーの 8 GeV からとられている．

Tea Break──X 線結晶構造解析

　タンパク質はアミノ酸が数多く繋がったものであるが，生体内ではそれが決まった形に折りたたまれて機能を発揮することが知られている．すなわち，あるタンパク質の機能解明やそれを標的とした創薬を行うためには，アミノ酸配列（一次構造）がわかるだけでは不十分で，三次元的な構造を原子レベルで明らかとする必要がある．タンパク質の結晶に X 線を照射し，その回折現象を利用して電子密度を計算し，タンパク質の立体構造を決定するのが X 線結晶構造解析である．タンパク質を結晶化させるには高度な技術が必要で，微小な結晶しか得られないこともあるが，SPring-8 の X 線ビームは輝度が極めて高く，波長を容易に変えることができるので，タンパク質の結晶構造解析には最適である．

5-4 核医学診断と放射性同位元素の製造

5-4-1 ジェネレータによる放射性同位元素の製造

親核種から生成した娘核種が放射性であり，その間に永続平衡または過渡平衡が成立している場合，親核種から娘核種を容易に単離できれば，娘核種を繰り返し利用することが可能となる．これを可能とするシステムとして**ジェネレータ** generator が開発されている．これは，固相担体に保持させた親核種から放射平衡の原理で生成する娘核種を，使用時に適切な溶媒を用いて選択的に溶出させるための装置であり，その溶出操作のことを牛の乳搾りになぞらえて**ミルキング** milking と呼ぶ．代表的なジェネレータ産生核種である ^{68}Ga，^{81m}Kr，^{99m}Tc は，それぞれを ^{68}Ge，^{81}Rb，^{99}Mo を親核種として製造される．ジェネレータは短半減期の娘核種を比較的長期間，必要に応じて繰り返し溶出可能であるため，インビボ放射性医薬品を用いた緊急検査や不安定なインビボ放射性医薬品の用時調製にも対応でき，臨床核医学診断上，非常に有益なシステムである．

現在，臨床上もっとも利用されているジェネレータ産生核種が ^{99m}Tc である．市販の ^{99}Mo-^{99m}Tc ジェネレータの構造と原理については図 2-17 参照．^{99}Mo は ^{99}MoO$_4^{2-}$ の化学形でアルミナカラムに保持されており，娘核種である ^{99m}Tc は ^{99m}TcO$_4^-$ の化学形で生成する．電荷の違いによるアルミナカラムへの吸着性の差を利用して，生理食塩水により ^{99m}TcO$_4^-$ のみを選択的に溶出可能である．^{99}Mo と ^{99m}Tc の間には過渡平衡が成立しており，約 23 時間で ^{99m}Tc の生成量は最大となる．

また近年，^{68}Ge-^{68}Ga ジェネレータも市販されるようになり，サイクロトロンが不要の PET 核種として注目を集めている．

Tea Break——^{99}Mo 供給問題

病院内で使用される放射性医薬品の総放射能の 85% 以上を ^{99m}Tc が占めている．その親核種である ^{99}Mo は海外の原子炉で製造されており，日本はすべて輸入に頼っている．2009 年 5 月，日本全体の供給量の 70% 以上を製造するカナダの原子炉にトラブルが発生し，それが復旧するまでの約 1 年間，医療用 ^{99m}Tc 製剤の供給が不安定になる事態が生じた．現在の供給体制は元通りになっているが，世界各地で稼働している ^{99}Mo 製造用の原子炉はいずれも老朽化が否めず，^{99}Mo の安定供給は世界を挙げて取り組む問題となっている．

5-4-2 サイクロトロンによる放射性同位元素の製造

荷電粒子を用いた核反応により放射性同位元素を製造する場合は，標的核との間に生じるクーロン斥力を乗り越えさせるため，荷電粒子を加速してエネルギーを高める必要がある．このために用いられる加速器の代表的なものがサイクロトロン cyclotron である．サイクロトロンを用いて放射性同位元素を製造する場合，生成する核種は標的核に比べて陽子過剰になるため，一般に EC 壊変や β^+ 壊変する核種ができやすい．また，標的核と生成核の原子番号が変化するので，原理的には無担体で高比放射能の放射性核種が製造できる．このため，インビボ放射性医薬品に用いられる大部分の放射性核種はサイクロトロンにより製造されている（表5-3）．放射性医薬品基準に収載されている ^{51}Cr，^{57}Co，^{67}Ga，^{111}In，^{123}I などは商用の大型サイクロトロンを利用して製造され，放射性医薬品として販売されている．

表 5-3　サイクロトロンにより製造される主な放射性核種

核種	壊変形式	半減期	核反応
^{11}C	β^+	20.39 分	^{14}N (p, α) ^{11}C
^{13}N	β^+	9.965 分	^{16}O (p, α) ^{13}N
^{15}O	β^+	122 秒	^{14}N (d, n) ^{15}O ^{15}N (p, n) ^{15}O
^{18}F	β^+	109.8 分	^{18}O (p, n) ^{18}F ^{20}Ne (d, α) ^{18}F
^{67}Ga	EC	3.261 日	^{68}Zn (p, 2n) ^{67}Ga
^{111}In	EC	2.805 日	^{112}Cd (p, 2n) ^{111}In
^{123}I	EC	13.27 時間	^{124}Te (p, 2n) ^{123}I ^{124}Xe (p, 2n) ^{123}Cs → ^{123}Xe → ^{123}I
^{201}Tl	EC	72.91 時間	^{203}Tl (p, 3n) ^{201}Pb → ^{201}Tl

一方，ポジトロン核種である ^{11}C，^{13}N，^{15}O，^{18}F は半減期が短いため，使用場所（病院）に設置された医用小型サイクロトロン（図5-5）を利用して製造される．また近年では，医用小型サイクロトロンによる放射性核種の製造技術の向上が進み，^{64}Cu や ^{89}Zr といった比較的半減期の長いポジトロン核種も製造され，基礎研究・臨床研究に利用されている．

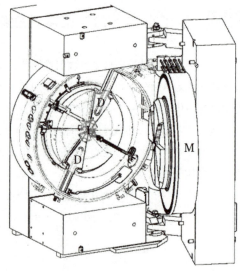

図 5-5 医用小型サイクロトロンの外観と内部構造
I はイオン源，D はディー電極，M は電磁石
（GE ヘルスケア提供）（NEW 放射化学・放射薬品学 第 2 版（編集：佐治英郎），図 5.7，廣川書店）

5-4-3 原子炉による放射性同位元素の製造

　原子炉により放射性同位元素を製造するには，核分裂生成物から目的とする放射性核種を得る方法（(n, f) 反応）と，中性子照射による核反応を利用する方法（(n, α)，(n, p)，(n, γ) 反応）の 2 種類がある（表 5-4）．いずれの場合も生成核は中性子過剰な状態になるため，β^- 壊変する核種ができやすい．

　^{235}U を熱中性子により核分裂させると，質量数 90 ～ 100 と 130 ～ 140 付近の原子核が効率よく生成する．代表的な γ 線源である ^{137}Cs，医療用核種として汎用される ^{99m}Tc の親核種である ^{99}Mo，^{131}I，^{133}Xe などは核分裂生成物から分離することで製造されている．核分裂では，無担体あるいはそれに近い高比放射能の核種が得られる．

　中性子照射により製造する場合，(n, γ) 反応を利用するのが最も簡単で，照射ターゲットの純度が高ければ複雑な精製操作を行わずに目的の放射性核種が得られることが多い．しかしながら原子番号が変化しないため，無担体状態で放射性核種を得られないという欠点を有する．(n, α) あるいは (n, p) 反応を利用する場合は，原子番号が変化し，無担体状態の放射性核種を得ることができる．薬学領域のライフサイエンス研究に汎用される ^{3}H，^{14}C，^{32}P，^{35}S はこれらの核反応を利用して製造される（表 5-4）．

表5-4 原子炉により製造される主な放射性核種

核種	壊変形式	半減期	核反応
^{3}H	β^-	12.33 年	^{6}Li (n, α) ^{3}H
^{14}C	β^-	5,730 年	^{14}N (n, p) ^{14}C
^{32}P	β^-	14.26 日	^{32}S (n, p) ^{32}P
^{35}S	β^-	87.51 日	^{35}Cl (n, p) ^{35}S
^{51}Cr	EC	27.70 年	^{50}Cr (n, γ) ^{51}Cr
^{60}Co	β^-	5.271 年	^{59}Co (n, γ) ^{60}Co
^{90}Sr	β^-	28.74 年	^{235}U (n, f) ^{90}Sr
^{99}Mo	β^-	65.94 時間	^{98}Mo (n, γ) ^{99}Mo ^{235}U (n, f) ^{99}Mo
^{125}I	EC	59.40 時間	^{124}Xe (n, γ) ^{125}Xe → ^{125}I
^{131}I	β^-	8.021 日	^{130}Te (n, γ) ^{131}Te → ^{131}I ^{235}U (n, f) ^{131}I
^{133}Xe	β^-	5.243 日	^{132}Xe (n, γ) ^{133}Xe ^{235}U (n, f) ^{133}Xe
^{137}Cs	β^-	30.04 年	^{235}U (n, f) ^{137}Cs

5-5 章末問題

問 1 天然放射性核種に関する記述のうち，正しいものの組合せはどれか．
  a. ^{235}U と ^{238}U は同じ壊変系列に属する．
  b. ^{3}H や ^{14}C は宇宙線と大気中の窒素原子との相互作用により生成する．
  c. 壊変系列は 4 種類存在し，そのすべてが天然放射性核種として現存する．
  d. 壊変系列に属さない天然放射性核種も存在する．
  1.（a, b） 2.（a, c） 3.（b, c） 4.（b, d） 5.（c, d）

正解 4

解説 a.（誤）^{235}U は質量数 $4n+3$ のアクチニウム系列に，^{238}U は質量数 $4n+2$ のウラン系列に属する．
  b.（正）^{3}H や ^{14}C は宇宙線に含まれる中性子と大気中の窒素原子との核反応により生成する．
  c.（誤）壊変系列のうち，トリウム系列，ウラン系列，アクチニウム系列に属する核種は天然放射性核種であるが，ネプツニウム系列に属する核種は人工放射性核種である．
  d.（正）^{40}K や ^{87}Rb は一度の壊変で安定核種となる．

問 2 誘導放射性核種に関する記述のうち，正しいものを 1 つ選べ．
  1. 誘導放射性核種は，加速器などを用いて人工的に誘導された放射性核種の総称である．
  2. ^{3}H は化石などの年代測定に用いられる．
  3. 誘導放射性核種は核反応によって生成する．
  4. ^{40}K は代表的な誘導放射性核種である．

正解 3

解説 1.（誤）誘導放射性核種は，宇宙線と大気成分の核反応により生成した放射性核種の総称である．
  2.（誤）化石などの年代測定に用いられるのは ^{14}C．
  3.（正）
  4.（誤）^{40}K は地球誕生時より存在している半減期の極めて長い天然放射性核種である．

問 3 核反応に関する記述のうち，正しいものを 1 つ選べ．
  1. 核反応の起こりやすさを定量的に表す指標として，核反応断面積が用いられる．
  2. 核反応に必要な大きなエネルギーを中性子に与えるため，加速器で加速する必要がある．
  3. 静電的反発のため，荷電粒子を用いて核反応を起こさせるのは不可能である．

正解 1

解説 1.（正）
  2.（誤）中性子は静電的反発を受けないので，加速器で加速する必要はない．

第5章 天然放射性核種と人工放射性核種

3. （誤）荷電粒子を加速器で加速し，静電的反発を乗り越えられるだけのエネルギーを与えることで核反応に用いられている．

問4 ジェネレータによる放射性核種製造に関する記述のうち，誤っているものを1つ選べ．
1. ジェネレータとは，放射平衡の原理に従って生成してくる娘核種を親核種から簡便に分離・溶出するための装置である．
2. ^{99}Mo-^{99m}Tc ジェネレータから ^{99m}Tc を溶出するために，希塩酸が使用される．
3. ジェネレータで親核種から娘核種を単離する操作のことをミルキングという．
4. 臨床核医学診断上，もっとも利用されているジェネレータ産生核種は ^{99m}Tc である．

正解 2

解説 ^{99m}Tc を溶出するために使用されるのは生理食塩水である．

問5 次の放射性核種のうち，ジェネレータにより製造されるものの組合せはどれか．
a ^{68}Ga　　b ^{68}Ge　　c ^{99}Mo　　d ^{99m}Tc
1. (a, b)　　2. (a, c)　　3. (a, d)　　4. (b, d)　　5. (c, d)

正解 3

解説 ジェネレータにより製造されるのは娘核種．正しい組合せは以下の通り．
^{68}Ge（親核種，半減期 271 日）− ^{68}Ga（娘核種，半減期 67.6 分）
^{99}Mo（親核種，半減期 65.9 時間）− ^{99m}Tc（娘核種，半減期 6.01 時間）

問6 サイクロトロンによる放射性核種製造に関する記述のうち，正しいものの組合せはどれか．
a. サイクロトロンで製造できる放射性核種はポジトロン放出核種に限られる．
b. サイクロトロンで放射性核種を製造する場合，標的核と生成核の原子番号は変化しない．
c. サイクロトロンで加速されるのは荷電粒子である．
d. 病院内に設置可能な医用小型サイクロトロンが開発されている．
1. (a, b)　　2. (a, c)　　3. (b, c)　　4. (b, d)　　5. (c, d)

正解 5

解説 a. （誤）単光子放出核種の ^{67}Ga，^{111}In，^{123}I などは商用の大型サイクロトロンで製造されている．
b. （誤）サイクロトロンで放射性核種を製造する場合，標的核と生成核の原子番号が変化するので，原理的には無担体・高比放射能の放射性核種が得られる．
c. （正）
d. （正）PET 検査に用いる短半減期ポジトロン核種の製造のため，病院内に設置可能な医用小型サイクロトロンが開発されている．

問 7 次の放射性核種のうち，サイクロトロンで製造されるものの組合せはどれか．
a. ^{3}H　　b. ^{11}C　　c. ^{14}C　　d. ^{18}F
1．(a, b)　　2．(a, d)　　3．(b, c)　　4．(b, d)　　5．(c, d)

正解　4

解説　^{3}H と ^{14}C は原子炉で製造される．

問 8 原子炉による放射性核種製造に関する記述のうち，誤っているものを1つ選べ．
1. 原子炉で放射性核種を製造する場合，核分裂生成物から目的とする放射性核種を得る方法がある．
2. 原子炉で放射性核種を製造する場合，中性子照射による核反応を利用する方法がある．
3. 原子炉では β^- 壊変する核種ができやすい．
4. (n, γ) 反応を利用した放射性核種製造では，原子番号が変化した無担体状態の放射性核種を得られる．

正解　4

解説　(n, γ) 反応では原子番号が変化せず，通常は無担体状態で放射性核種を得ることはできない．

第6章

薬学領域における放射性同位元素の利用

第6章の要点

トレーサ法

放射性同位元素で標識した物質（生体成分や医薬品など）を用いて，その体内動態を検討する方法．

トレーサ法に用いる核種

薬学領域では生体成分や医薬品といった有機化合物をトレーサ法に用いることが多いため，その構成元素である ^3H や ^{14}C を用いる場合が多い．

核酸の標識では，^{32}P，^{33}P，タンパク質やペプチドの解析では，^{125}I，^{35}S などが用いられる．

標識化合物の安全使用における 3 つの C

Contain：放射性物質を狭い空間に閉じ込め広げない．

Confine：利用する放射能の量を必要最小限にとどめる．

Control：放射性物質の入手，使用，廃棄などを適切に管理する．

^{32}P（^{33}P）による核酸の標識

ランダムプライマー法，ニックトランスレーション法，末端標識法

タンパク質の標識

^{125}I を用いた方法（直接標識法，間接標識法）

^{35}S のペプチド合成での取り込み

オートラジオグラフィー

マクロオートラジオグラフィー（肉眼レベル），ミクロオートラジオグラフィー（光学顕微鏡レベル），超ミクロオートラジオグラフィー（電子顕微鏡レベル）

イメージングプレートによるデジタル化

薬物動態・薬物代謝研究への応用

薬物代謝実験：トレーサ法

全身の薬剤分布：凍結スライスを用いた全身オートラジオグラフィー

同位体希釈法

直接同位体希釈法：未知の非標識化合物に放射性標識化合物を加え，非標識化合物を定量する方法．

逆同位体希釈法：未知の放射性標識化合物に非標識化合物を加え，放射性標識化合物を定量する方法．

イムノアッセイ

抗原抗体反応を利用した分析方法の総称をイムノアッセイという．競合法と非競合法がある．抗原や抗体を放射性同位元素や，酵素，蛍光物質，発光物質等で標識して結合型あるいは遊離型の抗原や抗体を検出する方法．抗体としては，主として IgG が用いられる．

ハプテンとキャリアー：ハプテンとは，免疫原性を欠き，反応原性のみをもつ抗原．不完全抗原．単独では抗体を生産させる能力（免疫原性）はないが，キャリアー（タンパク質など）と結合すると免疫原性を示す比較的低分子量の物質をいう．キャリアーとは，ハプテンに結合させるとハプテンに対する抗体ができるようになる高分子の担体（タンパク質や多糖類）をさす．

エピトープ：抗体が認識して結合する抗原の特定の構造単位，抗原決定基．抗原性のための最小単位であり，5～6残基のアミノ酸や5～8個の単糖の配列から成る．

モノクローナル抗体とポリクローナル抗体：モノクローナル抗体は，1つのB細胞クローン由来の細胞が産生する単一分子種の抗体で，1つの抗原決定基に反応する．ポリクローナル抗体は，異なる抗原決定基に反応する多くの種類の抗体の混合物で，抗原に存在する複数の抗原決定基に反応する．

ラジオイムノアッセイ（RIA）：放射性標識抗原を用いたイムノアッセイをいう．狭義のラジオイムノアッセイ（競合法），ラジオレセプターアッセイ（抗体の代わりに受容体を用いる方法），イムノラジオメトリックアッセイ（過剰量の標識抗体を用いる非競合法）などがある．

競合法と非競合法：競合法は，一定量の抗体に対して標識抗原と測定対象の非標識抗原を反応させ，結合型（B）あるいは遊離型（F）の標識シグナルを検出する方法．非競合法は，測定対象の抗原に対し，過剰量の標識抗体を反応させて生成する複合体の標識シグナルを検出する方法．

B/F 分離：イムノアッセイにおいて，標識抗原を抗原抗体複合体を形成している結合型（B：Bound）と抗原抗体複合体を形成していない遊離型（F：Free）とに分離すること．分離法には，固相法，二抗体法，沈殿法，吸着法などがある．

エンザイムイムノアッセイ（EIA）：ペルオキシダーゼ，β-ガラクトシダーゼ，アルカリホスファターゼ等の酵素標識を用いたイムノアッセイをいう．ELISA（抗体あるいは抗原を固相化した不均一系の方法．B/F 分離が容易）や EMIT（抗原抗体反応により酵素活性が変化することを利用した均一系の方法．B/F 分離が不要）などがある．

均一系と不均一系：均一系（競合法，非競合法）では，標識抗原（あるいは抗体）と測定対象の抗体（あるいは抗原）の抗原抗体反応により標識シグナルが増減することによって，抗原や抗体を測定する（B/F 分離不要，EMIT 等）．不均一系（競合法，非競合法）では，何らかの方法で B/F 分離を行い，B または F 分画の標識シグナルを検出することにより，非標識の抗原または抗体を測定する（B/F 分離必要）．ラジオイムノアッセイや ELISA は不均一系の測定法である．

分子細胞生物学・遺伝子工学への応用

ラジオトレーサ法：体内の微量の生理活性物質や代謝物の定量，DNA 塩基配列の決定，DNA の検出，RNA の検出，タンパク質の検出，特定のタンパク質が結合する DNA 断片の検出（ゲルシフトアッセイ法），特定のタンパク質が結合する DNA 領域の特定（フットプリンティング法）などに用いられている．

ジデオキシ法（サンガー法）：DNA 塩基配列の決定法の1つ．DNA ポリメラーゼによる DNA 合成の伸長反応を，$2',3'$-ジデオキシリボヌクレオチド（ddNTP）を用いて特定の塩基の位置でランダ

ムに停止させることにより塩基配列を決定する方法．

マクサム・ギルバート法：DNA 塩基配列の決定法の 1 つ．DNA 分子の特定の塩基を化学的に修飾し，修飾された塩基の部分で DNA 鎖を切断することにより，塩基配列を決定する方法．

サザンブロット法：DNA の検出法．DNA を電気泳動し検出したい DNA の一部の塩基配列に相補的なオリゴヌクレオチドを標識してプローブとしてこれをハイブリダイズさせる．遺伝子の増幅・変異・欠損，ゲノム上の DNA 配列の多型などの解析に用いられる．

ノーザンブロット法：RNA の検出法．RNA を電気泳動し検出したい RNA の cDNA や cDNA 断片オリゴヌクレオチドを標識してプローブとしてこれをハイブリダイズさせる．RNA レベルでの遺伝子の発現解析に用いられる．

ウエスタンブロット法：タンパク質の検出法．タンパク質を電気泳動し，抗体を標識してプローブとして結合させる．タンパク質レベルでの遺伝子の発現解析に用いられる．

多型：ゲノム上の DNA 配列にある個人差のこと．数百〜千塩基対に 1 か所の割合で存在する．

制限酵素断片長多型（RFLP）：ゲノム上の制限酵素認識部位にある遺伝子多型．ゲノム DNA を制限酵素で切断した場合に DNA 断片の長さが変わる．切断断片の大きさの違いはサザンブロット法で検出できる．

一塩基多型（SNP）：ゲノム上の DNA 配列の特定の位置で 1 塩基のみ異なる多型．

放射化分析：核反応により試料を放射性核種に変換し，放出される放射線を測定することで定性，定量的に元素を分析する．核反応（(n, γ) 反応）により放出される γ 線を測定し，元素の定量，定性分析を行う方法もある（即発 γ 線分析）．

X 線結晶解析：未知の単結晶試料あるいは粉末結晶試料に X 線を照射し，分子構造の決定や物質の定性分析，定量分析などを行う．

蛍光 X 線分析：X 線の照射により発生する特性 X 線を測定し，試料物質の定性，定量分析を行う．X 線の代わりに荷電粒子を照射して分析する方法もあり，これを PIXE 分析という．

滅菌：γ 線を用いる方法と電子線を用いる方法があり，医療機器の滅菌などに用いられる．

年代測定：放射能を利用して岩石や化石の年代を測定することが可能であり，^{14}C 法，^{40}K-^{40}Ar 法などがある．

ECD 付ガスクロマトグラフ：ガスクロマトグラフの検出器として，^{63}Ni 線源を備えた ECD が利用されている．

　薬学領域での放射性同位元素の利用法は大きく 2 つある．1 つ目は放射性同位元素で標識した物質（生体成分や医薬品など）を用いて，その体内動態を的確に把握することである．これをトレーサ法（6-1）と呼ぶ．この際には，標識物質と非標識物質の化学的性質が等しいことを利用した同位体希釈法（6-5）を用いて物質の定量を行う場合もある．また，物質の定量に抗原抗体反応を利用したイムノアッセイが用いられるが，抗原あるいは抗体を放射性同位元素で標識したラジオイムノアッセイ（6-6）は非常に高感度な物質の定量を行うことが可能である．

　もう 1 つは放射性同位元素から放出された放射線を物質に照射するものであり，放射化分析（6-8），X 線結晶解析（6-9），放射線治療，滅菌などに用いられる．

6-1 トレーサ法

放射性同位元素で標識した物質（生体成分や医薬品など）を用いて，その体内動態を検討する方法をトレーサ法という．医薬品や生体成分などの場合は，構造的に低分子の有機化合物が多く，蛍光色素や酵素標識では大きな立体障害が生じて活性が消失する場合もある．放射性同位元素は，元素そのものを標識しているため，非標識化合物と生体で同じ挙動を示し，こうした生体反応の代謝を解析するのに有利である．

6-1-1 トレーサ法に用いる核種

薬学領域では生体成分や医薬品といった有機化合物をトレーサ法に用いることが多いため，その構成元素である ^{3}H や ^{14}C を標識に用いる場合が多い．また，核酸の標識では，リン酸部分を ^{32}P，^{33}P で標識してプローブに用いたり，^{3}H-チミジンを用いて細胞内の DNA を標識する．タンパク質やペプチドの解析では，^{125}I，^{35}S などが標識に用いられる．これらの放射性核種は ^{32}P を除き比較的半減期が長く，安定した測定が可能である（表6-1）．

一方，病気の診断目的で投与される放射性医薬品は，^{67}Ga，^{99m}Tc，^{111}In，^{123}I，^{201}Tl などで標識される．これらは短半減期のγ線放出核種であり，診断時以外の無用な被ばくを防ぐために短半減期のものを使用する（表6-2）．また，近年は ^{11}C，^{13}N，^{15}O，^{18}F といったポジトロン放出核種も多く用いられるようになった（表6-3）．これら放射性医薬品に関しては，第7章で詳しく述べる．

表 6-1 トレーサ実験で用いられる主な放射性同位元素

放射性同位元素	壊変形式	物理的半減期	$β^-$線の最大エネルギー(keV)	主な光子のエネルギー(keV)	測定装置
^{3}H	$β^-$	12.33 年	18.6		LSC
^{14}C	$β^-$	5730 年	157		LSC
^{32}P	$β^-$	14.26 日	1,711		LSC[1]
^{33}P	$β^-$	25.34 日	249		LSC
^{35}S	$β^-$	87.51 日	167		LSC
^{125}I	EC	59.40 日		35.5	NaI(Tl)

EC：軌道電子捕獲，LSC：液体シンチレーションカウンター　1）^{32}P の測定にはチェレンコフ光を利用．

表 6-2 放射性医薬品に使用される主なγ線放出核種

放射性同位元素	壊変形式	物理的半減期	主なγ線のエネルギー(keV)	測定装置
^{67}Ga	EC	3.26 日	93, 185, 300	NaI(Tl)
^{99m}Tc	IT	6.01 時間	141	NaI(Tl)
^{111}In	EC	2.81 日	171, 245	NaI(Tl)
^{123}I	EC	13.2 時間	159	NaI(Tl)
^{201}Tl	EC	3.04 日	69, 71, 80, 167	NaI(Tl)

EC：軌道電子捕獲，IT：核異性体転移

表 6-3　放射性医薬品に使用される主なポジトロン放出核種

放射性同位元素	物理的半減期	サイクロトロンでの核反応	主な放射性医薬品
^{11}C	20.4 分	^{14}N(p, α)^{11}C	^{11}C-PIB, ^{11}C-Met
^{13}N	9.96 分	^{16}O(p, α)^{13}N	^{13}NH$_3$
^{15}O	2.03 分	^{14}N(d, n)^{15}O ^{15}N(p, n)^{15}O	C^{15}O, C^{15}O$_2$
^{18}F	109.8 分	^{18}O(p, n)^{18}F ^{20}Ne(d, α)^{18}F	^{18}F-FDG（保険適用）

Tea Break —— PET4 核種

^{11}C, ^{13}N, ^{15}O, ^{18}F はいずれも $β^+$ 壊変を起こす核種であり，生体成分を標識する上で有用な核種として「PET4 核種」と呼ばれることがある．これらの核種は表 6-3 に示すように，非常に半減期が短く，最も長い ^{18}F でもその半減期は 2 時間弱である．したがって，PET 核種を検査や診断に使用する場合は，病院内にサイクロトロンをはじめ，化合物標識や品質検査を行う専用の PET 施設を建設する必要がある．2002 年に ^{18}F で標識したフルオロデオキシグルコース（^{18}F-FDG）を用いたがん診断が保険適用になり，PET 施設の建設が加速され，現在ではがんの早期発見等に有用な診断ツールとして認知されている．

6-1-2　トレーサ実験の実際

トレーサ実験では，放射性同位元素で標識した化合物を用いて，生体での反応をインビボまたはインビトロで再現する．基本操作は通常の代謝実験と変わりないが，放射性同位元素を用いるため高感度かつ定量的な測定が可能である反面，サンプルなどの取り扱いには多くの規制が生じる．非密封放射性同位元素を取り扱う際には，安全に使用できるように綿密に計画を立てる必要がある．

以下，安全なトレーサ実験に必要な注意事項を列挙する．

① 標識化合物の安全使用には，次の 3 原則（3 つの C）を遵守する必要がある．
　Contain：放射性物質を狭い空間に閉じ込め広げない．
　Confine：利用する放射能を必要最小限にとどめる．
　Control：放射性物質の入手，使用，廃棄などを適切に管理する．

② 実際の実験に当たっては，まず実験担当者を放射線業務従事者として登録し，立入前の教育訓練や健康診断などの必要な手続きを行う必要がある．従事者として登録後実験計画を立案し，使用核種とその量を決定する．

③ 実験計画書を各施設の第 1 種放射線取扱主任者に提出し，打合せを行う．この際，施設ごとに使用許可されている核種やその数量が決まっているので，その範囲内で実験を行うように調整を行わなければならない．調整が終了したら，施設を通じて必要な放射性同位元素で標識された化合物を購入する．

④ 実際に実験する前には，標識化合物を用いずに模擬の試薬を用いて本番と同じ実験操作を行い

（コールドラン），操作に慣れた後に実際の実験を行う（ホットラン）．

⑤ 放射性同位元素や標識位置の確認：トレーサ実験においては，生体反応などで化合物が代謝を受ける場合，実験目的に応じた放射能の挙動が追跡できるかが重要である．そのため，目的に応じた標識位置や同位元素の選択は非常に重要である．

⑥ 比放射能および純度：比放射能とは，物質単位質量当たりの放射能である．一般に比放射能が高い方が，鋭敏な測定が可能であるが，不必要に高い場合は生体反応に必要な濃度が得られなかったり，化合物の放射線分解が起こる場合があるため，目的の測定に適した比放射能に調整する必要がある．通常のトレーサ実験では，標識化合物に適当な量の非放射性化合物（担体）を加えて，比放射能を調整する場合が多い．

また，放射性同位元素は保存中に壊変を起こして別の核種に変わることがあり，目的の標識化合物の純度が低下する場合がある．純度が低い放射性物質では実験の正確性が保証されないため，化学的な純度を検定しておく必要がある．

Tea Break──標識化合物の分解

一般に標識化合物は非標識化合物と異なり，保存中に分解しやすい．これは①放射性同位元素の壊変による元素の変化や，②放出される放射線による物質の分解などが起こるためである．①の例では，^{32}P が $β^-$ 壊変によって ^{32}S に変化すると，DNAのリン酸部分が分解されて切断されてしまう．②の放射線による分解は，直接的な反応と，放射線によって水分子がラジカル化され，これが化合物を分解する間接的な反応がある（放射線分解）．放射線分解を防ぐには，溶液の希釈，非放射性化合物（担体）の添加，低温での保存，ラジカルスカベンジャーの添加などが行われるが，最も良い方法は，綿密な実験計画を立てて，分解が問題になる前に速やかに実験を行うことである．

6-2 標識化合物の合成

6-2-1 ^{32}P（^{33}P）による核酸の標識

核酸は構成成分としてリン酸基を含むため，これを放射性同位元素で置き換えることで標識を行う．代表的な合成法としてランダムプライマー法，ニックトランスレーション法，末端標識法などがある（図6-1）．なお，核酸の標識には長く ^{32}P が用いられてきたが，放射線のエネルギーが高く（最大エネルギー：1.711 MeV）外部被ばくに対する適切な遮へいが必要なことから，近年はよりエネルギーの低い（同 0.249 MeV）^{33}P を使う方向にシフトしている．

ランダムプライマー法では，二本鎖DNAを熱変性により一本鎖にし，ここに配列がランダムなDNAプライマーを相補的に結合させ（アニーリング），伸長反応により ^{32}P で標識したデオキシヌクレオチド（[$α-^{32}P$]dNTP）を取り込ませて標識DNAを作成する．近年はポリメラーゼ連鎖反応（PCR）によってより効率よく標識DNAを合成することが可能である．

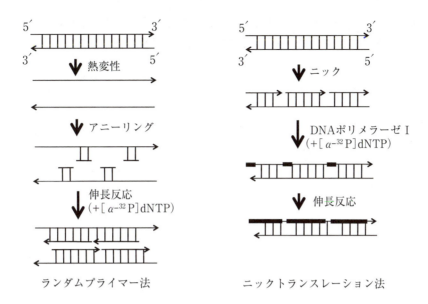

図6-1 DNAの主な ^{32}P 標識法

(図6-1の説明) α-^{32}Pとγ-^{32}Pとの使い分け

ヌクレオチドが結合してDNA鎖をつくるときには, α位のリン (P) が結合に使用される (下記ヌクレオチドの簡略図を参照). β位とγ位のPは遊離する. したがって, DNAポリメラーゼで標識を行う場合にはα-^{32}Pを使用し, T4ポリヌクレオチドキナーゼで5′-末端を標識する場合にはγ-^{32}Pを使用しなければならないことがわかる.

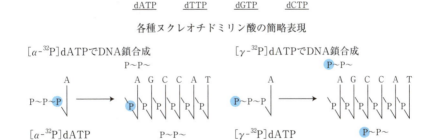

DNA鎖の伸長に用いられるリン酸部位
(アイソトープ放射線利用入門, 日本アイソトープ協会)

ニックトランスレーション法では, 二本鎖DNAにDNase Iを反応させると3′に水酸基が, 5′にリン酸基が遊離したニック (傷) が生じる. ここにDNAポリメラーゼIを作用させると, ニックから3′方向にDNAが除去されてギャップをつくると同時に, 3′の水酸基にヌクレオチドを付加し, DNA合成を行う. この時, [α-^{32}P]dNTPを取り込ませることで効率よくDNAが標識される.

末端標識法では, アルカリホスファターゼによって脱リン酸化した5′末端にT4ポリヌクレオチド

キナーゼを用いて［γ-^{32}P］dNTPを取り込ませる5′末端標識法と，ターミナルトランスフェラーゼ（TdT）を用いてDNAの3′末端に［α-^{32}P］dNTPを取り込ませる3′末端標識法がある（図6-2）．

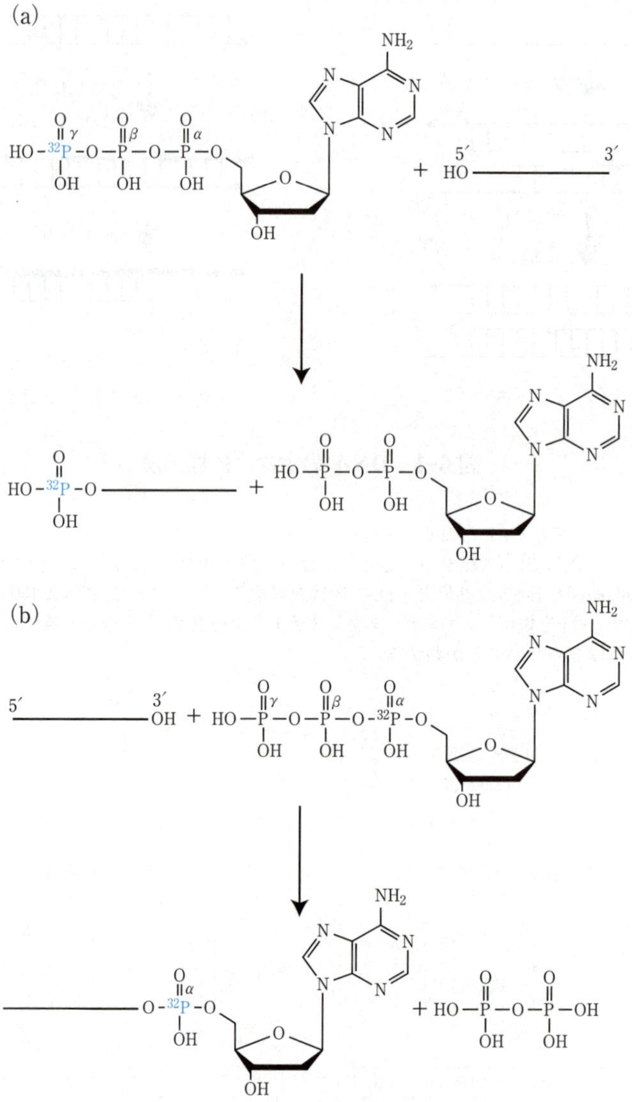

図6-2 末端標識法
(a) 脱リン酸化した5′末端に［γ-^{32}P］dNTPからの^{32}Pを用いて標識．
(b) 3′末端に［α-^{32}P］dNTPを取り込ませる3′末端標識．

6-2-2 タンパク質・ペプチドの標識

A ^{125}I 標識

タンパク質やペプチドは，チロシン残基のフェニル環をターゲットにして^{125}Iで標識する（**直接標識法**）．方法としてはNa^{125}Iをクロラミン-Tなどの酸化剤で酸化型に活性化し，タンパク質やペプチドのチロシン残基に導入する（図6-3）．本法は高い比放射能をもつ標識タンパク質を簡便に得ることができるが，クロラミン-Tによる強い酸化反応によりタンパク質の変性が起こる場合がある．その場合には，より温和な酸化剤としてヨードゲンやラクトペルオキシダーゼなどの酵素を用いて反応を行うが，クロラミン-Tに比較して反応性は落ちる．なお，反応が進んだ場合やチロシン残基がない場合には，一部はヒスチジン残基のイミダゾール環にも^{125}Iが導入される．

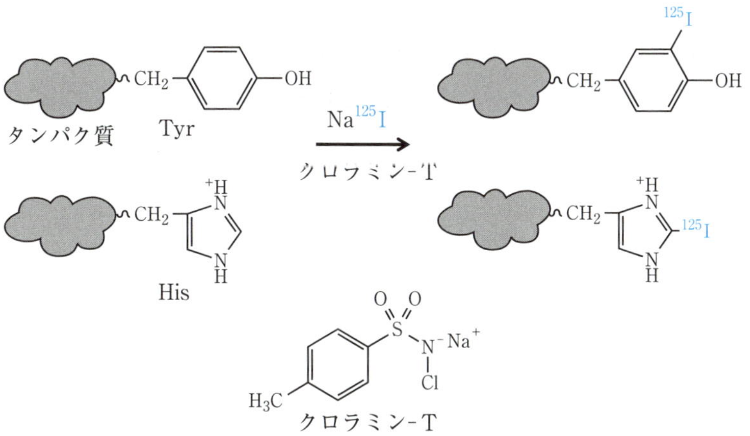

図6-3 クロラミン-Tを用いたタンパク質の^{125}I標識

タンパク質中にチロシン残基が存在しない場合や，酸化剤によるタンパク質の変性が心配される場合は，^{125}I標識化合物である**ボルトン・ハンター試薬**を用いてタンパク質に存在するリシンのαアミノ基に^{125}Iを結合させる**間接標識法**が用いられる（図6-4）．低pHでの反応あるいはリシンの少ないタンパク質ではN未満のアミノ酸と結合する．本法は酸化剤を用いないため，タンパク質の変性を最小限にすることができるが，分子量の小さなタンパク質やペプチドでは，ボルトン・ハンター試薬によって大きく立体構造が変化し，生理活性が消失する場合がある．

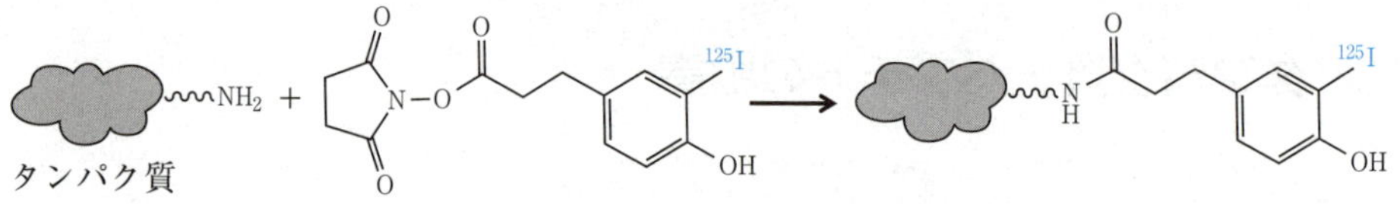

図 6-4　^{125}I 標識ボルトン・ハンター試薬を用いたタンパク質の標識

B　^{35}S 標識

　上記のように，^{125}I は精製したタンパク質などに直接放射性同位元素を用いて標識を行う方法である．一方，生体内でタンパク質の合成を観察する場合，^{35}S で標識したメチオニン（^{35}S-Met）を細胞に取り込ませて解析を行う．タンパク質の合成が行われた場合，^{35}S-Met がタンパク質内に導入される（図 6-5）．細胞に刺激を与えたり何らかの処理を行った場合のタンパク質合成量の変化を見る目的で ^{35}S-Met を用い，反応終了後に免疫沈降反応などによって目的タンパク質の合成量をオートラジオグラフィー（6.3 参照）や液体シンチレーションカウンターで検出する．^{35}S の β^- 線エネルギー（最大エネルギー 0.167 MeV）は ^{14}C（同 0.157 MeV）と非常に似通っているため，^{14}C とほぼ同様の条件で液体シンチレーションカウンターによる測定が可能である．

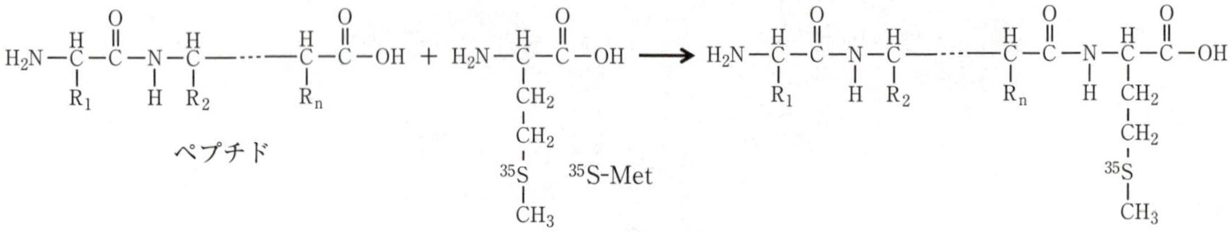

図 6-5　^{35}S-Met のタンパク質への取り込み

6-3　オートラジオグラフィー

A　フィルムを用いたオートラジオグラフィー

　オートラジオグラフィーとは，放射線の写真作用を利用して，試料中の放射性物質の存在場所や濃度を視覚化する方法である．放射性同位元素を含む試料を直接 X 線フィルムに密着させると，放出された放射線によって放射性同位元素の存在する部分だけが感光される．このフィルムを現像することで，試料中の放射性同位元素の分布やその濃度を調べることが可能である．
　前節の核酸やタンパク質の標識を例にとると，サザンブロット法（6-7-2-B）やノーザンブロット法（6-7-2-B）では，電気泳動により分離した核酸をニトロセルロースなどのメンブレンフィルターに転写後，目的の配列に相補的に結合する ^{32}P（^{33}P）標識 DNA（プローブ）を反応させ，オー

トラジオグラフィーにより検出を行う．また，タンパク質のオートラジオグラフィーでは，細胞内に^{35}S-Met を取り込ませ，目的タンパク質の合成量をオートラジオグラフで検出するなどの方法も行う（図 6-6）．

オートラジオグラフィーは，測定対象や必要とされる解像力などから，マクロオートグラフィー（肉眼レベル），ミクロオートグラフィー（光学顕微鏡レベル），超ミクロオートグラフィー（電子顕微鏡レベル）に分類される．

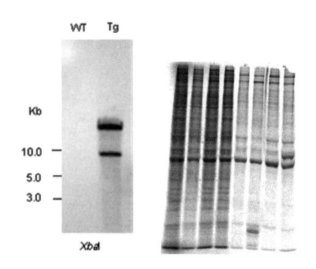

図 6-6 オートラジオグラフィーによる核酸やタンパク質の検出
左：ノーザンブロットによる mRNA の検出．
（http://www.nias.affrc.go.jp/seika/nias/h22/nias02204.htm より引用）
右：^{35}S-Met を取り込ませた細胞の懸濁液を電気泳動にかけ，オートラジオグラフィーによりタンパク合成量を検討した例．

マクロオートラジオグラフィーでは，前述の電気泳動に基づく検出のほか，動物組織，小動物の全身組織切片などの比較的大きい試料を用いる．解像度は必要ではないので，乳剤の粒子系の大きい高感度 X 線フィルムが用いられる．また，近年はイメージングプレート（IP）を用いたデジタル的な定量測定が行われている．

ミクロオートグラフィーでは，細胞内や組織内などの微細な試料を乳剤膜に密着させて，黒化した銀粒子の密度を光学顕微鏡的に測定し，試料中の放射性同位元素の分布を測定する．高い解像度が要求されるため，乳剤の粒子系が小さく密度の高いものが用いられる．また，使用核種についても，分布を微細に解析できる ^{3}H，^{14}C，^{35}S などの低エネルギー β^- 線放出核種を用いる．

超ミクロオートラジオグラフィーでは，細胞内の微細構造などを観察する目的で，超微細なハロゲン化銀粒子が 1 層に並ぶ薄膜を使用する．電子顕微鏡レベルの微細構造が要求されるため，^{3}H を通常対象として用いる．

B イメージングプレートを用いたオートラジオグラフィー

オートグラフィーでは長く写真乳剤が用いられてきたが，1980年代より光輝尽発光photostimulated luminescence（PSL）を示す蛍光体（BaFBr：Eu^{2+}など）をポリエステルの支持体上に塗布したイメージングプレート（IP）を用いる方法が開発され，より高感度に放射線量を定量することが可能になった（図6-7）．放射線により露光されたIPにレーザー光を照射すると，露光量に応じた発光が生じるため，これをコンピューターで直接読み取り，画像をデジタル化する．IPではこのようにして高感度かつ発光量に応じたより定量性の高い情報が得られる（図6-8）．IPは強い光を照射することで画像を消去し再利用できることもあり，現在では医療におけるX線撮影のデジタル化なども含めて従来のフィルムに置き換わる形で広く使用されている．

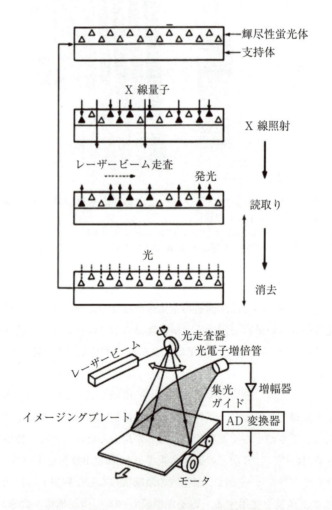

図6-7 イメージングプレートを用いたX線画像の記録と読み取り
（http://www.sice.jp/handbook/ より引用）

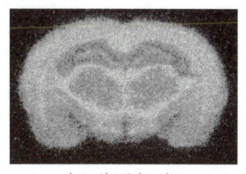

X線フィルム　　　　　　　　　　　　イメージングプレート

図 6-8　ニコチン受容体結合放射性プローブ（^{125}I-5IA）を用いたラット脳のオートラジオグラフィ
X線フィルムは画像の分解能が高い．一方，イメージングプレートは（1）感度が高い，（2）定量性に優れる，（3）定量可能な放射線量の幅が広いなどの特徴がある．
（岡山大学大学院医歯薬学総合研究科 上田真史教授 提供）

6-4　薬物動態・薬物代謝研究への応用

　薬物動態および代謝研究において，トレーサ実験やオートラジオグラフィーは必要不可欠な実験手技である．章の冒頭で述べたように，医薬品の多くは低分子化合物であるため，立体障害による活性消失を防ぐためには，放射性同位元素で標識する必要がある．このようにして標識した化合物を動物に投与し，一定時間に血液や排泄物中の放射能を測定することで，代謝状態を類推することができる．
　また，薬物体内動態などの研究では，オートラジオグラフィーが非常に重要な役割を果たす．ラットなどの動物に^{3}Hや^{14}Cなどの放射性同位元素で標識した薬物を投与し，一定時間ごとに全身の凍結切片を作成し，X線フィルムと接触させる**全身オートラジオグラフィー**が用いられる（図 6-9）．

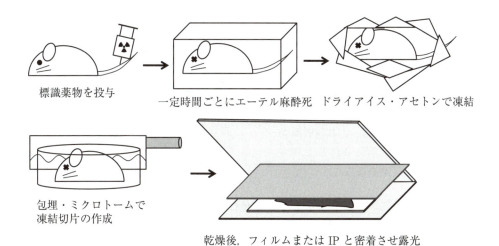

図 6-9　薬物代謝研究における全身オートラジオグラフィーの手技概要

全身オートラジオグラフィーでは，凍結切片における放射能の組織分布を画像で示すもので，この画像を比較することにより薬物の経時的な体内分布の変化を把握することが可能になる（図6-10）．医薬品の前臨床試験では欠かすことのできない手法である．

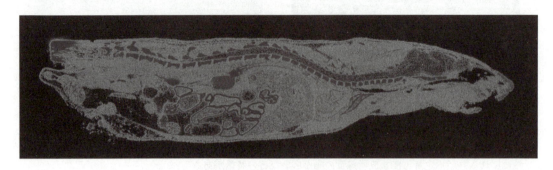

図6-10　ラット全身オートラジオグラムの一例
（写真提供：富士フイルム）

6-5　同位体希釈法

非標識化合物にその放射性標識化合物を加え，比放射能の変化を調べることにより化合物を定量する方法を同位体希釈法 isotope dilution analysis という．同位体希釈法には，未知量の非標識化合物に一定量の放射性標識化合物を加えて非標識化合物の量を調べる直接同位体希釈法（直接希釈法），物質量が未知の放射性標識化合物に一定量の非標識化合物を加えて放射性標識化合物の物質量を調べる逆同位体希釈法（逆希釈法），放射性標識化合物の物質量と比放射能を調べる二重希釈法などがある．

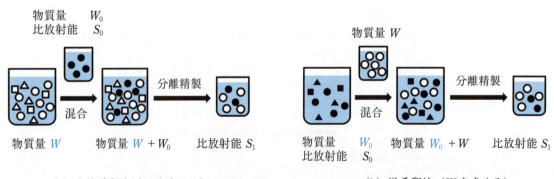

(a) 直接希釈法（Wを求める）　　　(b) 逆希釈法（W_0を求める）

図6-11　同位体希釈法
● 標識化合物，○ 非標識化合物

6-5-1 直接同位体希釈法

定量したい非標識化合物に，比放射能が既知である放射性標識化合物を一定量加え，その混合物の比放射能を測定することにより非標識化合物の量を調べる方法である（図6-11）．

化合物A（物質量W）に，Aと同じ化学形で比放射能がS_0の標識化合物A^*（物質量W_0）を混合し，均一にした後の比放射能をS_1とする．混合する前後で全体の放射能は変わらないので，

$$S_0 \times W_0 = S_1 \times (W + W_0) \tag{6-1}$$

となる（表6-4）．これより定量したい非標識化合物の物質量Wは，

$$W = \frac{S_0 - S_1}{S_1} \times W_0 \tag{6-2}$$

表6-4 直接同位体希釈法の原理

	混合前		混合後
	A	A^*	$A + A^*$
物質量	W	W_0	$W + W_0$
比放射能	—	S_0	S_1
放射能	0	$S_0 \times W_0$	$S_1 \times (W + W_0)$

同位体希釈法は，多数の物質を含む試料の中から特定の物質Aを定量するような場合に，試料中のすべてのAを分離することなくAを定量できる点で優れている．例として，Mn^{2+}，Fe^{3+}，Co^{2+}，Ni^{2+}，Cu^{2+}およびZn^{2+}を含む6 mol/L 塩酸溶液中のCo^{2+}を直接希釈法で定量する場合，この試料溶液に85 mg の $^{60}Co^{2+}$（比放射能 94 kBq/g）の 6 mol/L 塩酸溶液を加えて均一にし，その溶液の一部を陰イオン交換樹脂のカラムに通し，さらに 6 mol/L 塩酸を通して Mn^{2+} および Ni^{2+} を溶出させる．ついで 4 mol/L 塩酸を通して Co^{2+} および $^{60}Co^{2+}$ を溶出させ，その一部の物質量と放射能を測定する．比放射能 4.0 kBq/g を得たとすると，加えた $^{60}Co^{2+}$ の放射能：$94 \times 8 \times 10^{-3}$ kBq と混合後の塩酸溶液の放射能：$4.0 \times (W + 8) \times 10^{-3}$ kBq は等しいので，混合前の塩酸溶液中の Co^{2+} の物質量 W は 180 mg となることがわかる．

6-5-2 逆同位体希釈法

物質量が未知で比放射能が既知である放射性標識化合物に，一定量の非標識化合物を加え，その混合物の比放射能を測定することにより放射性標識化合物の物質量を調べる方法を逆同位体希釈法（間接希釈法）という（図6-11）．

比放射能がS_0の標識化合物A^*（物質量W_0）に，A^*と同じ化学形の非標識化合物A（物質量W）を混合し，均一にした後の比放射能をS_1とすると，

$$S_0 \times W_0 = S_1 \times (W_0 + W) \tag{6-3}$$

となる（表6-5）．これより定量したい放射性標識化合物の物質量 W_0 は，

$$W_0 = \frac{S_1}{S_0 - S_1} \times W \tag{6-4}$$

表6-5 逆同位体希釈法の原理

	混合前		混合後
	A^*	A	$A^* + A$
物質量	W_0	W	$W_0 + W$
比放射能	S_0	—	S_1
放射能	$S_0 \times W_0$	0	$S_1 \times (W_0 + W)$

> ### *Tea Break*——二重希釈法
>
> 物質量，比放射能ともに未知である放射性標識化合物の物質量および比放射能を調べる方法が二重希釈法である．比放射能が S_0 の放射性標識化合物を二等分し（物質量 $\frac{W_0}{2}$），各々に異なる物質量の非標識化合物を加え（物質量 W_1 および W_2），均一にした後に比放射能を求める（S_1 および S_2）．混合する前後で全体の放射能は変わらないので，$S_0 \times \frac{W_0}{2} = S_1 \times \left(\frac{W_0}{2} + W_1\right)$ および $S_0 \times \frac{W_0}{2} = S_2 \times \left(\frac{W_0}{2} + W_2\right)$ となり，この2つの式より W_0 および S_0 が求められる．あるいは比放射能 S_0 の放射性標識化合物を2つに分け（物質量 W_1 および W_2），各々に同じ物質量の非標識化合物を加え（物質量 W），均一にした後に比放射能を求める（S_1 および S_2）ことでも放射性標識化合物の物質量および比放射能を調べることができる．いずれにしても混合の前後で放射能は変わらないと考えれば，未知試料の定量は可能である．

6-6 イムノアッセイ

イムノアッセイ immunoassay は，抗原 antigen と抗体 antibody の結合反応を利用する分析方法の総称で，生体にごく微量しか存在しないホルモンやサイトカインなどの生理活性物質，タンパク質，ごく微量の薬物などの定量に用いられる．抗原抗体反応は「鍵」と「鍵穴」にたとえられる高い特異性を有する反応であり，抗体が認識する抗原の領域をエピトープ（抗原決定基）という．エピトープは，抗原性のための最小単位であり，通常は 6～10 個のアミノ酸や 5～8 個の単糖の配列から成る．

抗原には，生体を刺激して抗体を産生させる性質（免疫原性）と生じた抗体と結合して抗原抗体反応を起こす性質（狭義の抗原性）がある．ある物質が免疫原性を示すためには，分子量が大きく（一般には5000以上），免疫される動物にとって異物であることが条件となる．ステロイドホルモンや甲状腺ホルモンのような低分子化合物は，それ自体では免疫原性をもたないが，アルブミンやグロブリンなどの高分子量タンパク質と結合させると免疫原性をもつようになる（不完全抗原）．このときの高分子タンパク質をキャリアー carrier，低分子化合物をハプテン hapten と呼ぶ．得られた抗体の特異性は，目的の抗原と類似の構造をもつ様々な化合物との交差反応性 cross reactivity により評価する．なお，免疫原性と抗原性を合わせもつものを完全抗原という．

イムノグロブリン（Ig）には G（IgG），M（IgM），A（IgA），D（IgD），E（IgE）のクラスがあるが，抗体として使用されるのは，主として IgG 抗体である．すべての抗体分子は 1 種類のエピトープを認識するが，抗原で免疫した動物の血清（抗血清）には，異なる抗原認識部位をもつ多くの種類の抗体が含まれる．すなわち，複数の抗体分子の混合物，ポリクローナル抗体 polyclonal antibody である．抗血清は，高特異性，高親和性であることが望まれるが，ポリクローナル抗体には動物の個体差が反映され，一定品質の確保が難しい．今日では，単一 B 細胞から細胞融合法によってハイブリドーマを作製し，そこからモノクローナル抗体 monoclonal antibody がつくられている（図 6-12）．モノクローナル抗体は，特定のエピトープだけと結合する均質な抗体であり，抗体作製のための抗原の精製が必ずしも必要ではないこと，同一品質の抗体を大量に安定供給できるなどの利点がある．使用目的にあった特異性・親和性をもった抗体を得ることが可能であるが，1 つの抗原決定基のみと反応するため予期せぬ交差反応を生じることもある．

抗原に対する抗体の親和力は親和定数 association constant, (K_a) または解離定数 dissociation constant, (K_d) で表される．抗原-抗体複合体が形成される反応（可逆反応）において，反応が平衡に達した時の抗原，抗体，抗原-抗体複合体の濃度をそれぞれ ［Ag］，［Ab］，［Ag・Ab］とすれば，K_a と K_d は下式で定義され，スキャッチャード Scatchard 解析（6-6-1-E 参照）により求められる．

$$Ag + Ab \rightleftharpoons Ag \cdot Ab$$

$$K_a = \frac{[Ag \cdot Ab]}{[Ag][Ab]} \qquad K_d = \frac{[Ag][Ab]}{[Ag \cdot Ab]}$$

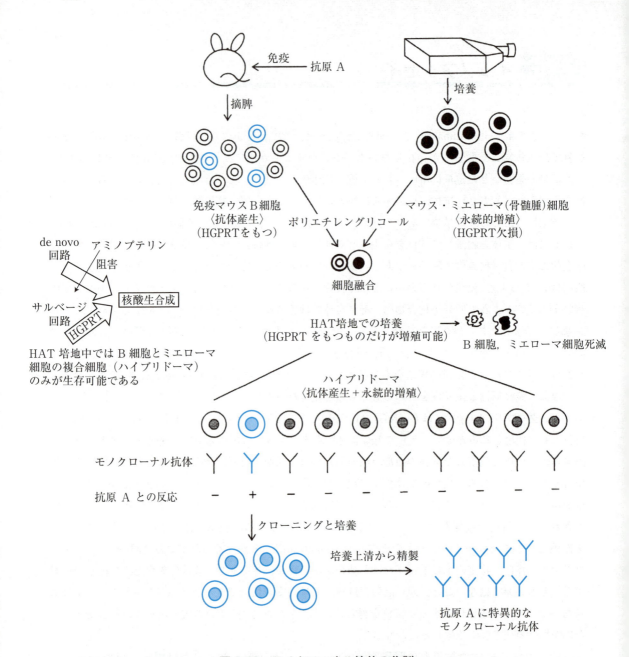

図 6-12 モノクローナル抗体の作製
マウスに抗原 A をアジュバントとともに投与し，脾臓から抗体産生 B 細胞を採取し，その B 細胞とマウス・ミエローマ細胞とをポリエチレングリコール存在下で細胞融合し，目的抗原に対する抗体産生細胞のみをスクリーニングして，そのクローンだけを増殖させて作製する．
HGPRT：hypoxanthine guanine phosphoribosyl transferase
HAT 培養液：hypoxanthine-aminopterin-thymidine medium，抗体産生 B 細胞とミエローマのハイブリドーマを選択可能な培地．

今日，多くのイムノアッセイ法が開発されているが，抗体を限られた濃度で使用する方法か，あるいは過剰に使用する方法かに分類される．すなわち，一定の限られた量の抗体を，測定対象とな

る抗原と一定量の標識抗原（または固定化抗原）とで奪い合う**競合法** competitive assay と測定対象の抗原に過剰量の標識抗体を反応させて，定量的に形成される抗原-抗体複合体の量を検出する**非競合法** noncompetitive assay である．前者を狭義のイムノアッセイと呼び，後者を**イムノメトリックアッセイ** immunometric assay と呼ぶ．一般的にはいずれの場合でもイムノアッセイと包括的に表現することが多い．また，放射性核種で標識する場合には，**ラジオイムノアッセイ** radioimmunoassay（RIA），酵素で標識する場合は**エンザイムイムノアッセイ** enzyme immunoassay（EIA）という．

6-6-1 ラジオイムノアッセイ（RIA）

ラジオイムノアッセイとは，本来，放射性核種で標識した抗原を用いた競合法を指す用語である．しかしながら，抗原抗体反応を利用した微量物質の定量法のうち，放射性同位元素を用いた方法をまとめてラジオイムノアッセイと呼ぶことも多い．現在，ラジオイムノアッセイで測定される主な物質を表 6-6 にまとめて示す．

表 6-6　ラジオイムノアッセイで測定される主な物質

ホルモン
　　甲状腺刺激ホルモン（TSH），成長ホルモン（GH），黄体形成ホルモン（LH），卵胞刺激ホルモン（FSH），副腎皮質刺激ホルモン（ACTH），インスリン（C-ペプチド），グルカゴン，ガストリン，セクレチン，アルドステロン，エリスロポエチン，テストステロン，プロゲステロン，エストラジオール，コルチゾール，コルチコステロン，ヒト絨毛性ホルモン（HCG），甲状腺ホルモン（T_3, T_4），カルシトニン，パラソルモン（PTH）

サイトカイン，エイコサノイド
　　インターロイキン（IL-1α，IL-1β，IL-6），血小板由来増殖因子（PDGF），腫瘍壊死因子（TNFα），プロスタグランジン（PGD_2，PGE_2，$PGF_{2\alpha}$）

酵素
　　レニン，トリプシン

タンパク質
　　アルブミン，フェリチン，ミオグロビン，カルモジュリン，Ⅳ型コラーゲン

情報伝達物質
　　cAMP, cGMP

腫瘍マーカー
　　αフェトプロテイン α-fetoprotein（AFP）（肝臓癌等用），癌胎児性抗原 carcinoembryonic antigen（CEA）（大腸癌，肺癌など），CA19-9（膵臓癌），CA125（卵巣癌），CA15-3（乳癌），前立腺酸性ホスファターゼ（PAP）

抗体
　　B 型肝炎抗体（HBc 抗体，HBe 抗体，HBs 抗体），甲状腺刺激性自己抗体

医薬品
　　ジゴキシン，シクロスポリン

A 原理

ラジオイムノアッセイは，一定量の限られた量の抗体に対する抗原（測定対象物質）と**標識抗原**との競合（拮抗）反応を利用し，抗体と結合した標識抗原の**放射能** radioactivity を測定する方法である．一定量の標識抗原と抗体が存在するところに測定対象である抗原が加わると，標識抗原と抗体の複合体形成が競合的に阻害される（図 6-13）．通常，測定の際には，既知量の標準抗原を用いて検量線を作成し，測定値から抗原の量を算出する．全放射能を $[T]$，標準抗原を加えない時の結合型放射能を $[B_0]$，標準抗原を加えた時の結合型放射能を $[B]$，遊離型放射能（遊離の状態で残存する放射能）を $[F]$ とすると，図 6-14 に示すように，$[T]$，$[B_0]$，$[F]$ のいずれか 1 つと $[B]$ を測定して，横軸を標準抗原の濃度，縦軸を $[B]/[T]$，$[B]/[B_0]$，$[B]/[F]$ などとして検量線を作成する．標識抗原は，非標識抗原（測定対象物質）と同一の抗原性をもつとともに，比放射能が高いものが望まれる．抗原の標識はタンパク質の標識方法により行うが，ラジオイムノアッセイに使用されている放射性核種はほとんど ^3H または ^{125}I である．^3H 標識化合物は，^{125}I に比べて高比放射能のものが得にくいが，測定対象抗原と同一の抗原性をもつと考えられることと，半減期が長いという利点がある．^{125}I は放射性標識が容易であり高比放射能のものが得やすく，γ 線の検出が簡便であることから多用されているが，ヨウ素原子が抗原の構成元素でない場合には，標識により抗体との親和性が変化する可能性があることを考慮しなければならない．

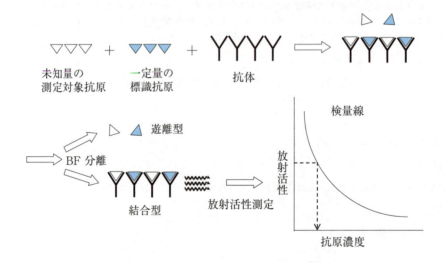

図 6-13 ラジオイムノアッセイの原理

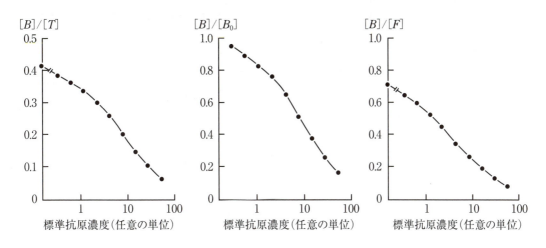

図 6-14　ラジオイムノアッセイの検量線

B　結合型（B）と遊離型（F）の分離

　ラジオイムノアッセイは，抗原抗体反応を行った後に結合型 bound（B）と遊離型 free（F）の分離（B/F 分離）が必要な不均一系の測定法である．B/F 分離法としては，手技が簡単で多数の検体を処理できる方法が有用であり，抗原の種類，測定目的などにより，それぞれ最適な方法が選ばれる．以下に主な B/F 分離法を示す．

1）固相法

　種々の固体（アッセイ用試験管，プラスチック製ビーズ，磁性微粒子，マイクロタイタープレートなど）に結合させた抗体を使用する方法を固相法という．これらの固相化抗体に対して競合反応を行った後，溶液を除去して固相を洗浄すれば，B/F 分離をすることができる（図 6-15）．この方法は，短時間で多数の試料を処理できる方法であり，臨床検査に多用されている．

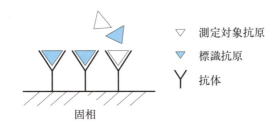

図 6-15　固相法による B/F 分離の原理

2）二抗体法

　測定対象物質に結合させる抗体（一次抗体：マウスモノクローナル抗体など）として使用した抗体（免疫グロブリン）に対する抗体（二次抗体：抗マウス IgG 抗体など）を用いる方法を二抗体法という．測定対象物質と一次抗体との抗原抗体反応を完結させた後，一次抗体に対する二次抗体を添加する．原理を図 6-16 に示す．この反応液中では抗原 – 一次抗体 – 二次抗体による免疫複合体が生じる

ため，これを沈殿として分離することが可能となる．この方法は，種々の抗原に対して適用できる．

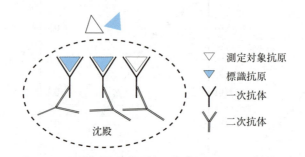

図 6-16 二抗体法による B/F 分離の原理

3）沈殿法

免疫グロブリンが塩類や有機溶媒の添加により沈殿する現象を利用した方法を**沈殿法**という．沈殿剤としてポリエチレングリコールが多く用いられている．抗原−抗体複合体は免疫グロブリンと共に沈殿するが，遊離の抗原が沈殿しないような沈殿剤の濃度設定が必要である．

4）吸着法

遊離状態の抗原は，イオン交換樹脂やデキストラン処理した活性炭などに吸着されるが，抗原−抗体複合体はこれらに吸着されない．この性質を利用した方法を**吸着法**という．抗原がステロイドホルモンや薬物である場合に多く用いられる．

C イムノラジオメトリックアッセイ（IRMA）

イムノラジオメトリックアッセイ immunoradiometric assay（IRMA）は，抗原（測定対象物質）に対して過剰量の標識抗体を加えて抗原抗体反応を行った後，未反応の遊離型抗体と抗原−抗体複合体を分離して，複合体中に含まれる放射能を測定することにより抗原を定量する方法（図 6-17）であり，非競合ラジオイムノアッセイとも呼ばれる．B/F 分離法としては，抗原分子（測定対象物質）

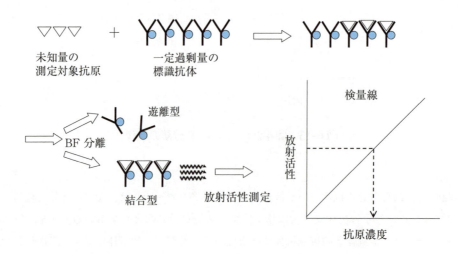

図 6-17 ラジオイムノメトリックアッセイの原理

図 6-18　固相化抗体を用いるサンドイッチ法の原理

上の第2の抗原決定基に結合する固相化抗体を用いるサンドイッチ法が一般的である．サンドイッチ法は，抗原1分子中に少なくとも2か所の抗体結合部位が存在しなければならないため，比較的高分子の測定に適しており，測定した標識抗体の量は抗原の量を反映する（図6-18）．

D　特異的結合タンパク質を用いる定量法

特異的結合タンパク質・受容体（レセプター）は基質に高い選択性と結合能をもっているので，体内に微量に存在するホルモンなどの生理活性物質や投与した薬物等（リガンド ligand）を定量することができる．標識化合物とレセプターを用いて生物学的活性物質を定量する測定法をラジオレセプターアッセイ radioreceptor assay（RRA）と呼ぶ．ラジオレセプターアッセイは，ラジオイムノアッセイにおける競合法と同様の原理に基づいており，抗体のかわりに特異的結合タンパク質・受容体を用いる定量法である．

E　スキャッチャードプロットによる解析

レセプターに特異的に結合するホルモンや神経伝達物質，薬物をリガンドという．リガンド（L）とレセプター（R）との結合は次の式で表される．

$$[L] + [R] \underset{k_{-1}}{\overset{k_1}{\rightleftarrows}} [LR] \tag{6-5}$$

ここで［L］は非結合リガンドの濃度，［R］は非結合レセプターの濃度，［LR］はリガンドレセプター複合体の濃度，k_1 は結合の速度定数，k_{-1} は解離の速度定数である．

平衡状態での解離定数 K_d は，

$$K_d = \frac{k_{-1}}{k_1} = \frac{[L][R]}{[LR]} \tag{6-6}$$

で表される．この式は，K_d の値が低いほど，リガンドのレセプターに対する親和性が高いことを示している．

反応液中の全レセプター濃度（最大結合数）を B_{max}（＝［LR］＋［R］）とすると

$$\frac{[LR]}{[L]} = \frac{(B_{max} - [LR])}{K_d} \tag{6-7}$$

となる．この式をスキャッチャード（Scatchard）の式という．

［LR］に対して［LR］/［L］をプロット（スキャッチャードプロット Scatchard plot）すると図6-19のようになり，直線の傾き（＝$-1/K_d$）から K_d，X軸との交点から B_{max} を求めることができる．

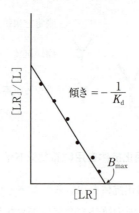

図 6-19 スキャッチャードプロットによる解析

6-6-2 非放射性イムノアッセイ

　ラジオイムノアッセイには，感度や精度が高いなどの利点があり，多くの物質の微量測定が可能である．しかしながら，ラジオイムノアッセイには，放射性同位元素を取り扱う特別の施設や設備が必要であること，放射性廃棄物が生じること，放射性同位元素の壊変により使用期限が短くなるなどの欠点がある．そこで，放射性同位元素による標識に代わって，酵素，蛍光物質，発光物質などによる標識が行われるようになってきた．B/F 分離が必要な不均一系は，競合法，非競合法ともラジオイムノアッセイと同様の原理であり，B/F 分離には固相法が多用されている．また，B/F 分離が不要な均一系の測定法には EMIT などがある．

A　エンザイムイムノアッセイ（EIA）

　エンザイムイムノアッセイは，標識に酵素を用いて，抗体や抗原が結合した後に，発色基質を添加する方法である．抗原あるいは抗体の標識には，安定で，抗原抗体反応に対する標識の影響が少ないとされる，アルカリホスファターゼ，ペルオキシダーゼ，β-ガラクトシダーゼ，β-グルクロニダーゼ等の酵素が繁用される．酵素反応の検出法としては，吸光度，蛍光，発光を測定する方法がある．さらに，非免疫的分子認識システムであるアビジン-ビオチン系やプロテイン A を組み合わせた方法（Tea Break 参照）も開発されている．今日では，抗体や抗原を固相マイクロタイタープレートも市販されており，プレート専用の洗浄装置や吸光度測定装置を利用して多くのサンプルを簡便，迅速に分析することが可能となっている．

1) ELISA

　抗原または抗体をビーズやプレートに固相化した EIA を ELISA（enzyme-linked immunosorbent assay）と呼ぶ．B/F 分離が容易である．抗体を固相化して，標識抗原を用いる競合法，測定対象抗原を固相に吸着させる直接吸着法（非競合法），サンドイッチ法（非競合法）などがある．サンドイッチ法はサンドイッチ ELISA（図 6-20）とも呼ばれる．この系は高感度であるが，抗原 1 分子中に少なくとも 2 種類の異なる抗体結合部位が存在しなければならないため，比較的高分子の測定に適している．

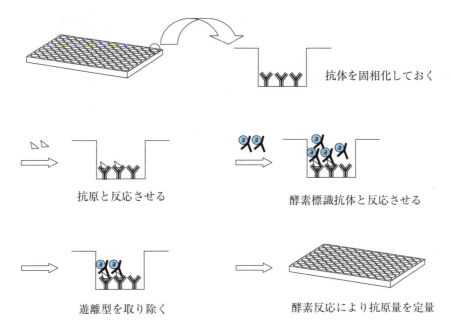

図 6-20　サンドイッチ ELISA の原理

2) EMIT

　酵素標識された抗体（あるいは抗原）が抗原（あるいは抗体）と結合すると標識酵素の活性が減少あるいは増加することがある．**EMIT**（enzyme multiplied immunoassay technique）は，この現象を利用して結合型（B）と遊離型（F）の割合を知る方法である（図 6-21）．したがって，B/F 分離なしで反応液の酵素活性値から目的成分の含量を求めることができる均一系の測定法である．迅速な測定が可能であるが，血清成分による検体ブランクの影響を受けやすいという欠点がある．薬物や低分子物質の検出，治療薬物モニタリング（TDM）などに多用されている．

図 6-21　EMIT の原理（抗原を酵素標識した例）

B　蛍光イムノアッセイ（FIA）

　蛍光イムノアッセイ fluoroimmunoassay（FIA）は，蛍光物質で標識した抗体あるいは抗原を抗原抗体反応させ，形成された複合体の蛍光強度を測定することによって抗原あるいは抗体を測定する方

法である．フルオレセインイソチオシアネートやローダミンイソチオシアネートなどの蛍光色素が標識に用いられる．

C 発光イムノアッセイ（LIA）

発光イムノアッセイ luminescent immunoassay（LIA）は，化学発光物質または生物発光物質で標識した抗体あるいは抗原を抗原抗体反応させ，形成された複合体の発光を利用して抗原あるいは抗体を測定する方法である．化学発光物質のルミノールや生物発光物質が標識に用いられる．化学または生物発光に基づく検出法は極めて高感度で，直線性の範囲が広く，反応の応答も速く，選択性，特異性に優れているので，イムノアッセイの検出法に使われることも多くなった．

Tea Break──非免疫的分子認識システムを利用したイムノアッセイ

抗体を直接標識する操作は煩雑であり，標識操作により抗体活性が低下する可能性がある．そこで，高感度で非特異的吸着が低い非免疫的分子認識システムが開発された．現在，アビジン-ビオチン系，プロテイン A などが使用されている．

1) アビジン-ビオチン系

ビオチンは水溶性ビタミン B 群の 1 つで，生卵白中に含まれる糖タンパク質であるアビジンに対して極めて高い親和性をもち，抗体や酵素に結合させてもアビジンとの結合性を失うことがない．ビオチンとアビジンの親和力は，通常の抗原抗体反応の 100 万倍以上も高いため，標的分子にビオチンを結合して目印とし，これをアビジンで検出する方法が用いられている．アビジンは非常に安定で数個の結合部位をもっており，ビオチン化された 2 分子間の架橋分子として用いることができる．このため，抗体に複数個のアビジン-ビオチンを結合させることが可能であり，多数の酵素を結合させることで検出感度を高めることが可能になる．（図 6-22）

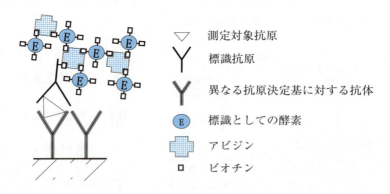

図 6-22　アビジン-ビオチン系を用いたイムノアッセイの原理

2) プロテイン A

プロテイン A は黄色ブドウ球菌 *Staphylococcus aureus* の細胞壁から精製できる物質で，数種の IgG 抗体の Fc 部位に対して親和性を有している．したがって，プロテイン A を抗体や抗原抗体複合体の単離および選択的除去に用いることができる．

6-7 分子細胞生物学・遺伝子工学への応用

　生体内での物質代謝や，ホルモンなどの微量の生理活性物質の分布などについての研究は，放射性標識化合物を用いたラジオトレーサ法を用いることにより進んできた．今日，分子レベルで生命現象を探求したり創薬，診断，治療等を行う際の基盤となるバイオテクノロジーの研究にもラジオトレーサ法は欠かせない手段となっている．

6-7-1 分子細胞生物学への応用

　放射性標識化合物を用いることにより，酵素反応や膜透過性測定など種々の生化学的分析が簡便に行える．細胞内タンパク質を放射性標識するには，細胞内でタンパク質が生合成される際に，放射性標識アミノ酸（[^{32}S]メチオニン，[^{35}S]システイン，[^{3}H]チロシンなど）を共存させれば，新たに合成されたタンパク質が放射性標識される．

A　代謝生成物の測定

　目的の代謝物が未変化体や他の代謝物と分離できれば，放射能を指標にして追跡できる．すなわち，放射性標識した代謝前駆体を用いて実験を行い，生成した代謝物を HPLC などによって分離した後，放射能を測定することにより目的の代謝物を定量することができる．

B　酵素反応の解析

　酵素反応の速度論的解析には生成物の定量が必要である．酵素活性が低い，あるいは酵素が十分に得られない場合，ラジオトレーサを基質とすることで生成物が容易に検出できる．例えば，ホルモンや増殖因子などの刺激による受容体のリン酸化は，細胞膜画分を調製し，[γ-^{32}P]ATP 存在下で実験を行い，ポリアクリルアミドゲル電気泳動で分離し，オートラジオグラフィー解析を行うことで検出できる．

C　タンパク質間の相互作用の解析

　細胞のタンパク質を [^{35}S]メチオニンなどを用いて標識し，特定のタンパク質に対する抗体を加え，抗体を特異的に接着するプロテイン A セファロースにより抗体−タンパク質複合体を沈降（免疫沈降）させる．沈降したタンパク質をポリアクリルアミドゲル電気泳動で分離し，オートラジオグラフィー解析を行うことで，特定タンパク質に結合している他のタンパク質を検出することができる．
　細胞内情報伝達には，種々のタンパク質のリン酸化や脱リン酸化が重要な役割を果たす．タンパク質のリン酸化には，ATP の γ 位のリン酸が用いられるので，その酵素活性は，[γ-^{32}P]ATP を反応系に添加し，基質タンパク質に移った ^{32}P の量で測定できる．また，リン酸化された基質タンパク質と特異的に反応する抗体を作成し，ウエスタンブロット法 western blotting により，リン酸化状態を

検討することができる．

ウエスタンブロット法は，電気泳動で分離されたタンパク質をニトロセルロース膜などのメンブランフィルターに転写し，そのタンパク質を**抗体**によって検出する方法である．すなわち，SDS-ポリアクリルアミドゲル電気泳動（SDS-PAGE）などで分離した，負に荷電したタンパク質をメンブランフィルターに転写すると，疎水結合で膜に結合する．この膜に吸着したタンパク質を認識する一次抗体，標識した二次抗体を反応させることにより目的のタンパク質を検出することができる．

D 受容体の検出と性状解析

ホルモンなどの生理活性物質は，細胞膜あるいは細胞内に存在する受容体に結合してその生理活性を発現する．放射性標識リガンドの受容体への結合を測定することにより，受容体の数，親和性などが検討できる（6-6-1-D, E 参照）．また，リガンドを組織切片などに作用させ，オートラジオグラフィーにより分析すれば，組織における受容体の分布を知ることができる．

6-7-2 遺伝子工学への応用

遺伝子工学においてはピコグラム以下の微量の核酸を識別しなければならないので，ラジオトレーサ法は不可欠な手法となっている．核酸はリン酸を含んでいるので，^{32}P による標識が容易であり，^{32}P から放出される高エネルギーの β 線を検出する．

A DNA 塩基配列の決定

DNA の塩基配列を決定する方法（DNA シークエンス法）には，**ジデオキシ dideoxy 法**とマクサム・ギルバート Maxam-Gilbert 法があるが，前者が一般的に用いられている．ジデオキシ法はサンガー F. Sanger によって開発されたので，**サンガー法**とも呼ばれる．

ジデオキシ法は，測定対象の DNA を鋳型として，DNA ポリメラーゼによる DNA 合成の伸長反応を，特定の塩基の位置でランダムに停止させることにより塩基配列を決定する方法である．3′位に水酸基のない **2′, 3′-ジデオキシリボヌクレチド**（ddNTP）を存在させて DNA 合成を行うと，DNA が ddNTP を取り込んだところで 3′位に水酸基がないために次のヌクレオチドとのホスホジエステル結合ができず，ddNTP が取り込まれた位置で DNA 伸長反応が止まることを利用したものである（図 6-23）．まず，4 種の dNTP と 1 種の ddNTP に放射性標識デオキシリボヌクレオチド（[α-^{32}P]dCTP，[α-^{35}S]dATP など），専用プライマー，DNA ポリメラーゼを加えて DNA 合成する．各 ddNTP を用いた 4 通りの合成反応を行った後，合成された DNA をポリアクリルアミド電気泳動によって分離し，オートラジオグラフィー解析を行えば塩基配列を決定することができる．近年では，放射性標識に代わり，蛍光色素標識した ddNTP を用いる方法が主流となっており，異なる蛍光色素で標識した 4 種類の ddNTP による反応生成物を 1 本のキャピラリーで分離可能な自動解析装置を用いて塩基配列の決定が行われている．

マクサム・ギルバート法は，DNA 分子の特定の塩基を化学的に修飾し，修飾された塩基部分で DNA 鎖を切断する方法である．二本鎖 DNA のうち，どちらか一方の鎖の末端を放射性標識し，一種の塩基，例えば G をランダムに化学修飾して，修飾された塩基のところで切断すると，G の手前

第6章　薬学領域における放射性同位元素の利用　　131

で切れた様々な長さの断片が得られる．他の塩基についても同様の処理をして，電気泳動で分離してDNA断片を短いものから順に読み取ると塩基配列を決定できる．塩基配列は正確に読めるが，長い塩基配列は読めないこと，検出感度が低いこと，化学物質を用いての修飾や切断などの操作が煩雑であること等の理由から，最近ではあまり用いられていない．

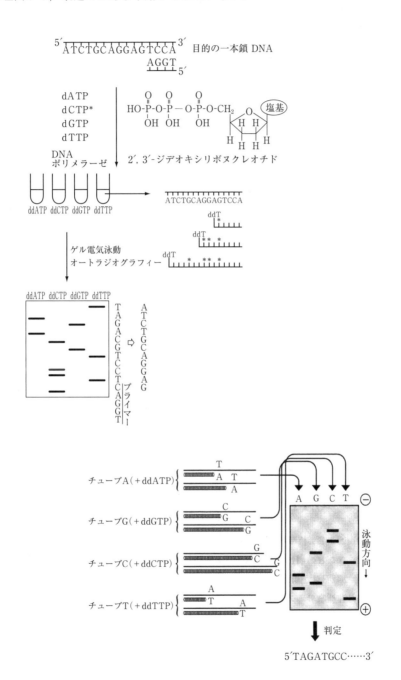

図6-23　ジデオキシ法によるDNA塩基配列決定の原理
（佐治英郎編（2012）NEW放射化学・放射薬品学［第2版］，p.116，廣川書店より一部引用）

> **Tea Break**──2度ノーベル化学賞を受賞したサンガー
>
> 　イギリスの生化学者　フレデリック・サンガー Frederick Sanger（1918-2013）は，2013年現在，ノーベル化学賞を2度受賞した唯一の人物として知られる．サンガーは，タンパク質のN末端アミノ酸配列同定法（サンガー法）を確立し，この手法を用いてインスリンの一次構造の特定に成功した．この功績により，1958年のノーベル化学賞を受賞した．さらに，ジデオキシヌクレオチドを用いたDNAの塩基配列の同定法（ジデオキシ法，サンガー法）の発明により，1980年再びノーベル化学賞を受賞した．

B　ハイブリダイゼーション法を用いた遺伝子解析，遺伝子の発現解析

　二本鎖DNAを加熱やアルカリ処理すると，水素結合が切れてDNAは一本鎖となる．これに，そのすべてまたは一部の塩基配列と相補的な塩基配列をもつ^{32}Pまたは^{35}S標識DNAまたはその断片をプローブとして加えると，相補的な配列部分で二本鎖を形成（ハイブリダイゼーション）するので，放射活性を検出することにより対象とするDNAの存在を検出することができる．ハイブリダイゼーションは配列が相補的なDNAとRNAの間でも起こるので，DNAプローブを用いてRNAを検出することもできる．また組織におけるmRNAの検出にRNAプローブが用いられる場合もある．

1）サザンブロット法

　サザンブロット法 Southern blotting はDNA解析に用いられる方法である．試料となるDNAを制限酵素で切断し，ゲル電気泳動でDNA断片の鎖長に従って分離する．このDNA断片をアルカリ処理により一本鎖とした後，ニトロセルロースなどのメンブランフィルターに転写する．このフィルターに放射性標識DNAプローブを反応させると，プローブは相補的な配列を含むDNA鎖にハイブリダイズするので，オートラジオグラフィを行って，プローブと相補的なDNAを検出できる（図6-24）．プローブには，検出したいDNAの一部の配列に相補的なオリゴヌクレオチドを用いる．

　サザンブロット法は遺伝子解析の手法としても広く応用されている．ある特定の遺伝子に対するプローブを用いれば，その遺伝子の増幅や変異，欠損などを知ることができる．

　ゲノム上のDNA配列には，数百〜千塩基対に1か所の割合で個人差となる多型 polymorphism が存在する（1%以上の確率である場合を多型，1%未満である場合を変異という）．制限酵素の認識部位に多型がある場合には，ゲノムDNAを制限酵素で切断した場合のDNA断片の長さが変わることになり，サザンブロット法で異なるパターンを示すことになる．これを制限酵素断片長多型 restriction fragment length polymorphism （RFLP）と呼ぶ．プローブの認識部位が，ある病因遺伝子または連鎖している領域にある場合には，RFLP解析により発病の可能性を示唆できる．DNA配列の特定の位置で1塩基が異なる多型は，一塩基多型 single nucleotide polymorphism （SNP）と呼ばれる．SNPによってRFLPを示すこともある．薬剤の作用や代謝に関与する遺伝子上にその働きを変化させるようなSNPがある場合，投薬量の増減などの処置が必要となる．また特定のSNPによって疾患の発症確率が高まることがあるので，SNPは，疾患あるいは薬物作用の個人差などの診断の指標になる可能性があり，SNPの解析により，オーダーメイド（テーラーメイド）医療（英語では personalized medicine）や予防医療への可能性が広がると期待されている．

Tea Break──経口抗凝固薬「ワルファリン」の効きやすさとSNP

　理化学研究所は2013年6月24日，米国国立衛生研究所との共同研究により，アフリカ系米国人における抗凝固薬「ワルファリン」の効きやすさに関わるSNPを発見したと発表した．ワルファリンを服用しているアフリカ系米国人533人の患者のDNAサンプルを用いてゲノムワイド関連解析を行い，第10番染色体に位置するCYP2CのSNP（rs12777823）がワルファリンの効きやすさに関連していることを突きとめたのである．このSNPにおいて，アデニン（A）を2つもっているAA型やアデニンの1つがグアニン（G）に変化したAG型の患者では，ワルファリンが効きやすくワルファリンの減量が必要であると報告している．

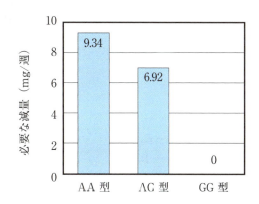

図6-24　AA型とAG型それぞれの患者の1週間当たりに必要なワルファリンの減量
（理化学研究所 http://www.riken.jp/pr/press/2013/20130624_2/#note4 から改変）

Tea Break──南・北・東のブロッティング

　DNA分離法である"Southern blotting"（1975年）は，開発者のエドウィン・サザンEdwin M. Southernの名に由来するものである．サザンの技術を応用して，ジェームス・オールウィンJames AlwineはRNA分離法を開発した（1977年）．ゲルからDNAを染み出させるブロッティングという操作がたいへんユニークであったことから，サザンが開発した手法は"Southern blotting"と呼ばれるようになった．DNAがSouthern（南）だから，RNAはnorthern（北）だろうといった一種の駄洒落によるものだろうが，RNA分離法はnorthern blottingと呼ばれるようになった．命名者は不明である．タンパク質分離法は，ニール・バーネットNeal Burnetteにより開発された（1981年）が，彼は論文のタイトルを"western blotting"とした．Southern blotting, northern blottingという方角にちなんだ名称にならい，彼の研究所があるシアトルが西海岸にあったことからwestern blottingという名前にしたらしい．Southern blottingは人名由来のため，英文中においてもSouthern-と大文字で書き始められるが，northern blottingやwestern blottingは人名ではないため，northern-，western-等と小文字で書き始める慣例があるが，一方でSouthernにならってNやWを大文字で記載する例もある．

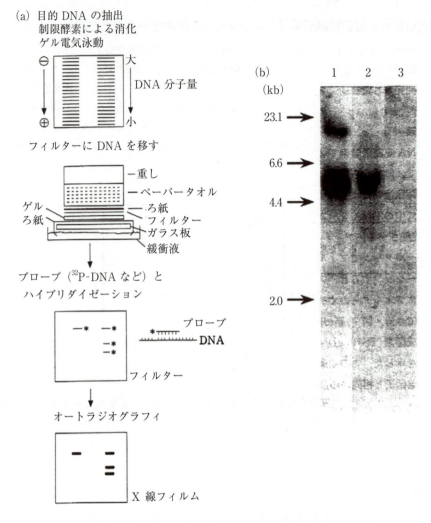

図6-25 サザンブロットハイブリダイゼーションの実験例
(a) サザンブロット法のフローチャート
(b) ヒトチミジル酸合成酵素の遺伝子DNAをプローブとして，1.ヒト，2.ラット，3.酵母の遺伝子DNAを解析
＊は^{32}PなどのRI
（資料提供：静岡県立大学食品栄養科学部　竹石桂一博士）

2) ノーザンブロット法

ノーザンブロット法 northern blotting は，サザンブロット法と同じ原理の方法であるが，DNAの代わりにRNAを対象とする．一般に，標的RNAの量やサイズを検出する方法であり，RNAレベルでの遺伝子の発現解析に用いられる．放射性プローブとしては，mRNAと相補的なcDNA（complementary DNA）やmRNAの一部と相補的なcDNA断片オリゴヌクレオチドを^{32}Pで標識したものが用いられる．また，RNAは分子内で部分的に二本鎖構造を形成しているので，ノーザンブロット法では試料をホルムアルデヒドなどで変性させ，RNAを直鎖状にしてから電気泳動を行う必要がある．最近は，放射性プローブの代わりに，ジゴキシゲニン digoxigenin（DIG）標識したプロー

ブと DIG ハプテンを認識する抗体を酵素標識したものを用いる DIG システムも用いられる．

3）*in situ* ハイブリダイゼーション

　特定の組織や組織中の特定の細胞における遺伝子発現を解析するためには *in situ* ハイブリダイゼーションが行われる．目的組織の凍結切片やパラフィン包埋切片を用意し，目的の mRNA に相補的なプローブを ^{32}P で標識したものとハイブリダイズさせ，オートラジオグラムを得ることにより，その組織や細胞における遺伝子発現の様子を解析することができる．

C　核酸とタンパク質の相互作用の解析

　個々の細胞における DNA から mRNA への転写の制御は，発生や分化，恒常性維持，外界からの刺激に対する応答など多岐にわたる生命現象にとって重要である．近年，転写制御における多くの転写因子の作用が明らかになってきた．転写因子は DNA の主としてプロモーター領域の特定の配列に結合し，転写を正あるいは負に制御する．特定の転写因子と DNA の相互作用の研究において，ラジオトレーサ法は極めて有効な手段として利用されている．

1）ゲルシフトアッセイ

　ゲルシフトアッセイ gel-shift assay は特定の DNA 断片と結合するタンパク質を見出す方法である．EMSA（electron mobility shift assay）とも呼ばれる．現時点では，放射性標識以外の方法はあまり普及していない．放射性標識した DNA 断片とタンパク質溶液を反応させ，非変性ポリアクリルアミドゲル電気泳動を行い，オートラジオグラフィーにより DNA 断片を検出する．タンパク質と結合した DNA 断片は，遊離の DNA 断片に比べて移動度が小さくなる．この移動度はタンパク質により固有の値となるため，複数のタンパク質が同一断片を結合する場合にも分離が可能である．図 6-26 に示す実験例において，B の位置のバンドは DNA 配列特異的なタンパク質の存在を示し，C は遊離の DNA を示す．また，A のバンドは過剰の非特異的な DNA で消失する（レーン 3）ため，非特異的に DNA を吸着するタンパク質を示している．

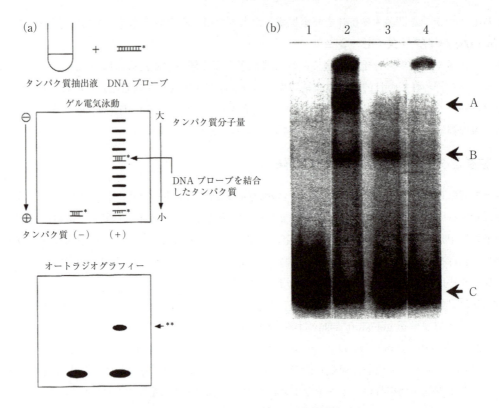

図 6-26 ゲルシフトアッセイの実験例
（a）ゲルシフトアッセイのフローチャート．オートラジオグラフィーの模式図**の位置にプローブがシフトしたことから，プローブを結合するタンパク質の存在がわかる．（b）チミジル酸合成酵素プロモータ領域の一部の DNA をプローブしたときのゲルシフトアッセイ．1. プローブのみ，2. タンパク質とプローブ，3. 2 の条件にプローブ配列でない非放射性 DNA を過剰に加えた，4. 2 の条件にプローブ配列の非放射性 DNA を過剰に加えた．
（資料提供：静岡県立大学食品栄養科学部　竹石桂一博士）

2）フットプリント法

フットプリンティング footprinting analysis は DNA の特定領域に結合するタンパク質が，どの領域に結合しているかを検出する方法である．原理を図 6-27 に示す．目的とする DNA の二本鎖（数百塩基対程度の断片として調製する）の一方の端を放射性標識し，この DNA をタンパク質と反応させた後，DNase I により DNA を部分的に切断する．切断は DNA 1 分子当たり 1 か所程度となるように反応条件を設定する．DNA 断片を電気泳動し，オートラジオグラフィーを行う．DNA はランダムな位置で切れてランダムな長さになるが，タンパク質と結合していた部位は DNase I によって切断されないため，その結合部位を知ることができる．DNA の切断法は DNA とタンパク質の結合体の構造に変化を与えないものであればよく，DNase I の他にヒドロキシラジカルにより化学的に切断する方法も用いられている．

D　DNA 診断

DNA 診断には，病気の原因を確定するために実施する確定診断，将来の発症の可能性を検査する

発症前診断や保因者であるかを調べるキャリアー診断，胎児の遺伝病を調べる出生前診断，着床前の受精卵の遺伝子を検査する着床前診断などがある．

確定診断の1例として，血清中のウイルスのDNA（またはRNA）に^{32}Pで標識したcDNA（またはcRNA）プローブをハイブリダイズさせ，オートラジオグラフィーで検出する定量法があげられる．B型肝炎ウイルス，C型肝炎ウイルス，マイコプラズマ，ヒトパピローマウイルスなどの病原微生物の特定，その遺伝子型の特定や診断に用いられる．この技術は，がん関連遺伝子の検出や遺伝病等の診断にも応用されている．

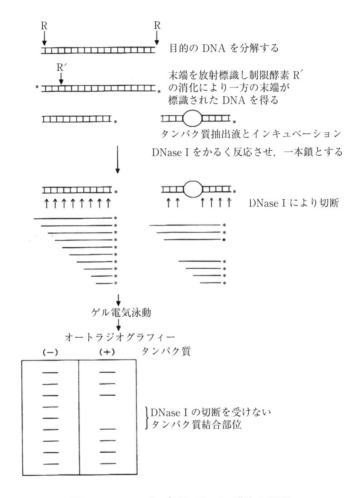

図6-26　フットプリンティング法の原理

6-8 放射化分析

試料に熱中性子，荷電粒子などを照射し，核反応を起こして放射性核種に変換することを**放射化**という．放射化した核種の放射能や半減期，放出される放射線のエネルギーを測定し，生成した放射性核種を同定することで核反応を起こした元素を定性，定量的に分析する方法を**放射化分析** activation analysis という．熱中性子を用いて（n, γ）反応で生成した放射性核種から放出されるγ線を，エネルギー分解能の優れるゲルマニウム半導体検出器で測定し，試料中の多元素を非破壊的に同時分析する方法が一般的である．化学分離操作を加えることでβ^-線測定による分析を行うこともできる．

放射化分析は生体試料，環境試料の分析に応用されている．例えば，糖尿病患者の尿における Na, Mg, Al, Cl, K, Sc, V, Cr, Fe, Co, Zn, Se, Br, Rb, Cs の同時分析や玄米中の Cd, Cr, Zn, Mn, Sb, Na, K, Cl, Br の定量，あるいは大気中の浮遊粒子の元素組成を求める際などに利用される．試料中の元素の原子数 N は，放射化により生成する核種の放射能 A（Bq）と次式のような関係にあり，放射能を測定することで N が求められる．

$$A = \sigma f N (1 - e^{-\lambda t}) \tag{6-8}$$

ここで，σ（cm^2）は核反応断面積（1 barn = 10^{-24} cm^2），f（n・cm^{-2}・s^{-1}）は熱中性子束密度，λ（s^{-1}）は生成する放射性核種の壊変定数，t（s）は照射時間である．照射終了後，測定するまでの時間を t'（s^{-1}）とすると，放射能 A（Bq）は，

$$A = \sigma f N (1 - e^{-\lambda t}) e^{-\lambda t'} \tag{6-9}$$

となる．

（n, γ）反応で核反応により放出されるγ線は**即発γ線**と呼ばれ，原子核に固有のエネルギーを有しているため，これを測定することでも試料中の元素の定性，定量分析が可能である．この分析方法を**即発γ線分析** prompt gamma-ray analysis という．即発γ線分析は中性子の照射と同時にγ線を測定する必要があり，通常は放射性核種の放射線を測定する一般的な放射化分析が用いられるが，放射化分析では分析が困難な元素（H, B, N, Si, S, Cd, Hg など）の測定も可能であり，また大型の試料をそのまま非破壊分析し，場合によっては試料の再利用ができるという特徴をもつ．

6-9 X線結晶解析

結晶に X 線を照射すると，結晶分子を構成する原子中の電子が X 線の電場で強制振動させられ，同波長の散乱 X 線が発生する（**トムソン散乱**）．結晶中で原子や分子は秩序よく組み立てられて**結晶格子**を形成しているため，その格子面で反射（回折）した X 線は互いに干渉し，特定方向の X 線の

波は強め合うことになる．すなわち入射 X 線の波長を λ，入射角および反射角を θ，格子面の間の距離を d，n を整数とすると，

$$2d \sin \theta = n\lambda \qquad n = 1, 2, 3, \cdots \qquad (6\text{-}10)$$

を満たす面間隔と方向をもつ反射面のみが，回折角 2θ の方向に回折斑点を生じる（図 6-27）．この条件を規定する式を**ブラッグの式** Bragg equation という．

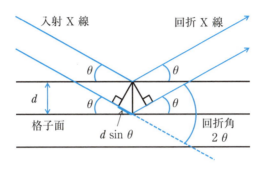

図 6-27　X 線回折

　未知試料の単結晶に X 線を照射し，回折斑点の強度から散乱の原因となった電子の密度図を得，分子モデルを当てはめることで分子構造を決定する方法を **X 線結晶構造解析法**という（図 6-28）．X 線結晶構造解析法では，結晶さえできれば低分子からウイルスや膜タンパク質複合体などの巨大分子まで解析が可能であるが，結晶の質がその分解能に大きく影響する．解析には Cu，Mo 等をターゲットとして発生する特性 X 線が用いられるが，強度の強いシンクロトロン放射光，特に SPring-8 の X 線ビームを利用することにより，解析スピードや決定した構造の正確さ，精度が増す．解析に連続 X 線（白色 X 線）を用いる方法もある．

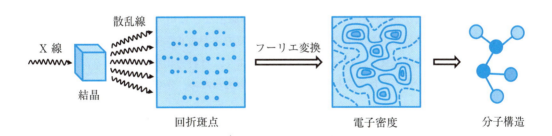

図 6-28　X 線結晶構造解析の流れ

　結晶性物質の X 線回折パターンは物質の結晶形に固有で特徴的であるため，粉末の微結晶試料に単一波長の X 線を照射することで化合物を同定することができる．これを**粉末 X 線回折法**という．粉末 X 線回折法では，物質の定性的評価，結晶多形および溶媒和結晶の判定が可能である．

6-10 その他の利用

6-10-1 X線分析

　X線あるいは荷電粒子を物質に照射すると特性X線が発生する．特性X線は物質に固有の波長を持っているため，そのエネルギー，強度を測定することで試料物質の定性，定量分析を行うことができる．X線の照射により発生する特性X線を**蛍光X線** fluorescence X-ray，その分析法を**蛍光X線分析** X-ray fluorescence analysis という．蛍光X線分析は，非破壊かつ迅速を特徴とする元素分析法の1つであり，鉱物や金属，生物学試料の組成分析，製造現場での品質管理や材料科学における原材料分析，考古学・美術資料等の貴重資料の分析に広く用いられる．シンクロトロン放射光の利用により，高感度微量分析が可能となっている．

　一方，加速器によって加速された荷電粒子（主に陽子，α粒子）を用いる分析法を**PIXE（ピクシー）分析**という．PIXEはparticle induced X-ray emissionの頭文字である．蛍光X線分析同様，高感度な多元素同時分析，非破壊分析が可能であり，イオンビームを絞ることにより，細胞中の微量元素の分布を調べることもできる．生体試料を構成するC, H, N, O等の軽元素の分析に適しており，大気中の浮遊物質，土壌や河川水の汚染，毛髪，爪などの人体試料の分析に利用されている．

6-10-2 滅　菌

　工業的に広く用いられている滅菌法として，高圧蒸気滅菌法，ガス滅菌法，**放射線滅菌法**がある．放射線滅菌法は材質劣化を考慮する必要があるが，耐熱性の低い材料でも処理が可能，最終梱包状態での処理が可能，滅菌後の処理が不要，工程管理が容易などの利点に加え，大量処理ができて安価であるなど優れた点が多く，医療機器，無菌動物の飼料の滅菌などに用いられている．^{60}Co, ^{137}Csのγ線を用いる方法と加速器により発生する電子線を用いる方法があり，前者は透過力が大きく，均一に照射できるが，処理時間が長く，後者は短時間照射でよく，材料劣化が低減されるが，滅菌対象内部への透過性は劣る．劣化，着色等を起こしやすい材質もあるため，劣化が問題とならない範囲内で照射しなければならない．

6-10-3 年代測定

　放射性核種は半減期にしたがって壊変するため，これを利用して年代を測定することができる．試料中の放射性核種の量，親核種と娘核種の比から，岩石や化石の年代を測定する．

1) ^{14}C法

　^{14}Cは宇宙線と大気との核反応で生成するため，この生成と壊変により常に一定濃度が存在するこ

とになる．生物体内の ^{14}C の同位体存在比は新陳代謝により外界と同じであるが，生物の死後は，^{14}C 濃度は時間とともに減衰する．^{14}C の存在比はおよそ $^{12}C : {}^{13}C : {}^{14}C = 0.99 : 0.01 : 1.2 \times 10^{-12}$ であり，存在比率の低下により年代測定が可能となるが，厳密には ^{14}C の濃度は年毎に変化しているため，補正が必要となる．半減期が約5,730年であることから，約300年から5.5万年前までの年代が測定できる．

2）^{40}K-^{40}Ar 法

カリウムは，安定同位体である ^{39}K（93.22％）と ^{41}K（6.77％）に放射性同位体の ^{40}K が0.012％含まれている．^{40}K は半減期が約12.8億年であり，壊変して89.3％が ^{40}Ca，10.7％が ^{40}Ar となる．^{40}Ca は多量に存在して定量が困難なため，^{40}Ar を測定し，^{40}K-^{40}Ar 比を計算して，年代を推定する．岩石や鉱物中に普遍的に存在するため，^{40}K-^{40}Ar 法が適用できる試料は多く，また地球誕生時から1万年前までの広い範囲の測定が可能という特徴をもつ．

同様に半減期を利用する ^{87}Rb-^{87}Sr 法や U・Th-Pb 法，さらには ^{238}U の自発核分裂により生じた損傷の数により岩石の年代を測定する方法（フィッショントラック法）や，鉱物を加熱した際に放射される光（熱ルミネッセンス）の量が，鉱物が吸収した放射線量に比例する現象を利用して年代を測定する方法（熱ルミネッセンス法）などがある．

6-10-4 電子捕獲型検出器 electron capture detector（ECD）付ガスクロマトグラフ

ガスクロマトグラフの検出器として，^{63}Ni 線源を備えた ECD が利用されている．^{63}Ni から放出される低エネルギー β^- 線はキャリアーガスをイオン化し，一定の電離電流が流れるが，電子親和性の高い化合物はこの電子を捕獲するため，電離電流が減少する．これを利用してハロゲン化合物やニトロ化合物等を高感度に分析，定量する．

6-11 章末問題

問 1 タンパク質を放射性ヨウ素で標識する際に，ヨウ素原子が導入されるアミノ酸残基を 1 つ選べ．
1. メチオニン　2. ロイシン　3. チロシン　4. バリン　5. セリン

正解 3

解説 チロシンのフェニル基に放射性ヨウ素が導入される．

問 2 タンパク質の生合成を調べる目的で用いられる放射性化合物はどれか．
1. ^{125}I- ボルトン・ハンター試薬　2. $[\gamma-^{32}P]dATP$　3. $[\alpha-^{32}P]dNTP$
4. ^{35}S- メチオニン　5. ^{3}H- チミジン

正解 4

解説 ペプチド合成の際に ^{35}S 標識したメチオニンを取り込ませて解析する．^{125}I- ボルトン・ハンター試薬は既存のタンパク質を標識する際に用いる．

問 3 超ミクロオートラジオグラフィーで，微細な構造を解析するために用いる放射性同位元素はどれか．
1. ^{3}H　2. ^{32}P　3. ^{40}K　4. ^{131}I　5. ^{235}U

正解 1

解説 微細構造の解析では，飛程の短い ^{3}H を用いることで解像度を上げる必要がある．

問 4 エピトープとは何を示す語か．正しいものを 1 つ選べ．
1. 標識抗原　2. 標識抗体　3. 抗原決定基　4. 抗体の立体構造　5. BF 分離法

正解 3

問 5 イムノアッセイの抗体として主に用いられるのはどれか．正しいものを 1 つ選べ．
1. IgG　2. IgD　3. IgE　4. IgG　5. IgM

正解 4

問 6 DNA 検出法はどれか．
1. ウエスタンブロット法　2. ELISA 法　3. サザンブロット法
4. ノーザンブロット法　5. PCR 法

正解 3

解説 ウエスタンブロット法はタンパク質，ノーザンブロット法は RNA を検出する方法．

問7 イムノアッセイについて正しいのはどれか．1つ選べ．
1. ステロイドホルモンは定量できない．
2. 抗原抗体反応を利用して物質を定量する方法である．
3. 測定に用いる抗体を高濃度で使用すれば高感度となる．
4. サンドイッチ法は競合法である．
5. ラジオイムノアッセイでは ^{11}C, ^{13}N, ^{15}O などの放射性核種で標識した抗原が用いられる．

正解 2

解説 1. ステロイドホルモンなどの低分子量化合物も，高分子タンパク質と結合させれば抗体が作成できる．
3. 抗原に対する特異性が高く，親和性の高い抗体は，低濃度で使用する．
4. サンドイッチ法は，非競合法である．
5. ラジオイムノアッセイに用いられる放射性核種は ^{3}H, ^{14}C, ^{125}I, ^{131}I などである．^{11}C, ^{13}N, ^{15}O は，どれも半減期が短いポジトロン核種であり，ラジオイムノアッセイでは用いられない．

問8 標識化合物に関する次の記述のうち，正しいものを2つ選べ．
1. ^{3}H, ^{14}C, ^{32}P で標識した化合物は β^- 線を放出し，トレーサー実験などに利用される．
2. 一般に，^{14}C 標識化合物は ^{3}H 標識化合物よりも比放射能が高い．
3. ミクロオートラジオグラフィーには，主に ^{32}P 標識化合物が用いられる．
4. 同位体の質量が異なることで，標識化合物の挙動に差異が生じることがある．
5. すべての放射性核種のうち，目的の放射性核種の割合を放射化学的純度という．

正解 1, 4

解説 1. トレーサー実験には ^{3}H, ^{14}C, ^{32}P, ^{33}P, ^{125}I, ^{35}S などが用いられる．
2. キャリアーフリーでは ^{14}C の方が ^{3}H よりも比放射能が高い．
3. ミクロオートラジオグラフィーには ^{3}H, ^{14}C, ^{35}S などの軟 β^- 線放出核種を用いる．
4. 質量が異なることで挙動に差異が生じることがあり，これを同位体効果という．
5. 放射性核種純度という．

問9 トレーサー法に関する次の記述のうち，**誤っているもの**を1つ選べ．
1. 放射性核種から放出される放射線を検出するため，測定感度が高い．
2. 物質量が微量であるため，標識化合物によって薬理効果が現れることはない．
3. 定量する際は，目的物質を共存物質から分離する必要がある．
4. 使用量によっては生体に放射線の影響が現れることがある．
5. 許可された施設内で使用しなければならない．

正解 3

解説 3. 放射能を測定するため，非放射性の共存物質と分離する必要はない．

問10 比放射能 2.0（kBq/mg）の［^{14}C］トルエンを酸化して得られる［^{14}C］安息香酸の比放射能（kBq/mg）として，正しいものを1つ選べ．ただし，トルエンの分子量は92，安息香酸の分子量は122とする．

1. 0.4　　2. 0.7　　3. 1.2　　4. 1.5　　5. 2.6

正解　4

解説　［^{14}C］トルエン 1 mmol から［^{14}C］安息香酸 1 mmol が生成する．すなわち，［^{14}C］トルエン 92 mg からは［^{14}C］安息香酸 122 mg が生成することから，$\frac{2.0 \times 92}{122} = 1.5$（kBq/mg）となる．

問11 炭素の同位体に関する次の記述のうち，正しいものを2つ選べ．

1. 炭素の同位体はいずれもオートラジオグラフィーには適さない．
2. ^{11}C はサイクロトロンを用いて，^{14}N(p, α)反応により生成される．
3. ^{12}C は核磁気共鳴イメージングに利用される．
4. ^{13}C は原子炉を用いて ^{14}N(n, p)反応により生成される．
5. ^{14}C は年代測定に用いられるが，核医学画像診断には利用されない．

正解　2，5

解説
1. ^{14}C はオートラジオグラフィーに利用される．
3. ^{13}C は核磁気共鳴イメージングに利用できる．
4. ^{14}N(n, p)反応により生成される核種は ^{14}C である．
5. ^{14}C は $β^-$ 線放出核種であり，核医学診断には利用されない．

問12 比放射能 20（MBq/mmol）の［^{14}C］炭酸カルシウム 0.1 g に十分量の希塩酸を加え，発生した二酸化炭素をすべて捕集した．標準状態（0℃，1気圧）でのこの二酸化炭素の放射能濃度（MBq/L）として，正しいものを1つ選べ．ただし，標準状態での 1 mol の気体の体積を 22.4 L とし，炭酸カルシウムの分子量を 100 とする．

1. 0.45　　2. 4.5　　3. 9.0　　4. 45　　5. 900

正解　5

解説　［^{14}C］炭酸カルシウム 0.1 g は $\frac{0.1}{100} = 0.001$（mol）であり，その放射能は $20 \times 0.001 \times 10^3 = 20$（MBq）となる．その体積は $22.4 \times 0.001 = 0.0224$（L）となることから，放射能濃度は $\frac{20}{0.0224} = 893$（MBq/L）となる．

問13 標識化合物に関する次の記述のうち，**誤っているもの**を2つ選べ．

1. 放射性核種（または標識化合物）の比放射能を低下させる安定核種（または非標識化合物）のことを担体という．
2. 比放射能の高い標識化合物を用いる際は，自己放射線分解に注意する．
3. 標識化合物に非標識化合物を加えると放射化学的純度は低下する．
4. 標識化合物の分解抑制には，標識化合物溶液の脱気あるいは窒素置換が有効である．
5. ^{3}H 標識化合物の分解抑制には，凍結保存が有効である．

第6章 薬学領域における放射性同位元素の利用

正解 3, 5

解説 3. 比放射能が低下する．
5. ^{3}H 標識化合物は凍結すると分解速度が速くなる．

問14 ある混合試料中の1成分を同位体希釈法で定量した．試料に放射性同位体で標識したこの成分物質 20 mg（比放射能 600 cpm/mg）を加えて完全に混合した後，一部を純粋に分離したところ，その比放射能は 120 cpm/mg となった．試料中のこの成分の量（mg）として正しい値を1つ選べ．
1. 16　2. 25　3. 80　4. 120　5. 3600

正解 3

解説 試料中のこの成分の量を x mg とすると，放射性標識物質を加える前後で全体の放射能は変わらないので，$600 \times 20 = 120 \times (x + 20)$ となり，$x = 80$（mg）となる．

問15 ラジオイムノアッセイに関する次の記述のうち，正しいものを2つ選べ．
1. ラジオイムノアッセイでは ^{3}H, ^{11}C, ^{123}I, ^{125}I などが標識物質として用いられる．
2. ラジオイムノアッセイには均一法と不均一法がある．
3. 一般に，^{125}I 標識体を用いたアッセイは，^{3}H 標識体用いる場合に比べ高感度である．
4. サンドイッチ法では，分析対象物質の増加によりシグナル強度が減少する．
5. サンドイッチ法は，競合法に比べ感度が高く，検出範囲も広い．

正解 3, 5

解説 1. ^{11}C, ^{123}I はラジオイムノアッセイには用いられない．
2. ラジオイムノアッセイは B/F 分離を必要とする．
3. キャリアーフリーでは ^{125}I は ^{3}H よりも比放射能が高く，高感度となる．
4. サンドイッチ法では，分析対象物質の増加によりシグナル強度が増加する．

問16 9. イムノアッセイに関する次の記述のうち，正しいものを2つ選べ．
1. イムノアッセイの標識物質には放射性同位元素，酵素のほか，蛍光色素や発光物質が用いられる．
2. エンザイムイムノアッセイには，ペルオキシダーゼや β-ガラクトシダーゼがよく用いられる．
3. EMIT 法（Enzyme Multiplied Immunoassay Technique）は不均一法の1つであり，血中薬物濃度測定（TDM）などに応用される．
4. 蛍光偏光イムノアッセイ（FPIA）法は，抗体の結合により蛍光の偏光度が小さくなる現象を利用した均一系の測定法である．
5. ハプテンはそれ自体で免疫原性をもたないが，キャリアータンパク質と結合することで完全抗原となり，主にサンドイッチ法に利用される．

正解 1, 2

解説 3. EMIT 法は均一法である．

4. FPIA 法は，抗体の結合により蛍光の偏光度が大きくなる．
5. サンドイッチ法は，抗原1分子中に少なくとも2か所の抗体結合部位が存在しなければならず，ハプテンの測定には適さない．

問17 標識化合物に関する次の記述のうち，**誤っているもの**を1つ選べ．
1. 放射性ヨウ素を用いたタンパク質の直接標識では，リシン残基に放射性ヨウ素が導入される．
2. 間接標識法でタンパク質に放射性ヨウ素を導入すると，生理活性が低下することがある．
3. [^{35}S]メチオニンや[^{35}S]システインでタンパク質を標識し，タンパク質合成を測定できる．
4. DNA 合成の測定に[^{3}H]デオキシチミジンが，RNA 合成の測定に[^{3}H]ウリジンが用いられる．
5. DNA 塩基配列の決定に[α-^{32}P]dCTP や[α-^{35}S]dCTP が用いられる．

正解 1

解説 1. チロシン残基あるいはヒスチジン残基に導入される．

問18 放射線を用いた分析法に関する次の記述のうち，**正しいもの**を2つ選べ．
1. 放射化分析は，微量分析法として優れ，また非破壊分析できる場合が多い．
2. 放射化分析では生成核種のβ^-線スペクトルを測定して，多元素同時分析を行う．
3. 即発γ線分析法では，試料にX線を照射し，発生するγ線を測定することにより，元素分析が行われる．
4. ガスクロマトグラフ用 ECD は，^{63}Ni から放出される低エネルギーβ^-線の電離作用を利用して分析を行う．
5. 蛍光X線分析法は荷電粒子を試料に照射し，その際発生する特性X線を検出することで試料に含まれる元素を分析する方法である．

正解 1，4

解説 2. β^-線の場合は，化学分離操作を加えることで多元素同時分析が可能である．
3. 即発γ線分析法では，試料に中性子を照射し，発生するγ線を測定する．
5. 蛍光X線分析法は，試料にX線を照射する．PIXE 分析は，試料に荷電粒子を照射する．

問19 X線に関する次の記述のうち，**誤っているもの**を2つ選べ．
1. X線はフィルムに塗布した写真乳剤に潜像を形成する．
2. X線を用いる回折法で固体薬物が結晶性であるかを判断できる．
3. シンクロトロン放射光は，広い波長領域の連続スペクトルを有する．
4. X線の測定に用いるシンチレーション検出器は，気体の電離作用を利用している．
5. X線は骨組織より軟組織の方が透過しにくい．

正解 4，5

解説 4. シンチレーション検出器は，物質の蛍光作用を利用している．
5. X線は軟組織より骨組織の方が透過しにくい．

問 20 X線結晶解析に関する次の記述のうち，正しいものを2つ選べ．
1. 波長 λ の X 線が面間隔 d の結晶に入射角 θ で入射するとき，$d\sin\theta = n\lambda$ が満たされる角度で X 線回折が生じる．ただし，n は整数である．
2. 有機物の回折実験に用いられる X 線源のターゲットには，原子間結合距離に近い波長の特性 X 線が得られる Cu，Mo が用いられることが多い．
3. X 線結晶構造解析法は，低分子から高分子までの分子構造を決定できる．
4. 粉末 X 線回折法は，結晶性の粉末試料に X 線を照射し，その物質中の原子核を強制振動させることにより生じる干渉性散乱 X 線を測定する．
5. 粉末 X 線回折法では，未知化合物の立体構造が一義的に決定できる．

正解 2, 3

解説 1. $2d\sin\theta = n\lambda$ が満たされる角度で X 線回折が生じる．
4. 原子中の電子を強制振動させる．
5. X 線結晶構造解析法では，未知化合物の立体構造が一義的に決定できる．

問 21 放射線滅菌法に関する次の記述のうち，正しいものを2つ選べ．
1. 放射線滅菌法は，熱に不安定な製品の滅菌には向かない．
2. γ線を用いる滅菌法の線源には，^{60}Co や ^{137}Cs などが利用される．
3. 電子線を用いる滅菌法は処理時間が長く，材料劣化に注意しなければならない．
4. 放射線滅菌法は大量処理ができて安価であり，医療機器の滅菌に利用されている．
5. γ線を用いる滅菌法は電子線を用いる方法よりも滅菌対象内部への透過性が劣る．

正解 2, 4

解説 1. 放射線滅菌法は，耐熱性の低い材料でも処理が可能である．
3. 電子線を用いる滅菌法は，短時間照射でよく，材料劣化が低減される．
5. γ線は物質透過性が高く，滅菌対象内部への透過性に優れる．

第7章

放射性医薬品

第7章の要点

放射性医薬品の定義
(1) 日本薬局方あるいは放射性医薬品基準に収載されているもの
(2) 診断または治療の目的で人体内に投与するものであって，厚生労働大臣の許可を受けたもの．治験用医薬品や先進医療に用いられているものを含む
(3) 人体に直接適用しないが，人の疾病の診断，治療に用いることが明らかなもの
放射性医薬品を用いて病気の画像診断を行うことを核医学診断という

診断装置：ガンマカメラ，単光子断層撮影装置（SPECT），陽電子断層撮影装置（PET）
（PET-CT，SPECT-CT の普及により正確な診断が可能となり，さらに PET-MRI の開発により詳細な生体情報を得ることが期待される）

主な放射性核種：
インビボ診断用：半減期が短く，ポジトロンあるいは 100〜200 keV の γ 線を放出する核種
（例） ^{99m}Tc, ^{111}In, ^{201}Tl, ^{67}Ga, ^{123}I, ^{131}I, ^{11}C（PET）, ^{13}N（PET）, ^{15}O（PET）, ^{18}F（PET）
インビボ治療用：α 線，β^- 線，オージェ電子などを放出する核種
（例） ^{89}Sr, ^{90}Y, ^{131}I
インビトロ用：半減期が長く，γ 線や特性 X 線を放出する核種
（例） ^{125}I, ^{59}Fe

インビボ診断用放射性医薬品
心筋機能診断用：
［^{99m}Tc］標識赤血球，［^{99m}Tc］DTPA-HSA：心動態シンチグラフィー
［^{201}Tl］塩化タリウム，［^{99m}Tc］MIBI，［^{99m}Tc］tetrofosmin：心筋血流シンチグラフィー
［^{123}I］BMIPP，［^{18}F］FDG：心筋エネルギー代謝機能測定
［^{123}I］MIBG：心筋交換神経機能測定

脳機能診断用：

[^{123}I]IMP，[^{99m}Tc]HMPAO，[^{99m}Tc]ECD，H$_2$[^{15}O]O，C[^{15}O]O$_2$：局所脳血流量測定

[^{18}F]FDG，[^{15}O]O$_2$：局所脳エネルギー代謝機能測定

[^{123}I]iomazenil，[^{123}I]ioflupane：脳内神経伝達機能測定

腫瘍診断用：

[^{67}Ga]クエン酸ガリウム，[^{18}F]FDG：腫瘍シンチグラフィー

その他の臓器診断用：

Na[^{123}I]I，Na[^{99m}Tc]TcO$_4$：甲状腺シンチグラフィー

[^{99m}Tc]MAA，[^{133}Xe]キセノン吸入用ガス，[^{81m}Kr]クリプトン吸入用ガス：肺機能測定

[^{99m}Tc]テクネチウムスズコロイド，[^{99m}Tc]フィチン酸テクネチウム，[^{99m}Tc]GSA，[^{99m}Tc]PMT：肝臓・胆道機能測定

[^{99m}Tc]DTPA，[^{99m}Tc]MAG$_3$，[^{99m}Tc]DMSA：腎シンチグラフィー

[^{99m}Tc]MDP，[^{99m}Tc]HMDP：骨シンチグラフィー

インビボ治療用放射性医薬品

Na[^{131}I]I：甲状腺機能亢進症，甲状腺がん

[^{89}Sr]塩化ストロンチウム：骨転移の疼痛緩和

[^{90}Y]イブリツモマブチウキセタン：低悪性度B細胞性非ホジキンリンパ腫，マントル細胞リンパ腫

インビボ放射性医薬品の取扱と管理

放射性医薬品を取り扱う際には，医療法，医薬品医療機器等法（旧薬事法），放射線障害防止法などの規制の下，適切な設備を備え，許可を受けた施設内で使用する．

品質管理は，確認試験，純度試験（放射性核種純度，放射化学的純度，化学的純度），無菌試験，発熱性物質試験等を規定した「放射性医薬品基準」により行われる．

インビトロ放射性医薬品

生体試料中のホルモン，ビタミン，腫瘍マーカー，ウイルス，生理活性物質などを測定し，病気の診断を行う．

測定法：ラジオイムノアッセイ（RIA），イムノラジオメトリックアッセイ（IRMA）など

7-1 放射性医薬品の概説

放射性同位元素を人体に投与し，疾病の診断，治療に利用する学問を**核医学** nuclear medicine，投与する放射性同位元素および放射性同位元素で標識された薬剤を**放射性医薬品** radiopharmaceuticals と呼ぶ．核医学では人体に投与した放射性同位元素の分布を体外から計測し，画像化することで様々

な疾患の診断を行う．体内の機能情報を低侵襲で得ることのできる診断法で，新しい放射性医薬品の開発と放射線測定器の進歩により，正確な診断が行えるだけでなく，病態の解明，薬物作用機序の解明や，薬物の作用，副作用，投与量の評価などにも有効である．またα線，β線を放出する放射性同位元素を用いた効果的な治療も行われている．

核医学で画像として表示されているものは，放射性医薬品あるいは放射性同位元素の分布であり，**磁気共鳴イメージング** magnetic resonance imaging（MRI）や**超音波** ultrasonography，**X線コンピュータ断層撮影法** X-ray computed tomography（X線CT）などとは異なる情報が得られる．近年，「生体内の遺伝子やタンパク質などの機能変化とそれに伴う様々な生命現象を，生きた状態のまま，細胞，分子のレベルで体外からとらえて画像化する技術」として**分子イメージング** molecular imaging が注目されているが，核医学はまさに分子イメージングを実践する学問であり，様々な機能を持った放射性医薬品を用いることで，臓器・組織の異常の検出に加え，代謝機能，受容体機能などの詳細な情報を得ることができる．

放射性医薬品の利用は，有益であると同時に内部被ばくなどの危険をともなっている．体内被ばく線量を正確に見積もることで患者の安全を確保するとともに，医療従事者の外部被ばくを低減する管理体制が求められる．

7-1-1 放射性医薬品の定義

放射性医薬品とは，診断，治療に用いる非密封の放射性同位元素またはその化合物および製剤のことで，法的には医薬品医療機器等法（旧薬事法）第2条第1項に規定される医薬品で，原子力基本法第3条第5号に規定される放射線を放出するものであって，「放射性医薬品の製造および取扱規則」に掲げられているものである．
（1）日本薬局方あるいは放射性医薬品基準に収載されている品目
（2）診断または治療の目的で人体内に投与するものであって，厚生労働大臣の許可を受けた品目で，治験用医薬品や先進医療に用いられているものを含む
（3）人体に直接適用しないが，人の疾病の診断，治療に用いることが明らかな品目

などが放射性医薬品に該当する．^{137}Cs，^{192}Ir，^{198}Au，^{125}I などの**治療用密封小線源**は，「診療用放射線照射器具」であって放射性医薬品ではない．

7-1-2 放射性医薬品の分類

放射性医薬品には，病気の診断に用いられるものと，病気の治療に用いられるものがある．**診断用放射性医薬品**は，体内に投与するインビボ診断用放射性医薬品と体内に投与しないインビトロ診断用放射性医薬品に分けられ，前者は核医学画像診断に不可欠のもので，その診断法を**シンチグラフィー** scintigraphy という．後者は採取した試料中に微量に存在するホルモンやビタミンなどの定量に，試験管内で使用される．**治療用放射性医薬品**は，体内に直接投与する非密封のものである．

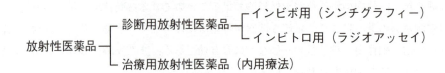

7-1-3 放射性医薬品の特徴

　放射性医薬品は，化合物としての化学的，生物学的性質に，放射性同位元素，放射線の性質が加わっており，一般医薬品とは異なる特徴を持っている．
（1）放射性同位元素は固有の物理的半減期に従って壊変するため，一般の医薬品に比べて有効期間がきわめて短い．
（2）放出される放射線のエネルギーにより，放射性医薬品の自己分解，変質が起こることがある．
（3）放射線はきわめて高感度であるため，物質量としては極微量であり，化合物としての薬理作用の発現はなく，一般医薬品のような容量-反応関係もない．同様に副作用，毒性が問題となる可能性も低い．
（4）放射性医薬品は処方せん医薬品であり，医師の処方せんの交付または指示を受けた場合にのみ使用できる．
（5）放射性医薬品の使用に際しては，医療法，医薬品医療機器等法（旧薬事法）などの法的規制を受け，許可された場所でのみ使用できる．
（6）放射線被ばくのおそれがあり，放射線安全管理に十分配慮して使用する必要がある．
　ほとんどの放射性医薬品は注射剤として静脈から投与されるが，一部，経口あるいは吸入のものがある．
　インビボ診断用放射性医薬品には，標的組織に特異的に集積する性質が求められる．また血中あるいは非標的組織からは速やかに排泄されることが望ましく，投与後早期に高い **S/N比** signal-noise ratio が得られるよう分子設計されているものが多い．病変部位に集積し，周辺組織への集積が低い場合は**陽性像**が得られ，正常組織に集積し，病変部位で集積が低下している場合は**欠損像**（陰性像）が得られる．陽性像の方が診断精度は高く，一般的に病変部位に集積する放射性医薬品が求められる．画像は放射性医薬品あるいは放射性同位元素の分布であり，薬物と生体構成物質との相互作用を示している．
　治療用放射性医薬品は，一般的にインビボ診断用放射性医薬品以上の高い**標的/非標的比**が要求される．化合物としての薬理作用は求めず，放射線自身の作用，効果を利用する．

7-2 インビボ診断用放射性医薬品

7-2-1 核医学診断の方法

　核医学診断とは，インビボ診断用の放射性医薬品の生体内における存在部位（分布）とその時間的変化（動態）を非侵襲的・定量的に画像化して，それから得られた情報から疾患の診断および治療効果の判定を非侵襲的に行える手法である．この放射性医薬品の生体内の分布・動態は，特定の生体内部位に集積または排泄されていく放射性医薬品から放出された放射線を，ガンマカメラ（シンチカメラ）・単光子（シングルフォトン）断層撮影装置 single photon emission computed tomography（SPECT）（図7-1(a)）・陽電子（ポジトロン）断層撮影装置 positron emission tomography（PET）（図7-1(b)）等の核医学診断装置を用いて体外から計測することで検出する．それぞれの放射性医薬品で使用される放射性同位元素や計測原理は異なるが，共通しているのは放射性医薬品の集積部位から体外へ放出されたγ線とシンチレーターの相互作用によって生じるシンチレーション現象でγ線を光信号に変換して，光電子増倍管や光半導体素子で増幅して電流として計測して（図7-2），位置情報と数量情報を得ることである．ガンマカメラは被験者に対して固定された状態で撮像するため平面透視像が得られるのに対し，PET/SPECT では被験者の周囲に円周上に配した検出器で得られた計測情報から画像を再構成する computed tomography（CT）の原理を用いているため，あたかも体を輪切りにして内部を覗き込んだような断層像として得られる．

　体の内部を断層画像として描出する装置としては，X線源とそれに対になるように配した検出器のセットを被験者の周囲を回転させながら，照射したX線の吸収度を計測して生体内の構造を画像化する X線 CT 装置（図7-1(c)）や，核磁気共鳴 nuclear magnetic resonance（NMR）現象を利用して，主に水素原子の濃度分布から生体内の内部の情報を画像する核磁気共鳴画像 magnetic resonance imaging（MRI）装置が一般的には広く知られている．このX線 CT 装置と MRI 装置からは主に生体内の解剖学的情報を得られるのに対して，PET 装置と SPECT 装置からは主に放射性医薬品の動態分布から生体内の機能的情報を得られるという，大きな違いがある．

　核医学診断に適用される放射性医薬品は，化合物自体が有する生物学的特性に応じた正常臓器や病巣部への分布・動態を示すと同時に，病巣部における生理学的・生化学的変化を反映した分布・動態の変化から，診断および治療効果判定に用いられる（7-2-3 参照）．核医学診断の有用性を高めるための最重要ポイントは，計測を目的とする生体機能およびその病的変化を特異的に再現性良く捉えることができる化合物の創成である．従来用いられてきた放射性医薬品の中には，偶発的に発見され必ずしも特定部位への集積メカニズムがはっきりしていないものもあったが，近年の「分子イメージング科学」の発展に伴って，生化学的・薬理学的データに基づいてより合目的にターゲット分子への結合特異性と親和性を高めた化合物をデザインし，化合物合成・標識合成を行う試みもなされている．

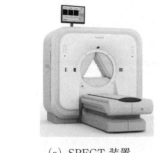
(a) SPECT 装置

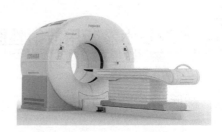
(b) PET（PET-CT）装置

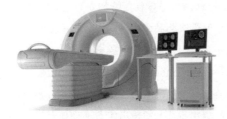
(c) X線CT装置

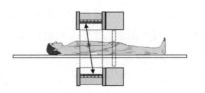
(d) PET-CT装置の構造

図7-1　核医学用画像診断装置
(資料提供：東芝メディカルシステムズ(株))

(a) 多彩な光電子増倍管

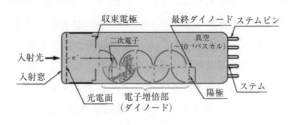
(b) 光電子増倍管のしくみ

図7-2　光電子増倍管
(資料提供：浜松ホトニクス(株))

　ターゲット分子に直接結合させて計測する手法の他に，生体内の酵素反応により化学的物性が変化して細胞や組織内に留まる放射性標識化合物の特性を利用した計測手法（メタボリックトラッピング metabolic trapping）も，生体内情報の定量画像化に用いられている．生体内のグルコース代謝を計測するためには，基質となるグルコースそのものを放射性同位元素で標識すればよいように思われるが，実際には細胞内で迅速に代謝されてしまうため，正確なグルコース代謝率を測定できない．そこで，グルコースの2位のOH基をF-18に置き換えた $[^{18}F]$ フルオロデオキシグルコース 2-deoxy-2-$[^{18}F]$fluoro-D-glucose（$[^{18}F]$FDG）が開発された．$[^{18}F]$FDG はグルコースと同様にグルコーストランスポーター（GLUT）を介して血液中から細胞内に運ばれるが，グルコース代謝の第一段階の酵素であるヘキソキナーゼで6位の炭素がリン酸化を受けて生成する $[^{18}F]$FDG-6-リン酸の段階で，代

謝が止まってしまう．[^{18}F]FDG-6-リン酸は水溶性が高く，また GLUT により細胞外へ排出されにくいため，ヘキソキナーゼ活性の高い脳・心筋・腫瘍の細胞内により多く留まり，それらの部位には高い ^{18}F 由来の放射能が計測される．

一般的に核医学診断の放射性医薬品は，1）標識に使用されている放射性同位元素の半減期が短いことと自身の放射線分解による不純物の生成により有効期限が短い，2）化合物自体が薬理作用を有していても，極微量の投与量で充分放射線を計測できるため，放射性医薬品としての投与では薬理作用を示さない，3）医師の処方せんの交付または指示を受け，医療法・医薬品医療機器等法（旧薬事法）等の法的規制の下で，設備を備えた許可施設内で使用する，などの一般の医薬品とは異なる特徴を有している．

7-2-2 PET/SPECT 診断

放射性同位元素で標識された放射性医薬品を用いたインビボ核医学診断に用いられている代表的な核医学診断装置として，SPECT 装置（図 7-1(a)）および PET 装置（図 7-1(b)）がある．SPECT 装置では γ 線を放出する放射性同位元素（表 7-1）から放出される 1 本の γ 線を計測するが，コリメータを用いて一定方向から飛来する γ 線のみを検出し，他の方向から飛来する γ 線を遮断して γ 線の飛来方向を推定し，放射性医薬品の位置を推定できる（図 7-3A）．SPECT 装置には，円周上に配したガンマカメラを被験者の周囲で回転させながらデータ収集するガンマカメラ回転型と，被験者の周囲に配した複数の検出器を回転させるリング検出器型がある．いずれにおいても，上述の方法で γ 線の飛来方向を推定しながら被験者の全周囲から計測したデータを用いて画像再構成を行い，放射性医薬品の生体内分布を断層画像として得る．

PET 装置では，ポジトロン（β^+）を放出する放射性同位元素（ポジトロン放出核種）（表 7-2）で標識された標識化合物を用いる．ポジトロンは電子と同じ質量で正の電荷を持つ電子の反粒子で，物質中の電子と衝突して運動エネルギーのほとんどを失うと，その近傍の電子と結合し消滅して 180° 逆方向に 1 対の消滅放射線（消滅 γ 線）を放出する．生体内に投与されて特定の生体内部位に集積したポジトロン標識化合物から放出されたこの一対の消滅放射線（消滅 γ 線）が，体外に円周上に配した多数の検出器のうちの任意の 2 個の検出器で同時計測されると，標識化合物はその一対の検出器を結んだ直線上のどこかに存在することがわかる．この同時計測が多くの対の検出器の間でなされるため，それらのデータを集積して画像再構成を行うと，放射性医薬品の生体内の断層画像が得られる（図 7-3(b)）．

近年，生体内の構造を画像化する X 線 CT と，生体の機能情報を画像化する PET 装置あるいは SPECT 装置を組み合わせた PET-CT 装置および SPECT-CT 装置が普及してきており，1 度の計測で被験者の生体機能と構造を同時に計測して両方の画像を重ね合わせて，空間分解能に劣る PET 装置や SPECT 装置の画像情報を CT 画像の構造情報で補うことができるようになってきた（図 7-1(b)・(d)）．PET-CT 装置は，主に [^{18}F]FDG を用いた腫瘍イメージングに活用されていて，小さなサイズの腫瘍の存在部位をより正確に描出できる．さらに，MRI と PET を組み合わせた PET-MRI 装置も開発され，市場に投入され始めた．MRI 画像では X 線 CT 画像では描出しにくい軟骨や脂肪等の軟組織の描出が可能で，よりコントラストの高い画質が得られるため，PET 装置の機能画像との重ね合わせでより詳細な生体内情報を提供できると期待されている．

表7-1 主なシングルフォトン放出核種

放射性同位元素	物理学的半減期	壊変形式	主なγ線のエネルギー (keV)
^{99m}Tc	6.01 時間	核異性体転移	141
^{111}In	2.81 日	軌道電子捕獲	171, 245
^{67}Ga	3.26 日	軌道電子捕獲	93, 185, 300
^{201}Tl	3.04 日	軌道電子捕獲	69, 71, 80, 167
^{123}I	13.2 時間	軌道電子捕獲	159
^{131}I	8.02 日	β^- 崩壊	364
^{51}Cr	27.7 日	軌道電子捕獲	320
^{133}Xe	5.24 日	β^- 崩壊	81

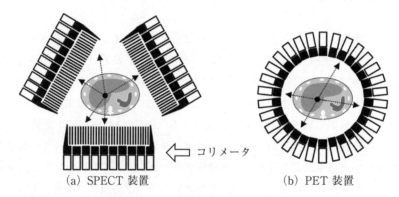

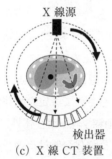

(a) SPECT 装置　　(b) PET 装置　　(c) X 線 CT 装置

図7-3　SPECT・PET 装置・X 線 CT の原理

表7-2　主なポジトロン放出核種

放射性同位元素	物理学的半減期	主なγ線のエネルギー (keV)
^{11}C	20.39 分	511 (β^+)
^{13}N	9.96 分	511 (β^+)
^{15}O	2.03 分	511 (β^+)
^{18}F	109.8 分	511 (β^+)
^{64}Cu	12.7 時間	511 (β^+), 656
^{68}Ga	67.6 分	511 (β^+), 1080

7-2-3 インビボ放射性医薬品に用いられる放射性同位元素

　核医学診断に用いられる放射性医薬品は，体内から放出された放射線を体外で検出するために，生体の透過性と直進性に優れた低エネルギーのγ線を放出する放射性同位元素で標識されている．SPECT計測では，放射性同位元素（表 7-1）から放出される 1 本のγ線を，コリメータで選別し検出器で計測する（図 7-3（a））．一方，PET計測に用いられる放射性同位元素（表 7-2）は，陽電子が消滅する際に 180°逆方向に放出される 1 対の消滅放射線（消滅γ線）を被験者の周囲に円周状に配した検出器で同時計測する（図 7-3（b））．

A　放射性医薬品に適した放射線のエネルギー

　放射性医薬品を診断に用いる場合には，体外での検出能と同時に被験者への被ばく量をより低く抑える必要があるため，シングルフォトンを放出する放射性同位元素（シングルフォトン放出核種）では，放出されるγ線のエネルギー範囲が 100〜200 keV 程度のものが適切であるとされている．これより低いエネルギー範囲のγ線では生体組織の透過性が不十分で，逆に高いエネルギーのγ線では，斜め方向から飛来するγ線を遮断するためのコリメータの材質としてより高密度で高価な物質を用いる必要があり，また生体への放射線被ばくによる影響を考慮する必要が出てくる．このような観点から，表 7-1 に挙げたシングルフォトン放出核種の中で，^{99m}Tc は 141 keV のγ線を 1 本のみ放出する特性を有しており，次項 B に述べる半減期の観点から見て 6.01 時間と言う適度な長さの半減期と相まって，SPECT計測用のシングルフォトン放出核種として理想的である．^{99m}Tc で標識された SPECT計測用の放射性医薬品は，製造販売会社から放射性医薬品としてデリバリー供給されるもの以外に，必要時に ^{99}Mo–^{99m}Tc ジェネレーターから溶出させた $^{99m}TcO_4^-$ 溶液を用いて，医療現場で標識合成して用いることも可能である．また，13.2 時間の半減期を有する ^{123}I で標識された何種類かのインビボ放射性医薬品も，製造販売会社から放射性医薬品としてのデリバリー供給されている．^{123}I は ^{99m}Tc と異なり，主に SPECT計測用に使われている 159 keV のγ線以外に，529 keV の高いエネルギーを持ったγ線も放射するため，コリメータの種類によって定量値に変動をきたすことがあることを留意する必要がある．

　一方，ポジトロン放出核種は，陽電子消滅の際に 180°逆方向に 1 対の消滅放射線（消滅γ線）を放出する．このγ線はポジトロン放出核種の種類に依存せず 511 keV と比較的エネルギーが高いために，生体内で標識化合物が集積した部位から体外への透過性が高く，より高感度・高分解能の計測が可能になる．SPECT計測では実施しない外部校正線源を用いた吸収補正を実施することで，深部の脳幹部においても脳表の大脳皮質と同様に，SPECT計測より定量性の高い画像が得られる．

　なお，直進性は高いが物質の透過性が低く，短い飛程で急激に全エネルギーを失うため高い比電離度を有するα線や，物質を透過中に電離・励起・散乱・制動放射を生じて，比較的高い比電離度を示す$β^-$線を放出する放射性同位元素は，低い体外検出能と被験者への被ばくの問題から核医学診断の放射性医薬品として使用できない．

B インビボ放射性医薬品に適した放射線の半減期

一般的に，SPECT計測に使用される放射性同位元素は，PET計測に使用されるものに比較して半減期が長いものが使用されている（表7-1）．半減期が長い放射性同位元素を使用するメリットとしては，放射性医薬品として製造販売会社から直接購入して使用できるため，標識合成操作に伴う細菌等の混入に対する対策や品質検査の煩雑な作業を，医療現場に強いる必要がない利便性がある．また，蓄積型の化合物であればSPECT装置の外部で被験者に投与して，一定時間が経過した後にSPECT装置に被験者を入れて短時間計測することも可能となるため，複数の被験者に対して放射性医薬品の投与時間を計画的にずらして投与して，一定時間経過後に投与した順番に計測すると，SPECT装置を効率的に使用できる．その一方で，投与される放射性同位元素の半減期が長いと，被験者が長時間被ばくすることになるので，できるだけ投与量を減らす必要があり，低い投与量でも診断に支障のない画質を得られるように，SPECT装置の感度を上げるための改良も必要となる．

一方，PET計測に使用されている一般的なポジトロン放出核種の半減期は2〜110分と極めて短いため（表7-2），原則として施設がサイクロトロンを所有して計測の度にポジトロン放出核種を製造して，自動合成装置で標識合成を行い，品質検査も施設で責任を持って実施する必要がある．短半減期であるため，ポジトロン標識化合物を投与された被験者の被ばく線量を少なくできると同時に，例えば半減期が20分の^{11}Cで標識された標識化合物を用いると，2時間程度間隔をおくと次の投与が可能となるため，例えば治療用医薬品（およびその候補化合物）を服用する前後で2回計測して，同日に同一被験者で医薬品の作用を定量画像として計測可能となる．なお，短半減期のポジトロン放出核種の中では110分と比較的半減期が長い^{18}Fで標識された[^{18}F]FDGに関しては，国内でも2005年から製造販売会社から放射性医薬品としてのデリバリー供給が可能となっており，実際にサイクロトロンを持たずしてPET計測を行っている施設もある．

7-2-4 代表的なインビボ放射性医薬品

医療現場で使用されている主なインビボ放射性医薬品とそれらの診断対象となる組織・臓器は，表7-3に挙げた通りである．

A 心機能診断用放射性医薬品

生体の生命維持に必須な酸素やエネルギー源を，血液に乗せて全身の細胞に隈なく供給する機能を有する心臓の状況をインビボ計測するために，全身に血液を送り出すためのポンプ機能，心臓の冠動脈血流，心筋細胞のエネルギー代謝・心機能を調整する神経伝達系等を計測するインビボ放射性医薬品が用いられている．これらの計測は，単に心臓自身の機能異常を検出するだけでなく，心臓機能低下は全身の臓器・組織の循環代謝に直ちに影響するため，極めて重要であるといえる．

表7-3 主なインビボ放射性医薬品

適用臓器	計測パラメーター	放射性医薬品
心臓	ポンプ機能	[^{99m}Tc]標識赤血球, [^{99m}Tc]DTPA-HSA
	心筋血流量	[^{201}Tl]塩化タリウム, [^{99m}Tc]MIBI, [^{99m}Tc]Tetrofosmin, [^{13}N]NH$_4^+$
	エネルギー代謝	[^{123}I]BMIPP, [^{18}F]FDG
	交換神経機能	[^{123}I]MIBG
脳	血液量	[^{99m}Tc]DTPA-HSA, C[^{15}O]O
	血流量	[^{123}I]IMP, [^{99m}Tc]ECD, [^{99m}Tc]HM-PAO, H$_2$[^{15}O]O, C[^{15}O]O$_2$
	代謝機能	[^{15}O]O$_2$, [^{18}F]FDG
	神経伝達機能	[^{123}I]Ioflupane, [^{123}I]Iomazenil
腫瘍		[^{67}Ga]クエン酸ガリウム, [^{201}Tl]塩化タリウム, [^{99m}Tc]MIBI
		[^{99m}Tc]Tetrofosmin, [^{99m}Tc]MDP, [^{99m}Tc]HMDP, [^{18}F]FDG
甲状腺		Na[^{123}I]I, Na[^{99m}Tc]TcO$_4$
肺	血流	[^{99m}Tc]MAA
	換気能	[^{99m}Tc]テクネガス
肝臓	細網内皮機能	[^{99m}Tc]テクネチウムスズコロイド, [^{99m}Tc]フィチン酸テクネチウム
	実質細胞機能	[^{99m}Tc]GSA
	胆汁酸排泄	[^{99m}Tc]PMT
腎臓	糸球体ろ過機能	[^{99m}Tc]DTPA
	尿細管分泌機能	[^{99m}Tc]MAG$_3$

1) 心臓のポンプ機能計測用のインビボ放射性医薬品

　心臓のポンプ機能を血管の異常（狭窄・閉塞）としてインビボ放射性医薬品で計測する手法として，心プールシンチグラフィーが用いられ，また心臓を構成する心房・心室やその周囲の大動脈における血液循環動態を画像化する方法としてRIアンギオグラフィーが用いられる．

　これらの目的に使用するインビボ放射性医薬品としては，投与された後に血液中にのみ分布して，各臓器や組織に蓄積することなく，長時間血流と同じ挙動を示す特性を有する血球や血漿タンパク質の放射性標識体が使用されている．[^{99m}Tc]標識赤血球による計測は，あらかじめピロリン酸スズ錯体を被験者の静脈内に投与して赤血球内に取り込ませた30分後に，^{99}Mo-^{99m}Tcジェネレーターから溶出させた^{99m}TcO$_4^-$を静脈内投与すると，赤血球の細胞膜を透過してスズにより還元された^{99m}Tcが赤血球内に留まるため，赤血球を標識できる．[^{99m}Tc]標識赤血球は，当然のことながら血液内にのみ循環するため，心臓および血管内の血流だけを選択的に描出できる．血漿タンパク質の放射性標識体として，ヒト血清アルブミン（HSA）をジエチレントリアミン五酢酸（DTPA）を介して^{99m}Tcで標識した[^{99m}Tc]ヒト血清アルブミンジエチレントリアミン五酢酸テクネチウム（[^{99m}Tc]DTPA-HSA）が用いられる．

2) 心筋血流量計測用のインビボ放射性医薬品

　心臓のポンプ機能を担っているのは心筋の収縮・弛緩による拍動であり，虚血性心疾患（心筋梗塞・狭心症）による虚血や梗塞による障害領域や機能低下の程度や生存能の計測は，診断のみならず，治療効果の評価においても極めて重要である．心筋の機能計測においては，心筋血流をインビボ放射性医薬品で計測する心筋血流シンチグラフィー法が適用される．

　心筋血流の計測には，蓄積型の血流量測定用のインビボ放射性医薬品が用いられ，最も汎用されているのが[^{201}Tl]塩化タリウムである．心筋細胞膜上に存在するNa$^+$，K$^+$ポンプ（Na$^+$，K$^+$-ATPase）は膜貫通タンパク質で，膜電位の維持と活動電位からの回復のために細胞内のアデノシン三リン酸ATPの加水分解と共役して，能動的にNa$^+$イオンを細胞外に排出してK$^+$イオンを細胞内に取り込んでいる．Tl$^+$は1価の陽イオンでK$^+$とイオン半径が類似しており，[^{201}Tl]塩化タリウムとして静脈内投与されると，K$^+$と一緒に^{201}Tl$^+$が心筋細胞内に能動的に取り込まれるため，投与直後の早期画像が心筋血流画像となる．一方，高度な虚血や梗塞の部位では，心筋細胞への送達低下とNa$^+$，K$^+$-ATPaseの機能低下が相まって，^{201}Tl$^+$由来の放射能の蓄積低下として計測される．なお，^{201}Tl$^+$が放出する放射線のうち計測しているのは70〜80 keVとエネルギーが低く，半減期も73時間と長いため，7-2-3 AおよびBで記述した基準からすると，SPECT用インビボ放射性医薬品としては必ずしも適切ではない．

　一方，高い脂溶性による膜透過性，膜電位依存性の細胞内陽イオン濃縮，さらにミトコンドリア膜電位依存性結合のメカニズムによって，心筋細胞内に集積する特性から心筋血流を描出できるSPECT用インビボ放射性医薬品として，[^{99m}Tc]ヘキサキス(2-メトキシイソブチルイソニトリル)テクネチウム([^{99m}Tc]MIBI, sestamibi)や[^{99m}Tc]テトロホスミンテクネチウム([^{99m}Tc]Tetrofosmin)が使用されている．これらの放射性医薬品は，適切なエネルギー（141 keV）を有するγ線を放射し，適切な半減期（6.01時間）を示すシングルフォトン放出核種である^{99m}Tcで標識されており，SPECT用インビボ放射性医薬品として[^{201}Tl]塩化タリウムよりも優れているといえる．

　PET計測に用いられる心筋血流量計測用のインビボ放射性医薬品として，[^{13}N]NH$_4^+$が用いられている．NH$_4^+$はTl$^+$と同様に1価の陽イオンで，K$^+$と一緒に心筋細胞膜上に存在するNa$^+$，K$^+$ポンプを介して心筋細胞内に取り込まれると考えられており，[^{13}N]NH$_4^+$はPET装置の有する特長と相まって，定量性の高い心筋血流量計測を可能とする．

3) 心筋エネルギー計測用のインビボ放射性医薬品

　心筋細胞の生存と活動に必要なATPは，グルコース代謝と脂肪酸のβ酸化により供給されている．一旦，狭窄や梗塞によって虚血状態に陥ると，好気的状態でしかATP産生を行えない脂肪酸のβ酸化の機能が低下すると同時に，グルコース代謝は好気的代謝からATP産生効率が低い嫌気的代謝にシフトする．さらに虚血状態が進むと，嫌気的代謝すら機能しなくなりATP産生が断たれることで，心筋細胞は壊死に至る．このような経過を辿る心筋虚血のSPECT計測用のインビボ放射性医薬品として，脂肪酸代謝を計測できる[^{123}I]15-(p-ヨードフェニル)-3-(R,S)-メチルペンタデカン酸([^{123}I]BMIPP)が有効である．[^{123}I]BMIPPは静脈内投与されると，正常部位では心筋細胞にお

ける脂肪酸の取り込みを反映して集積して，脂肪酸のβ酸化を含む代謝経路に沿って代謝され，トリグリセリドとして貯蔵されて高集積部位として描出され，虚血部位では低集積として描出される．

一方，グルコース代謝を指標とした心筋のエネルギー代謝を計測するため，PET 計測用では [^{18}F]FDG が用いられている．[^{18}F]FDG はグルコースと同様に GLUT を介して血液中から細胞内に運ばれるが，グルコース代謝の第一段階の酵素であるヘキソキナーゼで6位の炭素がリン酸化を受けて生成する [^{18}F]FDG-6-リン酸の段階で，代謝が止まってしまう．[^{18}F]FDG-6-リン酸は水溶性が高く，また GLUT により細胞外へ排出されにくいため，ヘキソキナーゼ活性の高い正常な心筋細胞内により多く留まり高集積部位として描出され，梗塞によって機能低下した心筋では低集積部位として描出されるため，心筋の生存能の評価に有効である．

4) 心筋交感神経計測用のインビボ放射性医薬品

心筋細胞は自発的なリズムによって収縮と弛緩を繰り返す以外に，心筋に促進的に作用する交感神経と抑制的に作用する副交感神経による調整を受けて機能している．交感神経はβアドレナリン作動性神経で，刺激により小胞内に蓄積されたノルアドレナリンがシナプス間隙に放出され，後シナプス細胞上の受容体に結合して情報伝達するが，放出されたノルアドレナリンのほとんどは神経終末の前シナプス細胞の膜上に存在するトランスポーターによって再吸収されて，細胞内の小胞に蓄積される．このトランスポーターの活性からノルアドレナリンの交感神経機能を計測するために，[^{123}I]メタヨードベンジルグアニジン（[^{123}I]MIBG）が開発された．[^{123}I]MIBG はトランスポーターの活性を反映して神経終末の前シナプス細胞に集積するため，心筋の虚血性障害によるノルアドレナリン神経の脱落を [^{123}I]MIBG の集積低下として，また機能回復の過程を集積の再増加として診断できる．

B 脳機能診断用放射性医薬品

脳は心臓の働き・呼吸・消化といった生命活動を支える基本的な機能を制御すると同時に，運動・知覚などの最上位中枢であり，さらに意識・思考・記憶・学習などヒトの高次脳機能においても重要な役割を果たしているため，その機能異常は運動失調や各種の神経精神疾患を引き起こす．特に認知機能は高次中枢の緊密なネットワークによって機能しているため，認知症の診断や進行予防対策の確立には，脳機能を生理学的・生化学的観点から測定し，どれだけ正常機能の脳細胞が残存しているかを理解する必要がある．脳血流量計測用のインビボ放射性医薬品を用いたアルツハイマー型認知症のSPECT・PET 計測では，早期から部位特徴的な脳血流やエネルギー代謝の低下が認められるため，X 線 CT や MRI では検出が困難な形態変化が乏しい早期診断や，非アルツハイマー型の疾患の鑑別をすることが可能となってきた．さらに近年では，アルツハイマー型認知症の原因物質とされるアミロイドβタンパク質の脳内集積を，特異的な PET 計測用のインビボ放射性医薬品で非侵襲的に定量計測できるようになっている．

1) 局所脳血液量計測用のインビボ放射性医薬品

局所脳血液量は，組織内の血管分布に依存した血液量を反映しているため，その計測に使用するSPECT 計測用のインビボ放射性医薬品としては，投与された後に血液中にのみ分布して，各臓器や組織に蓄積することなく，長時間血液と同じ挙動を示す特性を有する [^{99m}Tc]ヒト血清アルブミン

ジエチレントリアミン五酢酸テクネチウム（[^{99m}Tc]DTPA-HSA）が用いられる．一方，PET 計測用としては，赤血球に含有されるヘモグロビンに酸素に比較して非常に高い親和性を有する[^{15}O]標識一酸化炭素（C[^{15}O]O）が用いられ，被験者に吸入させると肺においてヘモグロビンに結合して，[^{15}O]標識赤血球として血液中にのみ分布する．

2）局所脳血流量計測用のインビボ放射性医薬品

局所脳血流量とは，脳内の局所組織内を流れる血液の速さを示し，正常時には局所組織活動を維持するための酸素とグルコースの要求量を反映した指標となる．局所脳血流量を計測するインビボ放射性医薬品としては，蓄積型と拡散型の2種類の標識化合物が用いられている．

蓄積型脳血流量測定用の標識化合物は，静脈内に投与されてから一定時間後までに，血液-脳関門を透過して脳組織内に取り込まれ，細胞内で代謝されて細胞膜を透過できない化合物に変化したり，細胞内の特定の生体分子と結合して細胞内に留まる．一定時間局所に留まった放射能を単位時間当たりの量として示すことで，局所の脳血流量を算出することができる．この組織トラップ法に用いるSPECT 用のインビボ放射性医薬品としては，[^{123}I]塩酸 N-イソプロピル-4-ヨードアンフェタミン（[^{123}I]IMP），[^{99m}Tc][N, N'-エチレンジ-L-システィネート(3-)]オキソテクネチウムジエチルエステル（[^{99m}Tc]ECD），[^{99m}Tc]エキサメタジムテクネチウム（[^{99m}Tc]HM-PAO）がある．[^{123}I]IMPは初回循環で高率に脳内に取り込まれて，投与後20〜30分で取り込みはピークを示し，脳への集積機序は脳内での血管内／脳実質組織のpH勾配，脂質/水分配係数，脳内毛細管内膜に局在する非特異的アミン結合部位への親和性などの作用が複合したものと考えられている．[^{99m}Tc]ECDは投与後20〜40分で取り込みはピークを示し，脳組織中でエステル基が加水分解を受け血液-脳関門の透過性を示さない極性化合物に迅速に代謝されるため，脳血流に比例して脳実質へ集積し細胞内に長く保持される．[^{99m}Tc]HM-PAOは初回循環で脳血流に応じて高率に脳内に取り込まれて，投与後1分以内に取り込みはピークを示し，血液-脳関門を透過した後，直ちに水溶性または極性の代謝物に変化して脳内に分布する．

拡散型脳血流量測定用の標識化合物は，蓄積型のそれとは異なり投与されて血液-脳関門を自由に透過するが，脳組織内で相互作用することがない特性を有するため，血液中から脳組織内への移行速度と脳組織内から血液中への移行速度の両方が，局所脳血流量に依存する．PET 計測用として，[^{15}O]標識水（H$_2$[^{15}O]O）または[^{15}O]標識二酸化炭素（C[^{15}O]O$_2$）を，被験者に静脈内投与または持続吸入させる．吸入されたC[^{15}O]O$_2$は，肺胞毛細管に存在する炭酸脱水素酵素によってH$_2$[^{15}O]Oに代謝されるため，両方の標識化合物は同じ情報を与えることになる．

3）局所代謝計測用のインビボ放射性医薬品

脳の質量は体重の2%に過ぎないが，酸素代謝量は全身の20%で，グルコース代謝量は全身の25%と，質量に比して非常に高い割合を示す．これは脳組織を構成する多くの神経細胞間で行われている複雑で活発な神経伝達を担っている活動電位からの回復のために，必要なATPを酸素とグルコースの代謝から産生する必要性を反映している．脳内細胞は，グルコースの供給源としてのグリコーゲンをほとんど貯蔵していないため，神経活動の維持に必要なグルコースは酸素と一緒に絶えず血液から供給される必要がある．また，正常状態では酸素とグルコースの代謝率は相関しているが，病的な状

態ではその相関性が崩れるため，酸素およびグルコースの代謝率は脳内細胞状態の良い指標となる．

PET計測による酸素代謝率の計測には，酸素そのものの放射性同位体である[^{15}O]標識酸素（[^{15}O]O_2）を，被験者に持続吸入させて実施する．PET計測によるグルコース代謝率の計測には，[^{18}F]FDGが用いられている．[^{18}F]FDGはグルコースと同様にGLUTを介して血液中から細胞内に運ばれるが，グルコース代謝の第一段階の酵素であるヘキソキナーゼで6位の炭素がリン酸化を受けて生成する[^{18}F]FDG-6-リン酸の段階で，代謝が止まってしまう．[^{18}F]FDG-6-リン酸は水溶性が高く，またGLUTにより細胞外へ排出されにくいため，ヘキソキナーゼ活性の高い正常な細胞内により多く留まり高集積部位として描出され，脳梗塞やアルツハイマー病によって機能低下した脳神経細胞では低集積部位として描出されるため，脳神経細胞の生存能の評価に有効である．

4）脳内神経伝達計測用のインビボ放射性医薬品

脳の活動は活動電位とシナプス電位によって成り立っている．神経細胞からは，長い軸索と複雑に分岐した短い樹状突起が伸びていて，これらの突起は別の神経細胞とシナプスを介して相互につながって，複雑なネットワークを形成している．活動電位は細胞体から前シナプス細胞に伝わり，活動電位が軸索の終末にくると前シナプス細胞の小胞内に貯蔵されている化学物質である神経伝達物質が放出され，後シナプス細胞の膜上に存在する神経受容体に結合して活性化し，シナプス後細胞にシナプス電位を発生させる．正確な神経伝達機能の評価には，神経伝達物質の生合成・放出・受容体結合・再吸収・代謝分解を，それぞれ計測する必要がある．例えばドパミン神経機能を計測するため，ドパミン生合成・放出には[^{18}F]フルオロドーパ（[^{18}F]FDOPA）・[^{18}F]フルオロ-m-チロシン（[^{18}F]FMT）・[β-^{11}C]L-ドーパ（[β-^{11}C]L-DOPA）が，ドパミンD_1受容体には[^{11}C]SCH23390が，ドパミンD_2受容体には[^{11}C]ラクロプライド（[^{11}C]Raclopride）が，ドパミン再吸収部位には[^{11}C]β-CFTが，さらにB型モノアミン分解酵素（MAO-B）には[^{11}C]デプレニル（[^{11}C]Deprenyl）が，それぞれ特異的に定量計測できるポジトロン標識化合物として開発されているが，これらは現時点では放射性医薬品ではなく研究用の院内製剤の扱いである．

アルツハイマー病の原因の1つとして，βアミロイドタンパク質が脳内に蓄積することにより，脳の神経細胞が死滅して大脳皮質が萎縮するために認知症症状が現れる「アミロイド仮説」が提唱されている．この仮説に基づいて開発されたPET用標識化合物として，米国およびEUにおいて，[^{18}F]Florbetapir・[^{18}F]Flutemetamol・[^{18}F]Florbetabenが承認されているが，日本国内では未承認である．

SPECT用インビボ放射性医薬品としては，てんかんの焦点の診断用に脳神経細胞に分布する中枢性ベンゾジアゼピン受容体に高い親和性で結合する[^{123}I]イオマゼニル（[^{123}I]Iomazenil）が，パーキンソン症候群・レビー小体型認知症の診断用にドパミン再吸収部位を定量計測できる[^{123}I]イオフルパン（[^{123}I]Ioflupane）が，核医学検査に用いられている．

C　腫瘍診断用放射性医薬品

シンチカメラ・SPECT用放射性医薬品として腫瘍の検出に最も汎用されているインビボ放射性医薬品は，[^{67}Ga]クエン酸ガリウムである．その腫瘍への集積メカニズムは明らかではないが，血液中のトランスフェリンと結合し，トランスフェリンレセプターを介して細胞内に取り込まれると考えら

れている．幅広い範囲の腫瘍に集積性を示し，特に未分化の腫瘍により高集積を示すが，正常組織からの消失速度が遅く十分なコントラストを得るためには投与後2～3日を要する，炎症部位にも集積を示す，肝臓や骨に高い集積を示すためこれらの臓器の腫瘍の検出には不向きである等の欠点がある．

心筋血流量計測用にも使用される[^{201}Tl]塩化タリウム・[^{99m}Tc]MIBI・[^{99m}Tc]Tetrofosmin も，いくつかの腫瘍での集積が認められている．骨転移の診断には，骨シンチグラフィー用のインビボ放射性医薬品である[^{99m}Tc]MDP・[^{99m}Tc]HMDP が有効である．

PET 用放射性医薬品としては，[^{18}F]FDG が汎用されている．腫瘍細胞はその高い増殖能を維持するためにエネルギー源としてのグルコースを大量に必要とするため，[^{18}F]FDG はグルコースと一緒に GLUT を介して血液中から細胞内に大量に運ばれるが，グルコース代謝の第一段階の酵素であるヘキソキナーゼで6位の炭素がリン酸化を受けて生成する[^{18}F]FDG-6-リン酸の段階で代謝が止まる．[^{18}F]FDG-6-リン酸は水溶性が高く，また GLUT により細胞外へ排出されにくいため，ヘキソキナーゼ活性の高い腫瘍細胞内により多く留まり，高集積部位として描出される．[^{18}F]FDG は，頭頸部・肺・乳がん・食道・大腸・悪性リンパ腫・悪性黒色腫等に高い集積を示す汎用性を示すが，一方で炎症細胞にも集積する欠点もある．

D その他の臓器診断用放射性医薬品

1）甲状腺機能診断用のインビボ放射性医薬品

甲状腺の機能計測には，甲状腺上皮細胞中のナトリウム・ヨウ素共輸送体 Na/I symporter を介してヨウ素イオンを取り込んで甲状腺ホルモンを産生する性質を利用して，[^{123}I]ヨウ化ナトリウムカプセル（Na[^{123}I]I）と[^{99m}Tc]過テクネチウム酸ナトリウム（Na[^{99m}Tc]TcO$_4$）による甲状腺シンチグラフィが行われる．Na[^{123}I]I を経口投与すると，Na/I symporter を介して高率に ^{123}I$^-$ が甲状腺に取り込まれるため，その摂取率から甲状腺機能全般を評価できる．過テクネチウム酸 TcO$_4^-$ は ^{123}I$^-$ と同様に，甲状腺上皮細胞中の Na/I symporter を介して甲状腺に取り込まれるため，甲状腺シンチグラフィ用の放射性医薬品として使用される．

2）肺機能診断用のインビボ放射性医薬品

肺の放射性医薬品を用いた機能計測においては，静脈血を肺胞に送り込み，動脈血を心臓に戻す肺血流量と，吸気を肺胞に送り込み，ガス交換された呼気を排出する換気機能が計測されている．肺血流量の計測には，血流量に応じて輸送されて物理的にトラップされるマイクロスフェア法が適用され，直径 10 μm の肺毛細血管に対して直径 10～100 μm の粒子状の[^{99m}Tc]テクネチウム大凝集人血清アルブミン（[^{99m}Tc]MAA）が使用される．この検査で詰まる毛細血管の割合はごくわずかで，数時間の後には分解されるので，安全上の問題はない．ジェネレータ核種であるクリプトン（^{81m}Kr）を生理食塩水やグルコース溶液に溶解させて静脈内投与すると，1回の肺通過で毛細血管から呼気中に排泄されるが，呼吸を止めると血流量を反映した滞留が起こるので，その量から肺血流を計測できる．また，換気機能の計測には，50～200 μm の炭素粒子に ^{99m}Tc を吸着させた[^{99m}Tc]テクネガスの吸入法が用いられ，換気能を反映して肺胞まで到達して沈着した量を計測する．放射性ガスである ^{133}Xe を空気と一緒に吸入すると，初期は肺の換気能の高い部位に放射能が分布し，換気不良部位が欠損像として撮像される（吸入相）が，やがて放射能は肺全体に均一に分布し（平衡相），次に空気

のみを吸入すると，換気不良部位のみに放射能が残量（洗い出し相）した画像が得られる．これらの3相を連続的に撮像することで，部位ごとの肺換気速度を計測することが可能となる．

3) 肝臓・胆道機能診断用のインビボ放射性医薬品

　肝臓・胆道の放射性医薬品を用いた機能計測においては，肝臓の細網内皮系と実質細胞の評価と，胆汁排泄機能の評価が重要で，前者の計測には[^{99m}Tc]テクネチウムスズコロイドおよび[^{99m}Tc]フィチン酸テクネチウムが用いられ，後者には肝実質細胞膜に発現しているアシアロ糖タンパク受容体を認識して結合する[^{99m}Tc]ガラクトシル人血清アルブミンジエチレントリアミン五酢酸テクネチウム（[^{99m}Tc]GSA）が用いられる．また，実質細胞から胆汁酸排泄までの過程を計測するために，[^{99m}Tc]N-ピリドキシル-5-メチルトリプトファンテクネチウム（[^{99m}Tc]PMT）が使用される．

4) 腎機能診断用のインビボ放射性医薬品

　腎臓の機能診断には，糸球体ろ過機能・尿細管分泌機能・腎血流を指標に計測できる放射性医薬品が用いられている．糸球体ろ過機能の計測には，血漿タンパク質と結合せずに糸球体で血液中から尿に排泄される割合である糸球体ろ過率 glomerular filtration rate（GFR）を評価できる[^{99m}Tc]ジエチレントリアミン五酢酸テクネチウム（[^{99m}Tc]DTPA）が用いられる．

　尿細管分泌機能の計測には，糸球体ろ過を受けることなく腎尿細管上皮細胞に吸収されて尿細管に分泌され，再吸収されずに尿中排泄される速度（腎血漿流量 renal plasma flow（RPF））を評価できる[^{99m}Tc]メルカプトアセチルグリシルグリシルグリシンテクネチウム（[^{99m}Tc]MAG$_3$）が用いられる．[^{99m}Tc]MAG$_3$を投与後に経時的に計測することで，第1相（腎臓への流入）・第2相（尿細管への移行）・第3相（尿管・膀胱への排泄）の各位相におけるレノグラムが得られる．

　また，腎尿細管上皮細胞に吸収されるが，尿中に排泄されずに細胞内に滞留する[^{99m}Tc]ジメルカプトコハク酸テクネチウム（[^{99m}Tc]DMSA）を用いることで，腎臓の形態と機能を画像化することができる．

5) 骨シンチグラフィー用のインビボ放射性医薬品

　骨の放射性医薬品を用いた機能計測においては，骨形成と骨吸収を繰り返している骨の代謝（骨のリモデリング）に着目した骨シンチグラフィーが用いられ，正常と比較して起こる代謝異常から病変部位の描出がなされている．[^{99m}Tc]メチレンジホスホン酸テクネチウム（[^{99m}Tc]MDP）と[^{99m}Tc]ヒドロキシメチレンジホスホン酸テクネチウム（[^{99m}Tc]HMDP）は，いずれも骨への集積メカニズムは必ずしも明らかではないが，骨形成部位における血流増加や骨形成に重要なヒドロキシアパタイトやリン酸カルシウムとの相互作用により集積するものと考えられている．骨シンチグラフィーによる機能計測は，X線CTを用いた形態計測に比較して，より早期により感度良く異常を検出できるとされている．

7-3 インビボ治療用放射性医薬品

　放射性同位元素を治療目的で使用する場合，2つの方法がとられている．1つ目は放射性同位元素を針，円筒などの中に密封して密封小線源を作製し，それを体内に埋め込むことで治療標的部位に放射線を照射して治療する方法である．前立腺がんに対する小線源照射療法が有名であるが，この密封小線源は法的には診療用放射線照射器具に該当し，放射性医薬品とはみなされない．2つ目は非密封の放射性同位元素あるいはそれで標識された化合物を体内に投与し，目的とする部位に効率的に集積させることで，治療標的部位に放射線を照射して治療する方法である．この方法は内部照射療法あるいは内用放射線療法と呼ばれる．これに用いられる放射性同位元素あるいはそれで標識された化合物が治療用放射性医薬品である．

　インビボ治療用放射性医薬品は，細胞や組織に対する放射線の破壊作用を利用するため，破壊力の大きい α 線，β^- 線，オージェ電子などを放出する放射性同位元素を用いるのが望ましい．現在のところ，日本で承認されている治療用放射性医薬品で用いられているのはすべて β^- 線放出核種である（表7-4）が，米国やEUでは α 線放出核種の ^{223}Ra が治療用放射性医薬品として承認されている．

　インビボ治療用放射性医薬品は細胞殺傷性が高いため，正常組織への非特異的集積は極力下げる必要があり，インビボ診断用放射性医薬品よりも選択性の高い標的部位指向性が求められる．このため，用いる放射性同位元素の性質に基づく生理的集積や特異性の高い抗原抗体反応を利用することで，高い標的部位指向性を達成している．前者の集積機序に基づく製剤として，$Na^{131}I$，$^{89}SrCl_2$，$^{223}RaCl_2$ があり，後者の集積機序に基づく製剤として，$[^{90}Y]$ イブリツモマブチウキセタンがある．

　ヨウ素は甲状腺に選択的に取り込まれ，取り込まれなかったものは尿中に速やかに排泄される．この性質を利用して，$Na^{131}I$ は甲状腺機能亢進症や甲状腺がんに対する内部照射療法に用いられる．それらの疾患では $^{131}I^-$ の甲状腺への摂取率は高く，甲状腺をほぼ均一に照射することができ，さらに周辺の正常組織にはほとんど影響を与えない．このため，$Na^{131}I$ は甲状腺機能亢進症や甲状腺がんに対する優れた治療薬となっている．

　多くの悪性腫瘍はしばしば骨に転移し，その結果，がん性疼痛と呼ばれる激しい痛みを呈することがある．この疼痛抑制には非ステロイド性抗炎症薬や麻薬性鎮痛薬が用いられるが，それだけではコントロールが難しい場合も多い．この疼痛緩和のために，骨に選択的に集積する $^{89}SrCl_2$ が使用される．ストロンチウムはカルシウムと同じアルカリ土類金属であり，骨中のカルシウムと交換することで骨集積性を示す．$^{89}SrCl_2$ は1回の投与で数週間～数か月間，がん性疼痛を緩和するので，患者のQOL向上に有効な治療法として期待されている．また同じくアルカリ土類金属であるラジウムの骨集積性に基づく放射性医薬品が $^{223}RaCl_2$ である．これは一度の壊変で4つの α 粒子と2つの β^- 粒子を放出することから非常に治療効果が高く，患者の生存期間を延長させる効果が臨床治験で確認されている．

[^{90}Y]イブリツモマブチウキセタン（商品名セヴァリン）は，ヒトCD20抗原に対するモノクローナル抗体に二官能性キレート試薬を介して^{90}Yを結合させた放射性医薬品である．悪性リンパ腫でCD20抗原の発現が亢進することから，特異性の高い抗原抗体反応を利用してリンパ腫細胞に特異的に^{90}Yを集積させ，放出されるβ$^-$線によって腫瘍細胞を殺傷するのを目的とする．このように抗原抗体反応を利用して治療を行うことを特に放射免疫療法と呼ぶ．また，[^{90}Y]イブリツモマブチウキセタンによる治療の有効性を予測し，異常集積による予期しない副作用発現を避けるため，治療に先立ち，[^{111}In]イブリツモマブチウキセタンによる集積確認が行われる．すなわち，[^{111}In]イブリツモマブチウキセタンを投与して数日後にガンマカメラまたはシンチカメラで体内放射能分布を撮像し，異常がなければ7～9日後に[^{90}Y]イブリツモマブチウキセタンを投与するプロトコルが採用されている．

表7-4 臨床使用されている治療用放射性核種

放射性同位元素	放出放射線	物理学的半減期（日）	エネルギー（MeV）*
^{89}Sr	β$^-$	50.5	1.49
^{90}Y	β$^-$	2.67	2.28
^{131}I	β$^-$, γ	8.02	β$^-$：0.606, γ：0.364

*β$^-$線放出核種の場合は最大エネルギー

7-4 インビボ放射性医薬品の取扱と管理

7-4-1 インビボ放射性医薬品の取扱と管理

　日本では，放射線による被ばくや放射性物質による汚染を防止するために種々の法律，施行令，施行規則が定められている．一般的に放射性物質を取り扱う際には，放射性同位元素等による放射線障害の防止に関する法律（放射線障害防止法）の適用を受けるが，放射性医薬品やその原料，放射性の治験対象薬物や院内製剤は放射線障害防止法の適用対象から除外されており，医療法，医薬品医療機器等法（旧薬事法）の規制対象である．放射性医薬品の製造は医薬品医療機器等法（旧薬事法）の，その使用は医療法や臨床検査技師，衛生検査技師等に関する法律，労働安全衛生法の規制を受ける．このように，ある放射性医薬品を取り扱う場合，その状況に応じて規制を受ける法律が変わってくるので注意が必要である．

　放射性医薬品を使用する病院では，放射線取扱主任者を選任する必要がある．通常は第一種放射線取扱主任者免状を有するものから選任されるが，病院にその資格を持つものがいない場合は，放射性医薬品または放射線発生装置を診療のために用いるときは医師，歯科医師を放射線取扱主任者として選任することが認められている．また，医薬品医療機器等法（旧薬事法）第2条に規定する医薬品，

医薬部外品，化粧品または医療機器の製造所において使用するときは薬剤師を放射線取扱主任者として選任することが認められている．

さらに，日本核医学会・日本核医学技術学会・日本診療放射線技師会・日本病院薬剤師会の4学会が共同で作成した「放射性医薬品取り扱いガイドライン」においては，「核医学は，放射性医薬品を体内に投与し診断を行うことで，他の画像診断技術では得られない病態生理を画像化する医療技術として，これまで発展してきた．この検査に使用される放射性医薬品は，医薬品医療機器等法（旧薬事法）に定められた医薬品であるため，その調製は薬剤師が行う必要がある．」と明記されており，放射性医薬品も他の一般医薬品と同様，薬剤師が管理することが求められるようになってきている．また，同ガイドラインにおいて薬剤師の中から放射性医薬品管理者を指名することも明記されている．

放射性医薬品の容器，容器を遮へいするための外部の容器あるいはそれらの外装には，一般用医薬品と同様，医薬品医療機器等法（旧薬事法）で定められた記載事項とともに，検定日時における放射能，放射能標識とその上部に「放射性医薬品」の明らかな文字，貯蔵法，有効期間の表示が必要である．放射性医薬品から出る放射能を遮へいするための外部の容器は，十分な遮へい能力があるものを用い，その外装は容易に破損しないものを用いる必要がある．

またこれらの放射性医薬品を輸送する場合には，放射線障害防止法および輸送関連法令に基づく基準を満たす必要がある．インビトロ放射性医薬品の大部分はL型輸送物に，インビボ放射性医薬品の大部分はA型輸送物に該当することが多く，それぞれについて容器の構造，強度，包装，表示，容器表面の放射能強度（線量率）が規定されている．

7-4-2 インビボ放射性医薬品の品質管理

インビボ放射性医薬品は生体内に直接投与されることから，その品質管理にあたっては，一般の医薬品と同様，日本薬局方や医薬品医療機器等法（旧薬事法）の規定に従う必要がある．一方で，放射性医薬品は使用されている放射性同位元素の物理的半減期に従って減衰し，比較的短時間のうちに有効性が失われるため，その性質は一般の医薬品と大きく異なっている．そこで，医薬品医療機器等法（旧薬事法）に基づいて放射性医薬品基準が設けられ，その中の規定に従って品質管理が行われている．

A 確認試験

放射性医薬品で求められる確認試験は，用いられている放射性同位元素の確認および化合物の化学形の確認が対象となる．放射性同位元素の確認は，γ線放出核種の場合は，γ線スペクトロメータを用いたエネルギー測定により行われる．$β^-$線放出核種の場合は，吸収係数やエネルギー分布を測定し，その結果を標準線源を用いて得られた結果と比較することで行われる．

化合物の化学形の確認は後述の純度試験で代用可能であり，また含まれている化合物の化学量が非常に微量であるため試験の実施が困難などの理由により，省略されることが多い．

B 純度試験

放射性医薬品で求められる純度試験は，放射能に関する純度と非放射性化合物に関する純度（化学

的純度）が対象となる．放射能に関する純度は，放射性核種純度と放射化学的純度の2つを調べる必要がある．純度試験では通例，混在物の種類と量の限度が規定される．

1）放射性核種純度

放射性核種純度は，本来使用すべき放射性同位元素以外の放射性同位元素の混在に関する純度である．例えば[^{99m}Tc]過テクネチウム酸ナトリウム注射液では，親核種の^{99}Moは混在物であり，もし混在すれば放射性核種純度は低くなる．試験法は，Aの確認試験の項で述べた方法と同様である．

2）放射化学的純度

放射化学的純度は，同じ放射性同位元素で標識された化学形の異なる異種化合物の混在に関する純度である．放射性医薬品の総放射能に対する目的とする放射性化合物の放射能の割合で表される．例えば^{99m}Tc標識放射性医薬品の場合は，未還元の^{99m}TcO$_4^-$や加水分解物である^{99m}Tcコロイドなどが放射化学的異物にあたり，混在すれば放射化学的純度は低くなる．試験法は，薄層クロマトグラフィー（TLC），高速液体クロマトグラフィー（HPLC）などの各種クロマトグラフィーや電気泳動法，フィルターろ過法などが，試験対象の放射性医薬品の特性にあわせて選択される．

3）化学的純度

化学的純度は，放射性医薬品中の非放射性異物に関する純度であり，混入が予想される非放射性化合物や重金属などが対象となる．例えば，ジェネレータから溶出して製造される[^{99m}Tc]過テクネチウム酸ナトリウム注射液では，アルミナカラムからのアルミニウムイオンが混入する可能性があることから，製剤中のアルミニウム量が規定されている．試験法は，呈色反応など一般の医薬品の場合と同様の検出法が規定されている．

C 定量法

放射性医薬品の定量は一般の医薬品とは異なり，含有する放射能を対象とする．放射性医薬品中の放射能は，指定した日時における放射能で表示され，多くの場合は表示された日時において表示された放射能の90〜110％を含むように規定されている．放射能の定量は，測定対象と標準線源を同一条件で測定して比較する方法，あるいはあらかじめ校正した放射能測定器（キュリーメータなど）を使用して直読式に測定する方法で行われる．

担体を含む放射性医薬品の場合は，含有担体量の大小によって副作用発現や放射線分解の可能性があることから，個々の放射性医薬品に適した範囲の担体量を規定する必要がある．そこで，単位物質量当たりの放射能（比放射能：Bq/nmolなど）や単位体積当たりの放射能（放射能濃度：Bq/mLなど）などとして，担体量が規定される．

D その他の規格試験

放射性医薬品に対するその他の規格試験として，動物での体内分布実験，懸濁製剤に対する粒度試験，注射剤に対する無菌試験および発熱性物質試験などがある．

日本薬局方に規定されている無菌試験は，実施するのに少なくとも7日を要する．しかしながら放

射性医薬品は有効期間が短いため，製造後使用するまでにこの試験を完了することは事実上不可能である．そこで放射性医薬品基準では，半減期が240時間以内の放射性同位元素を含む放射性医薬品に限って，滅菌効果が確認されている滅菌方法を用いて製造されている場合は，製造日に開始した無菌試験の完了前に出荷できる例外規定を設けている．

発熱性物質試験は，日本薬局方ではウサギを用いて行われるが，放射性医薬品の場合は投与した放射能の影響でウサギの体温が上昇する場合があるため，出荷後に放射能の減衰を待って発熱性物質試験を実施することができると規定されている．また，カブトガニの血球抽出成分の凝集反応を用いるエンドトキシン試験法を利用することも認められている．エンドトキシンが代表的な発熱性物質であること，試験操作が簡便で短時間に結果が出ること，エンドトキシンに対する感度が高いことなどを理由に，^{11}C，^{13}N，^{15}O，^{18}F などの超短半減期放射性核種を含む放射性医薬品の場合には，エンドトキシン試験に適合することで，発熱性物質試験に適合したものとみなすことができるとされている．

7-5 インビトロ放射性医薬品

インビトロ放射性医薬品は，採取された血液や尿などに含まれるホルモン，ビタミン，腫瘍マーカー，ウイルス，生理活性物質などを測定し，病気の診断を行うインビトロ検査に用いられる．操作が簡便であり，放射性化合物を利用することでごく微量な測定対象を感度よく，定量的に測定できる利点がある一方，放射線を取り扱うための種々の法的規制から使用施設が限られる欠点もある．近年では，放射性化合物の代わりに酵素，蛍光色素，化学発光試薬などを利用した非放射性インビトロ検査の普及に伴い，インビトロ放射性医薬品の使用量は年々減少しつつある．

インビトロ放射性医薬品を利用した測定法として，測定原理の違いから，競合反応を利用する方法，非競合反応を利用する方法，飽和反応を利用する方法の3つに大別できる．詳細は第6章で述べられているので，ここでは簡単に原理・特長をおさらいするに留める．

競合反応を利用する方法は**ラジオイムノアッセイ** radioimmunoassay（RIA）と呼ばれる．測定対象物質である抗原およびその標識体（標識抗原）が，抗体に対して競合的に結合することを利用して測定する．RIAでは抗原量が増えるほど，抗体に結合する標識体は減少して測定される放射能は低下する．

非競合反応を利用する方法は**イムノラジオメトリックアッセイ** immunoradiometric assay（IRMA）と呼ばれる．測定対象物質である抗原を抗体に結合させ，さらに放射標識された別の抗体（標識抗体）を非競合的に結合させることで測定する．IRMAでは抗原量が増えるほど，抗原に結合する抗体やこの抗体に結合する標識抗体が増加して測定される放射能も増加する．また2種類のモノクローナル抗体を用いるため，測定感度はRIAの10〜100倍高い．

飽和反応を利用する方法は，抗原抗体反応ではなく，測定対象物質の血中タンパク結合に基づいて測定を行う．すなわち，測定対象物質と結合していない血中タンパク質の画分を飽和させるために用いた放射標識物質の量から，測定対象物質の濃度を間接的に測定する方法で，甲状腺ホルモン濃度や鉄結合能の測定に利用されている．

代表的なインビトロ診断用放射性医薬品を表7-5に示す．簡便に測定できるγ線や特性X線を放出し，半減期が長い^{125}Iおよび^{59}Feが用いられている．^{125}Iが90%程度を占めているが，その使用量は年々減少している．一方，^{59}Feの使用量はほとんど減少していない．

Tea Break——外来アブレーション

従来，Na^{131}Iによる治療を受けるためには入院が必要であったが，甲状腺全摘術後の残存甲状腺の破壊（アブレーション）を行う場合は外来通院による治療が可能となった．最大投与量は1110 MBq，院外へ退出前に^{131}Iの線量率測定が必要など，いくつか制限があるが，外来で治療できるようになり，患者の負担は大きく軽減されたといえよう．

表 7-5 体外診断用医薬品（放射性）

測定対象	標識体
1) 下垂体機能	
副腎皮質刺激ホルモン（ACTH）	ヨウ化抗 ACTH 抗体（^{125}I）
アルギニンバゾプレシン（AVP）	ヨウ化 AVP（^{125}I）
卵胞刺激ホルモン（FSH）	ヨウ化抗 FSH 抗体（^{125}I）
成長ホルモン（GH）	ヨウ化抗 GH 抗体（^{125}I）
黄体形成ホルモン（LH）	ヨウ化抗 LH 抗体（^{125}I）
プロラクチン	ヨウ化抗プロラクチン抗体（^{125}I）
ソマトメジン C	ヨウ化抗ソマトメジン C 抗体（^{125}I）
2) 甲状腺機能	
遊離トリヨードサイロニン（Free T3）	トリヨードサイロニンコハク酸アミド（^{125}I）
	あるいは抗トリヨードサイロニン抗体（^{125}I）
遊離サイロキシン（Free T4）	サイロキシンコハク酸アミド（^{125}I）
	あるいは抗サイロキシン抗体（^{125}I）
総サイロキシン（T4）	サイロキシン（^{125}I）
サイロキシン結合グロブリン（TBG）	ヨウ化 TBG（^{125}I）
サイログロブリン	ヨウ化抗サイログロブリン抗体（^{125}I）
サイログロブリン自己抗体	ヨウ化サイログロブリン（^{125}I）
甲状腺ペルオキシターゼ抗体（TPO-Ab）	ヨウ化抗 TPO 抗体（^{125}I）
甲状腺刺激自己抗体キット（TS-Ab）[*1]	cAMP ヨードチロシンメチルエステル（2'-エステル）（^{125}I）
甲状腺刺激ホルモンレセプター抗体（TSH receptor Ab）[*2]	ヨウ化ウシ TSH（^{125}I）
3) 副甲状腺機能	
カルシトニン	ヨウ化カルシトニン（^{125}I）
オステオカルシン（BGP）	ヨウ化抗 BGP 抗体（^{125}I）
副甲状腺ホルモン（PTH）	ヨウ化チロシン化 PTH（^{125}I）
	あるいはヨウ化抗 PTH 抗体（^{125}I）
副甲状腺ホルモン関連ペプチド（PTH-rP）	ヨウ化抗ウサギ免疫グロブリン抗体（^{125}I）
1,25-ジヒドロキシコレカルシフェロール（1,25(OH)$_2$D）	1,25(OH)$_2$D-ヨウ化ヒスタミン（^{125}I）
4) 膵・消化管機能	
グリココール酸（CG）	ヨウ化チロシン化グリココール酸（^{125}I）
C-ペプチド	ヨウ化チロシン化 C-ペプチド（^{125}I）
ガストリン	ヨウ化ガストリン（^{125}I）
インスリン	ヨウ化インスリン（^{125}I）
	あるいはヨウ化抗インスリン抗体（^{125}I）
5) 性腺・胎盤機能	
プロゲステロン	ヨウ化ヘミサクシニルチロシルプロゲステロン（^{125}I）
17α-ヒドロキシプロゲステロン（17α-OHP）	ヨウ化ヒスタミン化 17α-OHP（^{125}I）
エストラジオール（E2）	ヨウ化ヒスタミン化エストラジオール（^{125}I）
総テストステロン	ヨウ化ヒスタミン化テストステロン（^{125}I）
遊離テストステロン	ヨウ化ヒスタミン化ヒドロキシテストステロン（^{125}I）
6) 副腎機能	
アルドステロン	ヨウ化チロシン化アルドステロン（^{125}I）
	あるいはヨウ化ヒスタミン化アルドステロン（^{125}I）
アンドロステジオン	ヨウ化チロシン化アンドロステジオン（^{125}I）
コルチゾール	ヒドロコルチゾン-ヨードチロシン（3-オキシム）（^{125}I）
デヒドロエピアンドロステロン-サルフェイト（DHEA-S）	ヨウ化 DHEA-S（^{125}I）

表 7-5 体外診断用医薬品（放射性）続き

測定対象	標識体
7) 腎・血圧調節機能	
レニン	ヨウ化抗レニン抗体（^{125}I）
レニン活性	ヨウ化アンギオテンシン I （^{125}I）
心房性ナトリウム利尿ペプチド（ANP）	ヨウ化 ANP（^{125}I）
8) 血液・造血機能	
エリスロポエチン（EPO）	ヨウ化 EPO（^{125}I）
フェリチン	ヨウ化抗フェリチン抗体（^{125}I）
鉄結合能（TIBC）	クエン酸アンモニウム鉄（^{59}Fe）
不飽和鉄結合能（UIBC）	クエン酸アンモニウム鉄（^{59}Fe）
9) 腫瘍マーカー	
α-フェトプロテイン（AFP）	ヨウ化抗 AFP 抗体（^{125}I）
卵巣癌由来抗原（CA125）	ヨウ化抗 CA125 抗体（^{125}I）
癌抗原 15-3（CA15-3）	ヨウ化抗 CA15-3 抗体（^{125}I）
癌抗原 19-9（CA19-9）	ヨウ化抗 CA19-9 抗体（^{125}I）
癌抗原 72-4（CA72-4）	ヨウ化抗 CA72-4 抗体（^{125}I）
癌胎児性抗原（CEA）	ヨウ化抗 CEA 抗体（^{125}I）
サイトケラチン 19 フラグメント	ヨウ化抗サイトケラチン 19 フラグメント抗体（^{125}I）
エラスターゼ I	ヨウ化エラスターゼ I（^{125}I）
神経特異性エノラーゼ（NSE）	ヨウ化抗 NSE 抗体（^{125}I）
前立腺酸性ホスファターゼ（PAP）	ヨウ化 PAP（^{125}I）
扁平上皮癌抗原（SCC）	ヨウ化抗 SCC 抗体（^{125}I）
シリアル LeX-i 抗原（SLX）	ヨウ化抗 SLX 抗体（^{125}I）
膵臓関連抗原（Span-1）	ヨウ化抗 Span-1 抗体（^{125}I）
ムチン性癌関連糖鎖抗原（シリアル Tn 抗原； STN）	ヨウ化抗 STN 抗体（^{125}I）
10) 酵素	
2-5A 合成酵素	ヨウ化 2-5A-β-アラニルチロシンメチルエステル（^{125}I）
トリプシンインヒビター（PSTI）	ヨウ化抗 PSTI 抗体（^{125}I）
11) 肝炎ウイルス特異抗原・抗体	
C 型肝炎ウイルスコアタンパク（HCV-Ag）	ヨウ化ヤギ抗ペルオキシダーゼ抗体（^{125}I）
C 型肝炎ウイルコア抗体（HCV-Core-Ab）	ヨウ化プロテイン A（^{125}I）
12) サイトカインなど	
cAMP	cAMP ヨードチロシンメチルエステル（2′-エステル）（^{125}I）
13) その他	
I 型コラーゲン-C-テロペプチド（I CTP）	ヨウ化 I CTP（^{125}I）
IV 型コラーゲン・7S	ヨウ化ヒト IV 型コラーゲン・7S（^{125}I）
抗 DNA 抗体	ヨウ化プラスミド DNA 断片（^{125}I）
ミオグロビン	ヨウ化ミオグロビン（^{125}I）

*1：ブタ甲状腺細胞に検体（血清 IgG 画分）を反応させることにより細胞で産生される cAMP を RIA により定量する．
*2：測定対象である TSH レセプター抗体と TSH レセプターとの結合に対するヨウ化ウシ TSH（^{125}I）の競合反応を利用した放射受容体測定法（RRA）．

7-6 章末問題

問1 放射性医薬品に関する記述のうち，正しいものの組合せはどれか．
 a　放射性医薬品は，薬理作用を有する物質の場合はその作用が発現する物質量が投与される．
 b　^{131}I の大量投与は甲状腺機能亢進症やある種の甲状腺がんの治療に有効である．
 c　^{123}I は ^{131}I よりも半減期が長く，γ線のみを放出するので，甲状腺の機能診断に汎用される．
 d　ミルキングとは，親核種を吸着させた担体から短半減期の娘核種を単離する操作のことである．
  1. (a, b)　2. (a, c)　3. (a, d)　4. (b, c)　5. (b, d)　6. (c, d)

正解　5
解説
 a　(誤) 放射性医薬品は，たとえ薬理作用を有する物質を標識している場合でも，その薬理作用が発現しない物質量が投与される．
 b　(正)
 c　(誤) ^{123}I の半減期は ^{131}I よりも短い．それ以外の文章は正しい．
 d　(正)

問2 放射性医薬品に関する記述のうち，正しいものの組合せはどれか．
 a　バセドウ病の治療に用いるヨウ化ナトリウム（^{131}I）の投与量は，甲状腺 ^{131}I 摂取率，推定甲状腺重量，有効半減期などを基にして決定される．
 b　甲状腺シンチグラフィーによる甲状腺疾患の診断にはヨウ化ナトリウム（^{125}I）が用いられ，経口投与後1時間以内に甲状腺シンチグラムを撮る．
 c　^{99m}Tc は半減期が短いので，医療機関に設置されたジェネレータから用時溶出して使用されることがある．
 d　過テクネチウム酸ナトリウム（^{99m}Tc）注射液は，腎および尿路疾患の診断に用いられる．
  1. (a, b)　2. (a, c)　3. (a, d)　4. (b, c)　5 (b, d)　6. (c, d)

正解　2
解説
 a　(正)
 b　(誤) 甲状腺シンチグラフィーによる甲状腺疾患の診断にはヨウ化ナトリウム（^{123}I）が用いられる．また経口投与3〜24時間後に甲状腺シンチグラムを1〜3回撮る．
 c　(正) ^{99m}Tc は商業供給されているのを購入して使用する場合と，^{99}Mo-^{99m}Tc ジェネレータを購入して用時溶出して使用する場合がある．
 d　(誤) 過テクネチウム酸ナトリウム（^{99m}Tc）注射液は，甲状腺機能診断に用いられる．

問3 放射性医薬品に関する記述のうち，正しいものの組合せはどれか．
 a　放射性医薬品を薬剤部で保管する場合は，他の注射剤や経口剤と同様に保管すればよい．

第7章　放射性医薬品

b 放射性医薬品は，医薬品医療機器等法（旧薬事法）や医療法の規制を受ける．
c 放射性医薬品には，人体に直接適用しないものも含まれる．
d 放射性医薬品は放射性物質であるので，その取扱いには第一種放射線取扱主任者免状が必須である．

1. (a, b)　2. (a, c)　3. (a, d)　4. (b, c)　5. (b, d)　6. (c, d)

正解　4

解説
a （誤）放射性医薬品は，他の医薬品とは異なる貯蔵施設内の貯蔵容器に保管管理する必要がある（医療法施工規則）．
b （正）
c （正）人体に直接適用しないインビトロ放射性医薬品も放射性医薬品に含まれる．
d （誤）第一種放射線取扱主任者免状を有するものがいない場合は，放射性医薬品を診療のために用いるときは医師，歯科医師を，医薬品医療機器等法（旧薬事法）第2条に規定する医薬品，医薬部外品，化粧品または医療機器の製造所において使用するときは薬剤師を放射線取扱主任者として選任することが認められている．

問4　放射性医薬品に関する記述のうち，正しいものを1つ選べ．
1. 放射性医薬品の容器および外装には，容易に破損せず，かつ放射線を十分遮るものを用いる．
2. ^{99m}Tc の半減期は6.01日である．
3. 放射性ヨウ素の半減期の長さは $^{125}I > ^{123}I > ^{131}I$ の順である．
4. 診断や治療に用いられる放射性同位元素およびその化合物は，法律上すべて放射性医薬品と定義される．

正解　1

解説
1. （正）
2. （誤）^{99m}Tc の半減期は6.01時間である．
3. （誤）放射性ヨウ素の半減期の長さは ^{125}I（60日）$> ^{131}I$（8日）$> ^{123}I$（13時間）の順である．
4. （誤）放射線治療に用いられる密封小線源は，放射性医薬品とは定義されない．

問5　インビボ診断用放射性医薬品の主な用途について，正しいものの組合せはどれか．
a $2-^{18}F$-フルオロデオキシグルコース：腫瘍の診断
b ^{123}I-ヨウ化ナトリウム：甲状腺機能の診断
c ^{99m}Tc-ジメルカプトコハク酸錯体：肺疾患の診断
d ^{133}Xe-キセノン：骨診断

1. (a, b)　2. (a, c)　3. (a, d)　4. (b, c)　5. (b, d)　6. (c, d)

正解　1

解説　^{99m}Tc-ジメルカプトコハク酸錯体は腎臓の形態診断などに用いられる．
^{133}Xe-キセノンは脳血流測定や肺の換気能測定に用いられる．

問6 放射性医薬品に関する記述のうち，正しいものの組合せはどれか．
 a 放射性医薬品はすべて日本薬局方に収載されている．
 b 塩化インジウム（^{111}In）注射液は，副甲状腺機能診断に用いられる．
 c ヨウ化ナトリウム（^{131}I）カプセルは，甲状腺機能亢進症や甲状腺がんの治療に用いられる．
 d 塩化タリウム（^{201}Tl）注射液は，心筋シンチグラフィーによる心臓疾患の診断に用いられる．
  1．(a, b) 2．(a, c) 3．(a, d) 4．(b, c) 5．(b, d) 6．(c, d)

正解 6

解説
 a （誤）日本薬局方に収載されていない放射性医薬品も存在する．
 b （誤）塩化インジウム（^{111}In）注射液は，骨髄シンチグラフィーによる骨髄疾患の診断に用いられる．
 c （正）甲状腺の機能診断にはヨウ化ナトリウム（^{123}I）カプセルが用いられる．
 d （正）

問7 放射性医薬品とその取扱いに関する記述のうち，正しいものの組合せはどれか．
 a PETでは半減期の長いポジトロン放出核種が用いられている．
 b 放射性医薬品の容器には，検定日の放射能，放射能標識，および「放射性医薬品」の文字が記載されている．
 c 人体に使用した放射性医薬品の廃棄物は，医療廃棄物として処理業者に引き渡す必要がある．
 d 放射性医薬品を取り扱う事業所では，放射線取扱主任者を選任する必要がある．
  1．(a, b) 2．(a, c) 3．(a, d) 4．(b, c) 5．(b, d) 6．(c, d)

正解 5

解説
 a （誤）PETでは半減期の短いポジトロン放出核種が用いられている．
 b （正）
 c （誤）放射性医薬品の廃棄物は，「放射性同位元素等による放射線障害の防止に関する法律」の規制を受け，医療廃棄物ではなく，放射性廃棄物として処理する必要がある．
 d （正）

問8 放射性医薬品に関する記述のうち，正しいものの組合せはどれか．
 a クエン酸ガリウム（^{67}Ga）注射液は悪性腫瘍の診断に使用される．
 b 塩化インジウム（^{111}In）注射液は，腎および尿路疾患の診断に使用される．
 c ヨウ化ヒプル酸ナトリウム（^{131}I）注射液は，脳腫瘍および脳血管障害の診断に使用される．
 d 塩化ストロンチウム（^{89}Sr）注射液は，骨転移腫瘍の疼痛緩和目的で使用される．
  1．(a, b) 2．(a, c) 3．(a, d) 4．(b, c) 5．(b, d) 6．(c, d)

正解 3

解説
 a （正）
 b （誤）塩化インジウム（^{111}In）注射液は，骨髄シンチグラフィーによる骨髄疾患の診断に用いられる．

c （誤）ヨウ化ヒプル酸ナトリウム（^{131}I）注射液は，腎機能診断に使用されていたが，現在では ^{99m}Tc-MAG$_3$ が主に使用されている．
d （正）

問9 インビボ治療用放射性医薬品に関する記述のうち，正しいものの組合せはどれか．
a 前立腺がん治療に使用される密封小線源は，法律上，放射性医薬品に分類される．
b ［^{90}Y］イブリツモマブチウキセタンによる治療前には，［^{111}In］イブリツモマブチウキセタンを用いた集積確認が行われる．
c 放射性同位元素を生体に投与して治療を行うことを，内用放射線療法あるいは内部照射療法と呼ぶ．
d インビボ治療用放射性医薬品に用いられる核種は高エネルギーγ線放出核種である．
　　1．（a, b）　2．（a, c）　3．（a, d）　4．（b, c）　5．（b, d）　6．（c, d）

正解 4

解説 a （誤）密封小線源は法律上，放射線照射器具に分類され，放射性医薬品ではない．
b （正）
c （正）
d （誤）臨床上，インビボ治療用放射性医薬品に用いられている核種はβ$^-$線放出核種である．

問10 インビトロ放射性医薬品に関する記述のうち，**誤っているもの**を1つ選べ．
1．ラジオイムノアッセイ（RIA）は競合反応を利用した測定法である．
2．イムノラジオメトリックアッセイ（IRMA）は非競合反応を利用した測定法である．
3．インビトロ放射性医薬品に用いられる放射性ヨウ素は ^{123}I である．
4．鉄結合能を測定するために ^{59}Fe が使用される．

正解 3

解説 インビトロ放射性医薬品に用いられる放射性ヨウ素は，半減期の長い（60日）^{125}I である．

問11 放射性医薬品の規格と試験に関する記述のうち，正しいものを1つ選べ．
1．放射性医薬品の純度試験は，放射性核種の純度についてのみ調べればよい．
2．発熱性物質試験をウサギを用いて行う場合，放射線の影響で体温上昇が起こるのを避けるため，放射能の減衰を待って試験を行うことが認められている．
3．日本薬局方に規定されている無菌試験は実施するのに7日以上要するため，放射性医薬品の有効期限内に完了させることは事実上不可能であることから，放射性医薬品については無菌試験の実施が免除されている．

正解 2

解説 1．（誤）放射性核種の純度とともに，混入が予想される非放射性の不純物についても試験を行う必要がある．
2．（正）

3.（誤）免除されているわけではなく，滅菌効果が確認されている滅菌法を用いて製造されているものに関しては，無菌試験の完了前に出荷することが認められている．

第8章

物理的診断法とそれに用いられる診断薬

第8章の要点

① 物理的診断法
体外から生体内部の形態や機能を非侵襲的に測定し，画像化して診断する技術．画像診断法ともいう．

② 診断法各論
1) X線診断法 … 生体を透過するX線の吸収率の差により信号を得て画像化する．
   X線吸収率の大きさは　骨≫軟部組織＞乳房，脂肪，肺≫空気　の順．骨格の描出に特に有効．
   ※X線CT：X線コンピュータ断層撮影法のこと．
   　… CTとはコンピュータ断層撮影法のことを指す．核医学診断法のSPECT（シングルフォトンCT，γ線利用）やPET（ポジトロンCT，陽電子消滅による消滅放射線（消滅γ線）利用）などもCTに含まれるが，一般にCT＝X線CTである．
   ※マンモグラフィー：乳房専用X線撮影装置のこと．
   　… 乳房を圧迫固定することで，撮影時における様々な問題点が解消される．
2) MRI診断法 … 生体内でNMR装置と同じ核磁気共鳴現象を利用して信号を得て画像化する．
   測定対象は，体内の水分子中のプロトン（^{1}Hの原子核）の分布．軟部組織の描出に特に有効．
   骨は写らない．造影検査も含めて被ばくはない．歳差運動周期（ラーモア周波数）に等しい周波数のラジオ波（RF波）を静磁場中で歳差運動中の原子核に照射すると，共鳴して励起状態になる．また，励起状態から元に戻る過程を緩和と呼ぶ（縦緩和と横緩和がある）．
   撮影スライス断面選択のため，静磁場に加えて傾斜磁場が患者の体軸方向に重ね合わされている．
3) 超音波診断法 … 生体に超音波を照射し，その反射波をとらえて信号を得て画像化する．
   超音波：人の可聴域（20 Hz ～ 20 kHz）を超える高い周波数（1 MHz ～ 20 MHz）の音波．
   音波の反射は，音響インピーダンス（音波の伝わりやすさの指標）の異なる境界面で発生する．組織別の大きさは　骨≫軟部組織≫空気　の順．体表に近い組織のみ描出が可能．手軽で安価な検査であり，リアルタイムな画像が得られる．造影検査も含めて被ばくはない．
4) ファイバースコープ … 光を伝達するガラス繊維（ファイバー）を束ねた管を用いる内視鏡．
   ファイバーは，コアcoreと，その外側のクラッドclad部分の二重構造であり，コアの屈折率が高いことで，全反射を起こして光が伝達される．この管は湾曲が可能．

③ 造影剤各論

X線診断用 … 陽性：硫酸バリウム（不溶性）→消化管検査，ヨード化合物（水溶性）→血管造影など．
　　　　　 … 陰性：空気，O_2，CO_2 などのガス．二重造影法で用いられる．
MRI診断用 … 陽性：ガドリニウムキレート→全身，クエン酸鉄→消化管検査．
　　　　　 … 陰性：超常磁性酸化鉄．
超音波診断用 … 陽性：微小気泡，ガラクトース・パルミチン酸混和物の微粒子．
※どの造影剤も副作用が出ることがある．
※症状の重さではX線診断用のものが一番重い．
　→症状には即時性のものと遅発性のものがあるが，ほとんどは即時性．

本章で述べる**物理的診断法**とは，体外からの物理的な処置により，体内の形態や機能を非侵襲的に測定し，画像化して診断する装置や技術の総称であり，**画像診断法**とも呼ばれる．非侵襲的な測定とは，生体を傷つけない，患者が負担や苦痛を感じないような施術のことを指し，これにより体内の様子が細かく観察できるというのは画像診断法の大きな特徴の1つである．こうして得られる情報は，単なる疾病の診断，治療効果の判定や経過観察への適用だけにとどまらず，治療を目的とした医療手技や，手術時のスタッフ支援の役割も担うなど，現代の医療にとっては必要不可欠のものとなっている．画像診断の歴史は，1895年レントゲンによって発見されたX線の応用から始まるが，その後のコンピュータ技術の革新的な進歩により，今日では驚くほど詳細に体内の様子を観察できるようになってきている．画像情報は，生体内部の組織や臓器を解剖学的に画像化する**形態画像**と，生体内部の活動や機能的運動を画像化する**機能画像**の大きく2つに分類されるが，近年ではSPECT/CTやPET/CTなどのように，これらの画像を重ね合わせて融合した情報が得られる機器も登場している．本章では，現在広く行われているX線診断法，MRI診断法，超音波診断法の原理と，それら装置に用いられる造影剤を中心に，その他いくつかの装置の原理も交えながら解説をする．

表8-1　主な画像診断法

物理的 エネルギー	電磁波			磁気および電磁波	超音波
	X線		γ線		
機器名	X線単純撮影装置 マンモグラフィー	X線CT	PET γカメラ SPECT	MRI	超音波診断装置
画像の種類	投影図（平面像）	断層像	断層像，平面像	断層像	断層像
画像の分類	形態画像	形態画像	機能画像	形態画像 （機能画像）	形態画像 （機能画像）
情報源	X線吸収値	X線吸収値	放射性核種 からの放射線	プロトンからの MRI信号	反射音波強度
放射線被ばく	有（外部被ばく）	有（外部被ばく）	有（内部被ばく）	無	無
その他	骨格に有利	骨格に有利	放射線医薬品の 利用（核医学）	軟部組織に有利	手軽で安価 リアルタイム表示

8-1 X線診断法

　X線が物質中を透過する際，その物質との相互作用により吸収，減弱される．**X線の吸収率**は，人体の組織や臓器によって異なるため，人体を透過させると，この**吸収率の差に起因するコントラスト**が組織や臓器別につく．X線診断法の原理は，この差を画像化し，診断することである．

　X線診断装置は，X線発生装置（X線管），透過X線検出器，画像処理装置から構成される．X線管は真空管であり，陰極（フィラメント）と陽極（ターゲット）からなる二極管である．まず陰極を加熱して熱電子を発生させる．発生した熱電子は陽極電圧によって加速，熱電子流として陽極のターゲットに直接衝突する．この熱電子流とターゲット物質（タングステンなど）との相互作用により，特性X線や制動X線が発生する．発生したX線は効率よく被写体の方向に向くよう工夫がされている．

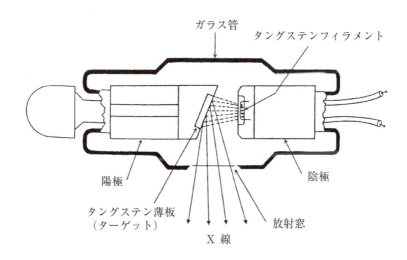

図8-1　X線管とX線発生

　X線像を得る方法にはいくつかの方法があるが，ここでは3つを紹介する．
① **写真法**
　X線がもつ写真感光作用を利用して，**X線感光フィルム**に像を焼きつける写真法がある．感光フィルムの写真乳剤は，X線吸収率が低く感光作用が弱いため，一般的には感光フィルムの前後を増感紙ではさんで撮影されている．近年では，輝尽性蛍光体を塗布した**イメージングプレート** imaging plate（IP）の利用も進んでいる．

② **蛍光法**
　X線がもつ蛍光物質の励起作用を利用して，蛍光物質にX線をあてて可視光線を発生させ，その光から像を得る蛍光法がある．実際にはその蛍光を光電子増倍管などで数千倍の輝度の光に変換する

イメージ・インテンシファイヤ image intensifier（I. I.）法として普及している．

③ フラットパネル検出器

X線信号を直接電気信号に変換できるフラットパネル検出器 flat panel detector（FPD）を用いた手法がある．FPD は，半導体などを用いて X 線エネルギーを直接電気信号に変換している．

蛍光法や FPD では，光や電気信号をリアルタイムにモニタ表示できるため，利便性が大きく向上した．また，画像を動画として長時間モニタすることを「撮影」に対し「透視」と呼んでいる．消化管 X 線検査や血管検査などでは不可欠の手法となっている．

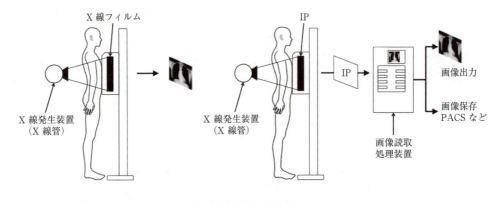

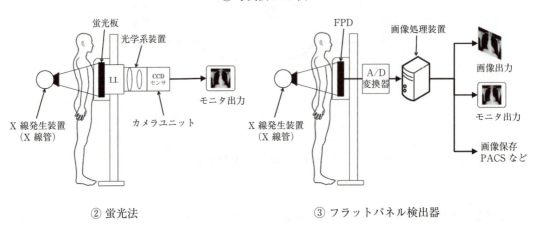

図 8-2　種々の X 線撮影方式
PACS：Picture Archiving and Communication System（医療用画像管理システム）

> **Tea Break —— 直接撮影と間接撮影**
>
> X線撮影法には直接撮影と間接撮影がある．違いは，直接X線から静止像を得るか否かであり，蛍光法で像を焼きつける場合は間接撮影となる．集団検診などに用いられるX線検診車は間接撮影の場合が多い．これは蛍光板から出る蛍光を用いることによりレンズによる像の大きさの変更が可能であり，小さいフィルムを用いることができるためである．ただし，必要X線量が少し増えるという欠点はある．
>
>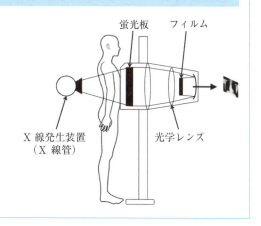

8-1-1 単純撮影法

単純撮影法とは，X線を体に当て，胸部・腹部・骨・関節などをそのまま撮影，画像化する撮影法のことである．非造影撮影法とも呼び，厳密には造影剤（後述）を用いない手法である．人体の組織をX線が透過する際，X線が吸収される割合は組織によって異なり，基本的に吸収率の高い（透過しにくい）組織は写真上では白く，吸収率の低い（透過しやすい）組織は写真上では黒く描出される．迅速かつ簡便な検査法であり，病気やけがを診断する際，第1段階に行うことが多い．

組織別の吸収率は骨組織が一番高く，以下，高い順に並べると，骨＞軟部組織＞乳房・脂肪・肺＞空気となる．そのため，骨折など骨組織の状態確認，胸部肺野の診断などによく利用されている．

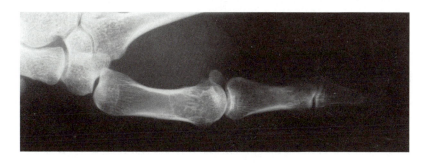

図8-3　手指のX線像

Tea Break──ベッドとガントリー

画像診断装置は総じて右図のような外観をしており，患者の寝台（ベッド bed）と，測定部（ガントリー gantry）から構成されている．原理や得られる画像はまったく異なるものの，多くの患者は全部似たような物だと認識している．詳しく説明する必要があるかどうかはともかく，医療従事者としては，少なくとも自分の関わる装置の原理は理解しておくべきであろう．ちなみにガントリーとは，英語で樽を支える木枠の台のことであり，転じて門型の構造物を意味する．埠頭でコンテナの積み降ろしに使われる大型クレーンは gantry crane，大型ロケットの移動式打上げ作業台は gantry scaffold と呼ばれる．画像診断装置のガントリー内径は改良により大きく作られるようになってきているが，それでも大相撲の力士のような体型や，撮影姿勢がとれない（両腕を上げるなど）患者の場合，物理的に検査が困難な場合がある．

8-1-2 コンピュータ断層撮影法（CT）

コンピュータ断層撮影法 computed tomography（CT）とは，異なった角度方向からの多くの投影データを用いることで，鮮明な断層像を再構成する手法のことである．CT 理論自体は 1900 年代初頭には数学的に証明されていたが，計算量が膨大になるため，実用化されるにはそこから 50 年以上の歳月を要した．この理論に基づき，**X 線 CT 装置**では，被写体である患者の周囲で X 線管を 360 度回転させながら X 線を照射，対向する X 線検出器で透過 X 線量を測定し，得られた多方向からのデータをコンピュータ処理することで，体軸横断断層面（輪切り）での各位置の **X 線吸収値**（**X 線吸収係数**）の違いを濃淡像として表している．X 線吸収係数には，基準物質として水を 0，空気を −1000 としたときの，人体組織の値を相対的に表した **CT 値**（ハンスフィールド単位，HU）が用いられている．X 線 CT の登場により，切り開くことなく詳細に脳の断面を映し出すことが初めてできるようになり，その後の装置や再構成技術の進歩により，今では欠かすことのできない診断装置となっている．

X 線 CT 撮影において，撮影視野が対象範囲全体を覆うことのできる場合は少ない．したがって，患者の寝台を移動させることで広範囲の撮影が行われる．従来型の撮影法であれば，まず 1 回のスキャンを行い，スキャンが終了すると寝台を必要なだけ移動，移動終了後に次のスキャンを行っていた．近年ではこのスキャンと寝台の移動を同時連続的に行うことができるようになり，広範囲の撮影にかかる時間が大幅に短縮された．移動する寝台の周囲を X 線管がらせん状の軌道で移動していくため，**ヘリカルスキャン方式**と呼ばれている．

また，初期の装置では撮影視野に検出器が 1 列に並び，1 回転で 1 枚の画像撮影（シングルスライス CT）が行われていたが，現在では検出器を体軸方向に多数配列し，1 回転で複数枚の画像撮影が行える装置（マルチスライス CT）が登場している．これらを組み合わせたマルチスライスヘリカルスキャン CT 装置では，劇的な撮影時間の短縮が可能となっている．さらには，CT 装置に，SPECT 装置や PET 装置などの核医学検査装置が一体となった，SPECT/CT，PET/CT 装置が開発され，X 線診断画像と核医学診断画像の融合画像も得られるようになってきている．これら装置は外観上に大

きな相違はないが，ガントリー内部で，X線CT装置とSPECT（ないしPET）装置が直列に配置されており，患者に一度ベッドに寝てもらうだけで，2つの装置の画像が得られる構造となっている．収集したデータはコンピュータ処理によって，形態画像上（X線診断）に機能画像（核医学診断）の重ね合わせがなされ，より詳細な診断情報が得られることとなる．従来の独立した装置の場合，患者に検査室を移動してもらう必要があるため時間と手間がかかること，寝台に固定した際の姿勢を完全に一致させることが困難であることから融合画像にわずかなズレが生じることなどの問題があったが，これら複合装置の場合，一度固定した患者をそのまま2つの装置に通すことができるため，検査時間の短縮と画像ズレの回避ができるようになった．

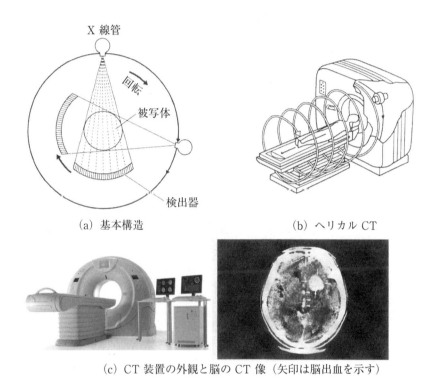

図8-4　X線CTの原理

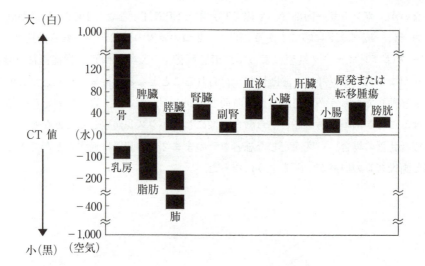

図 8-5　組織別の CT 値
数字は Hounsfield Unit

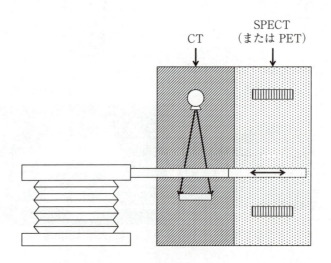

図 8-6　SPECT/CT（または PET/CT）の概念図

Tea Break──CT と断層画像

　CT を直訳するとコンピュータ断層撮影法であり，コンピュータ解析を用いて断層画像を得る方法であれば何でも CT と呼ぶことができるはずである．実際，SPECT 装置の「CT = computed tomography」，PET 装置の「T = tomography」であるのだが，例えば医療ものの TV ドラマを見ていても，CT といって SPECT や PET のような核医学検査が出てくることはない．これは実際の病院現場でも同じであり，一般的に CT というと，最初に実用化された X 線 CT のことを意味している．

8-1-3 X線造影剤

　造影剤とは，正確な診断を行うために対象臓器や病変部の画像のコントラストを強調する目的で，撮影時に投与される薬剤のことをいう．X線撮影で使われる造影剤のことをX線造影剤と呼び，これを用いる検査をX線造影検査という．X線造影剤に要求される条件としては，化学的に安定，生体に対して安全，粘度が低く体液に近い浸透圧，検査後速やかに排泄されるなど，生体に影響を与えない性質であることを前提として，X線吸収率が周囲の組織と異なることが求められる．

　X線造影剤には陽性造影剤と陰性造影剤がある．画像上でより明るくなることが陽性，より暗くなることが陰性である．したがって，X線陽性造影剤は周囲に比べて高いX線吸収率（像は白くなる），X線陰性造影剤は周囲に比べて低いX線吸収率（像は黒くなる）を示すことが必要となる．なお，現在利用されている造影剤について，その投与経路は，経口，静脈注射，経皮など，目的と剤形に応じて様々な手法がとられている．

A　陽性造影剤

　X線吸収率の高い物質を化合物内に含む．一般にX線吸収率は，密度，および原子番号の3乗に比例することが知られており，そのうち，効率的にX線を吸収する性質をもつものが望ましい．臨床においては硫酸バリウムとヨード化合物が広く利用されている．

1）硫酸バリウム

　バリウムの原子番号は56であり，$BaSO_4$ 硫酸バリウムは密度の高い結晶粉末であることから，X線造影剤に適している．水に不溶な性質のため，添加剤を加えてゾル状に製剤化し，経口投与することで広く消化管の検査に用いられている．特に重篤な副作用はないが，消化管から吸収されないため，便秘などに注意する必要がある．一般に，検査時に下剤が併用されていることが多い．

2）ヨード化合物

　ヨウ素の原子番号は53であり，ベンゼン環に複数個のヨウ素を安定に導入可能であることなどから，ヨード化合物はX線造影剤に適している．ヨード過敏症，バセドウ病などの場合にはこれらの薬剤は禁忌である．また，[^{123}I]ヨウ化ナトリウム（Na^{123}I）を用いる甲状腺核医学診断の対象患者の場合，ヨード造影剤投与前にこの核医学検査を実施しなければならない．

i）水溶性造影剤

　血管造影，尿路造影，脊髄造影などに用いる造影剤は水溶性であることが要求される．そこで2，4，6位にヨウ素を導入したトリヨードベンゼンを基本骨格とする，種々の誘導体が合成された．水溶化の手法としては，初期にはイオン性化合物（イオン性造影剤）にする方法がとられた．この場合，溶解した時点で陽イオンと陰イオンが生成するため，溶液中の分子種数は2倍となる．一方，X線造影剤の特徴として，造影能力は造影剤の濃度に依存するため，比較的高濃度の母体分子溶液の投与が要求される．このため，溶液全体として浸透圧が高くなる傾向にあり，それに起因する副作用の発現が難点となった．その後，親水基を導入することによる化合物の非イオン性での

水溶化がはかられた（**非イオン性造影剤**）．この場合，溶解しても分子種数は増えないため，同じ母体化合物濃度であれば，イオン性造影剤に比べて半分の濃度に抑えることが可能で，浸透圧的に有利な薬剤となる．したがって，副作用の観点で優れており，今日では非イオン性のものが水溶性ヨード造影剤の主流となっている．

副作用の主なものとしては，悪心，熱感，嘔吐，かゆみ，蕁麻疹など軽微なものがほとんどであるが，失神，呼吸困難，ショック様作用など，重篤なものが起こることもある．一般的にはアレルギー歴のある人の場合に高い．おおむね投与直後の5分以内に発生する即時性のものであるが，投与後30分から数時間，場合によっては2〜3日を経てから発現する遅発性のものもまれにある．

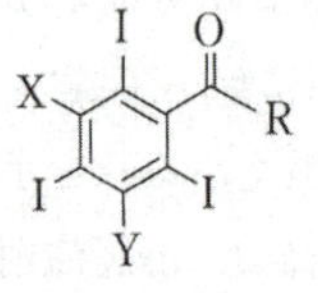

（モノマー型） 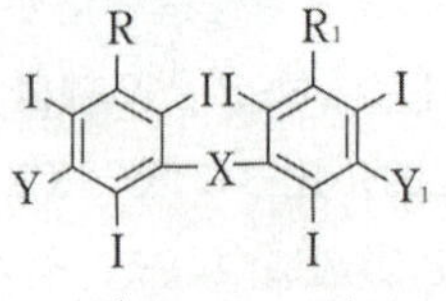 （ダイマー型）
トリヨード安息香酸誘導体の基本構造

	イオン性	非イオン性
モノマー型	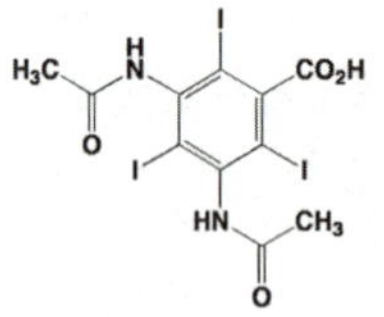 アミドトリゾ酸（尿路など）／イオタラム酸（尿路など） 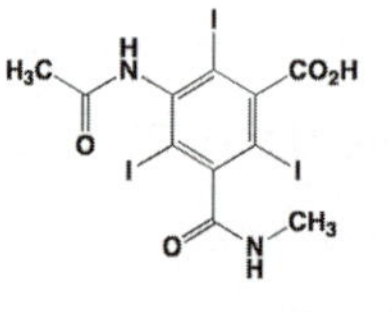	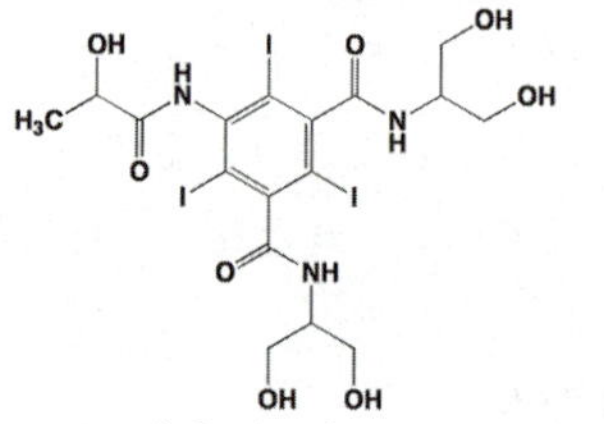 イオパミドール（尿路など）／イオヘキソール（尿路など） 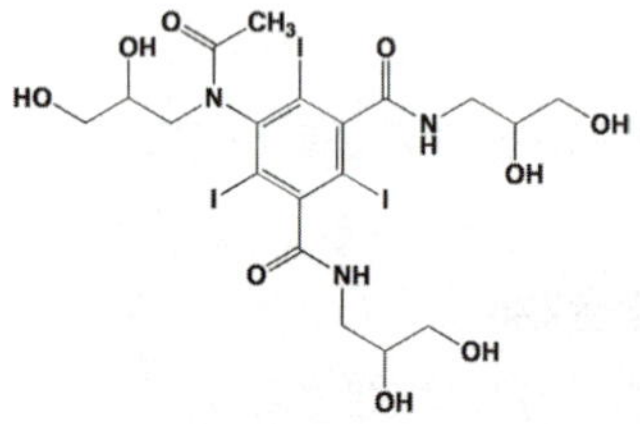
ダイマー型	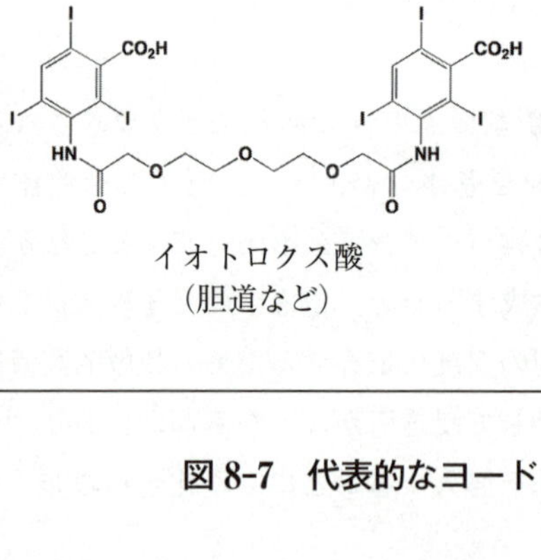 イオトロクス酸（胆道など）	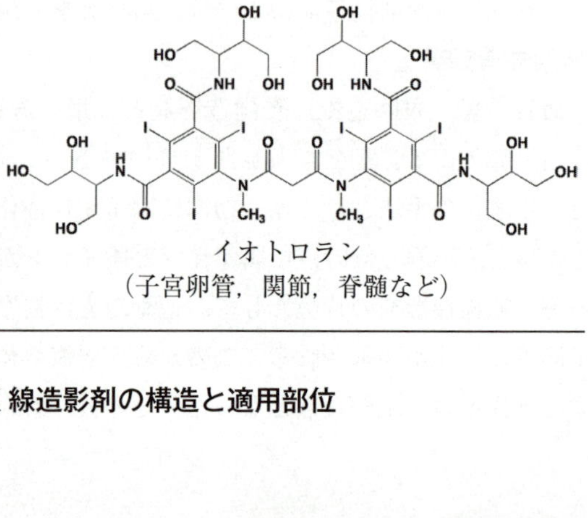 イオトロラン（子宮卵管，関節，脊髄など）

図8-7 代表的なヨードX線造影剤の構造と適用部位

即時性副作用の発生率としては，イオン性薬剤で13%程度であるのに対し，非イオン性薬剤ではその1/3〜1/4程度となっている．

ii）脂溶性造影剤

リンパ管造影，子宮卵管造影などに用いられる．高級脂肪酸のカルボキシ基をエステル化したヨード脂肪酸などが用いられている．排泄が遅く，血液や脊髄液に溶けないため全身反応は起こりにくいが，副作用が出ることがある．ただし，その発現機序は明確ではない．

B 陰性造影剤

空気や炭酸ガスなどX線吸収率の低い物質を用いる．発泡剤の形で用いられているが，臨床での使途は限られている．なお，胸部X線単純撮影において肺血管が写るのは，肺内部の空気が自然の状態で陰性造影剤の役割を果たしているからである．

Tea Break —— 二重造影法

X線陽性造影剤と陰性造影剤を併用する撮像方法であり，発泡剤（空気）で膨らませた状態の胃内壁に硫酸バリウムを薄くまんべんなく付着させることで，胃内壁の微細な変化をとらえることができる．硫酸バリウムの胃内壁への付着は体位変換（ローリング）により行う．胃の検査で，対象者がグルグルと検査台の上でのたうち回っているのはそのためである．ちなみに，この二重造影法は，日本で開発された検査法である．手近なビニール袋の中に絵の具などで着色した水を入れ，空気を入れて膨らませた後にグルグル回すと，着色した水が袋の表面を覆って行く様子が観察できるので，試してみるのも良いかもしれない．

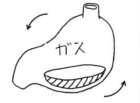

8-2 磁気共鳴イメージング（MRI）診断法

核磁気共鳴 nuclear magnetic resonance（**NMR**）現象を利用することで生体内の断層画像を得る診断法を磁気共鳴イメージング magnetic resonance imaging（**MRI**）診断法という．NMRは単一の試料の性質を調べる技術であり，信号の発生源は特にはわからないのに対して，MRIはNMRに位置情報を加えて計測することで信号の発生源をマッピングし，その強度分布を断層画像化する技術といえる．生体には水素を含む化合物（水，脂肪酸など）が多いこと，その感度が良いことなどから，MRI測定では主に水素原子（^1H）の原子核（プロトン）が対象原子核となっている．

8-2-1 MRIの原理と特徴

MRI診断装置は，人体を入れることのできる強力な静磁場を与える磁石（磁場強度0.2〜1.5 T（テ

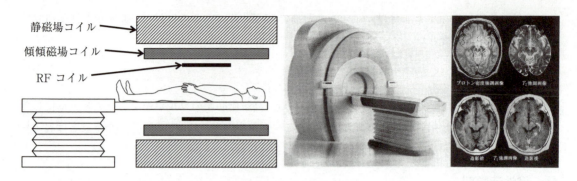

図8-8 MRI装置の構成と外観,脳のMRI像

スラ）程度),ラジオ波（RF波,電磁波の一種）照射装置,傾斜磁場コイル,ラジオ波受信コイル,画像処理装置から構成される．この装置内で人体組織のプロトンに対しNMR現象を起こし,MR信号を得る．

A 共鳴と緩和

　核スピンが0でない原子核は磁性をもつ．これを核磁気モーメントという．その結果,原子核はある物理量と方向をもつ弱い"棒磁石"と見なすことができる．外部磁場がない状態では,核スピンという磁石はどれも勝手な方向を向いている．これを強力で方向が一定な静磁場中におくと,核スピンの向きが静磁場方向に沿ったものと,逆方向に向いたものとに分かれる．エネルギー的には逆方向に向く方が磁場に逆らっているため,わずかに高い．したがって,この逆向きの核スピンの数が,わずかに少ない状態で分配されることになる．ここで,このエネルギー差に相当するエネルギーを外部から与えれば,低いエネルギー側の核スピンは,高いエネルギー側に上がることができる．ここで,エネルギーを与えることをやめると,核スピンは最初の状態に戻る．これら外部エネルギーの吸収過程（共鳴）と,放出過程（緩和）を観察することがNMR法である．

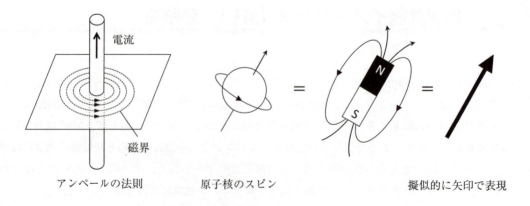

図8-9 磁気モーメントのイメージ

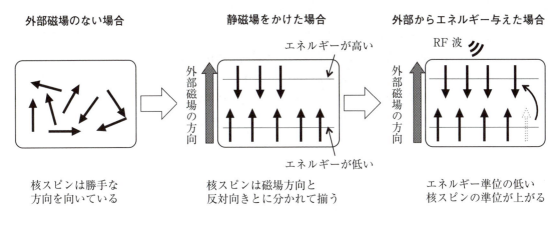

図8-10 磁場中での核スピンの様子

B 歳差運動とラーモア周波数

共鳴現象をもう少し詳しく説明する．静磁場中では核スピンの向きが揃うが，この時，原子核は正確にはコマの首振り運動のような回転運動（歳差運動）を起こしている．歳差運動の回転周期は，ラーモアの式に従い，外部磁場強度に比例して原子核毎に固有に定まる．この歳差運動周期（ラーモア周波数ともいう）に等しい周波数の電磁波を，ラジオ波として照射すると，原子核が電磁波と共鳴し，エネルギーを吸収して励起状態になる．これがNMR現象である．

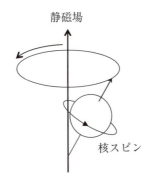

図8-11 静磁場下における核スピン歳差運動

C 縦緩和と横緩和

緩和現象をもう少し詳しく説明する．緩和とは励起状態から元の状態に戻る過程であるが，2種類の独立した現象が同時に起こっている．まず，ラジオ波を照射すると，一部の核スピンが逆向きに励起され，上下のスピン数は揃う．同時に，歳差運動の位相が揃うという現象も起こっている．緩和過程においては，静磁場に逆向きの核スピンが元に戻り，吸収したエネルギーを放出すると同時に，歳差運動の位相が乱雑になっていくという過程も含んでいる．この静磁場方向の緩和過程を縦緩和，静磁場方向に垂直な面内での緩和過程を横緩和と呼び，それぞれにかかる時間を縦緩和時間 T_1，横緩

和時間 T_2 という指標で表している．個々の磁気モーメントを合わせて1つの集合体と見ると，共鳴過程では，縦方向のモーメントは打ち消されてなくなる一方で，横方向面内のモーメントはランダムな位相が揃って，大きな1つの回転モーメントになる方向で変化する．また逆に，緩和過程では，横方向面での回転モーメントが消失し，縦方向のモーメントが立ち上がってくることになる．共鳴，すなわちラジオ波のエネルギー吸収は最初の状態でなければ受けられないことになるため，縦緩和時間 T_1 は NMR 信号回復能力の，横緩和時間 T_2 は NMR 信号持続能力の指標となる．

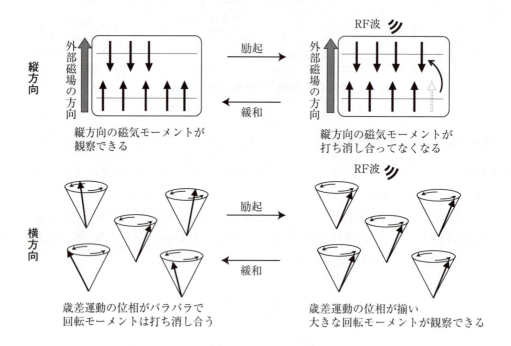

図 8-12 縦方向，横方向の磁気モーメントの変化

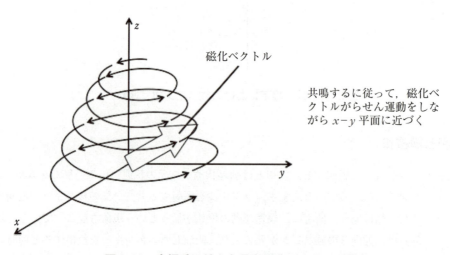

図 8-13 座標系の外から見た磁化ベクトルの様子

D　T_1 強調と T_2 強調

　MRI 装置では，組織からの信号強度およびコントラストは，プロトンの環境，数，流れの有無などの要因に大きく依存しているが，一般に人体組織では，脂肪などを除いてプロトン密度があまり変わらないため，信号強度を強調しないと，組織間で画像のコントラストがつかない．MRI では短時間に繰り返し電磁波を照射して MRI 信号を得るが，電磁波を照射してから信号を取り出すまでの時間をエコー時間 TE，電磁波の繰り返し照射間隔を繰り返し時間 TR という．TE，TR をともに短く設定すると，T_1 の信号強度が強調された **T_1 強調画像**，TE，TR をともに長く設定すると，T_2 の信号強度が強調された **T_2 強調画像**が得られる．また，TR が長く，TE が短い場合は，T_1 および T_2 を強調せずに元々のプロトン存在量でコントラストのついたプロトン密度強調画像が得られる．

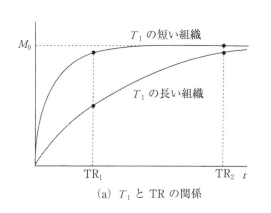 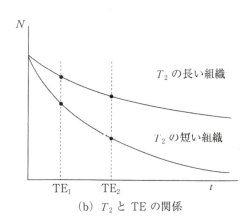

(a) T_1 と TR の関係　　　　　　　(b) T_2 と TE の関係

図 8-14　T_1 強調と T_2 強調画像の原理

E　スライス選択法

　MRI 装置内では，静磁場に直線的に強度の変化する弱い磁場が重ね合わされている．この弱い磁場のことを**傾斜磁場**という．共鳴は磁場強度が同じであれば，その内部すべての対象原子核に対して起こってしまう．そこで，傾斜磁場をかけることで，患者の各横断スライスの磁場が異なるようにしている．共鳴するラーモア周波数は，磁場に依存した関数であるため，スライス位置に固有の共鳴周波数が定まることになる．すなわち，照射する電磁波の周波数でスライス断面位置を選択，特定できるようになる．これにより位置情報が得られる．傾斜磁場システムは，化合物の構成要素だけを見る NMR にはない，MRI に必須のシステムである．

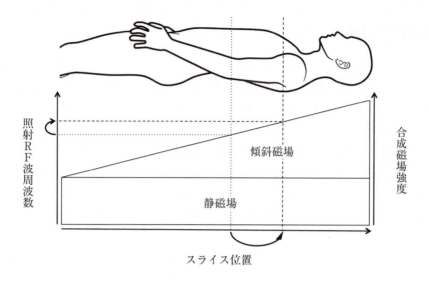

図 8-15 傾斜磁場によるスライス選択原理のイメージ

　最後に MRI 診断法の特徴をまとめておく．MRI 診断法は，当然であるが X 線診断法や核医学診断法と異なり，放射線被ばくがない．また，水分子中のプロトンを測定対象として，水の存在状態により画像にコントラストをつけている．したがって，軟部組織間のコントラストが高くでき，これら部位の描出に優れている．一方，プロトンがほとんど存在しない部位は無信号となるため，骨や空気からの余計な信号が出ない．逆に言えば，石灰層や骨皮質，肺などの情報は得ることができない．この辺りを X 線 CT と比較するとまったく違う特性をもっており，それぞれに特徴を出した診断画像を得られることが理解できるだろう．なお，MRI の撮影時間は数十分程度かかるため，X 線 CT よりは長い．

> **Tea Break ── MRI 受診と金属**
>
> 　原理で説明の通り，MRI 装置では NMR 現象を起こすため，強い磁場がかけられている．その強さは装置により数百ガウス～1 万 5 千ガウス（= 1.5 テスラ）と様々であるが，中規模のもので 1.0 テスラ程度となる．この磁力はかなり大きいため，金属を体につけていたり体内に埋め込んでいたりすると，その金属が装置に吸い寄せられたり，金属が暖められて低温熱傷などを起こす場合がある．したがって，金属クリップ，心臓ペースメーカーなどの強磁性体が体内にある患者は検査不適となる．また，体につけていなくても，MRI 撮影室への，金属，磁気カード類の持ち込みも厳禁である．不謹慎ではあるが，インターネットの動画サイトにおいて，MRI 装置のベッドにスイカと小型の医療用ボンベを置いて動作させた検証映像があった．装置動作とともにボンベが寝台上を滑るように移動し，スイカに衝突して粉々に砕いていた．病状によってはボンベを常用しているような患者もいるわけであり，笑い話ではすまされない．検査準備時に注意すべき点である．
>
>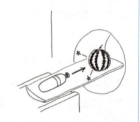

8-2-2 MRI 造影剤

8-1-3 でも述べたが，造影剤とは，正確な診断を行うために対象臓器や病変部の画像のコントラストを強調する目的で，撮影時に投与される薬剤のことをいう．元来 MRI は組織間コントラストが良いため，造影剤は不要であると考えられていたが，病変部の検出，病巣の進展範囲の確認などをより明らかにできるなど，診断能の向上に有用であることから，X 線 CT と同様に MRI 造影剤が臨床利用されている．MRI 造影剤に要求される条件も X 線造影剤と同様，生体に影響を与えない性質であることを前提として，MRI 信号強度を変化させることである．具体的には局所的に T_1 や T_2 の信号を強調させられるような性質となる．

MRI 造影剤にも陽性造影剤と陰性造影剤があり，陽性が信号強度を強め（像は白くなる），陰性が信号強度を弱める（像は黒くなる）こともX線造影剤と同じである．なお，投与経路についても，経口，静脈注射など，目的と剤形に応じて様々な手法がとられている．

A 陽性造影剤

緩和時間の指標から考えると，縦緩和時間 T_1 が短縮できれば信号回復能力が上がるため高信号になり，陽性造影剤の条件を満たす．これにはガドリニウム製剤やクエン酸鉄製剤などがある．

1）ガドリニウム製剤

Gd^{3+} は7個の不対電子をもち，金属イオンの中で最大の常磁性を示す．この常磁性効果により，周囲にある水分子の緩和を促進する効果がある．なお，Gd^{3+} イオンは毒性が強いため，キレート剤でキレート化することで，安定で毒性の少ない化合物としている．代表的なものに，DTPA（ジエチレントリアミン五酢酸）を配位子とするガドペンテト酸（イオン性）やガドジアミド（非イオン性），DOTA（テトラアザシクロドデカン四酢酸）を配位子とするガドテル酸（イオン性）や HP-DO3A を配位子とするガドテリドール（非イオン性）がある．注射剤として安定に部位を選ばず投与することができるため，脳，脊髄，体幹部，四肢の診断に適用されている．投与後は，細胞外液に分布し，その後速やかに尿中排泄される．

副作用の症状としては水溶性 X 線ヨード造影剤と同様のものが主である．しかし，水溶性 X 線ヨード造影剤と異なり，使用上の至適濃度が存在する．また，高濃度で使用すると T_2 短縮効果を示すが，臨床上は T_1 短縮のための陽性造影剤として用いるため，X 線ヨード造影剤のような高濃度になることはない．したがって，副作用の発生率は非イオン性 X 線ヨード造影剤の 1/2 〜 1/3 と低い．

2）クエン酸鉄製剤

クエン酸鉄アンモニウムが経口剤として用いられている．投与後ほとんど吸収されずに排泄される．消化管の陽性描写に利用されている．

B 陰性造影剤

陽性造影剤の場合と同様に考えると，横緩和時間 T_2 を短縮すれば信号持続時間が下がるため低信

号になり，陰性造影剤の条件を満たす．金属鉄のような強磁性体を1つの磁区以下の大きさに細粒子化すると，強磁性を失い，磁化率の大きな常磁性体，すなわち，**超常磁性体**となることが知られている．そこで，細粒子化した酸化鉄をデキストランなどでコーティングしてコロイド粒子化した**フェルモキシデス**が注射剤として用いられている．フェルモキシデスは，静脈注射後，肝臓細網内皮系のクッパー細胞に貪食されるため，取り込まれる．そこで T_2 を短縮するため，正常な肝臓においては MRI 信号強度が低下する．ところが，肝腫瘍などの部位では細網内皮系をもたないため，フェルモキシデスが取り込まれない．したがって，腫瘍部の信号強度の相対的な増強が可能となり，造影描出が可能となるのである．

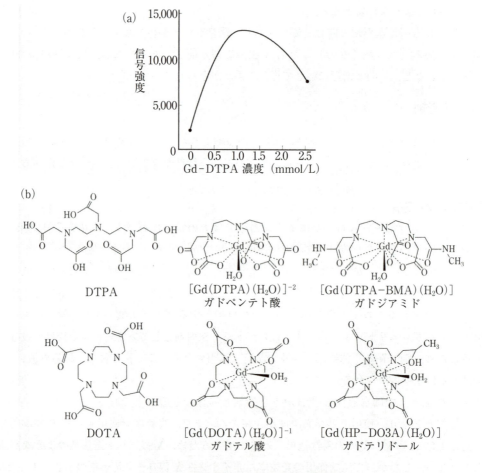

図8-16　MRI用ガドリニウム造影剤
(a) Gd-DTPA の濃度と信号強度　(b) 代表的な Gd 造影剤

> **Tea Break ── 機能的 MRI functional MRI (fMRI)**
>
> 機能的 MRI (fMRI) とは，MRI を用いて生体の機能画像を撮影，視覚化する手法である．MRI はもともと極めて形態画像の描出に優れた装置ではあったが，血流や造影剤を利用することで，その信号の経時変化を追跡し，主に高次脳機能の評価を行おうというものである．脳は賦活化されると，その領域の血流が増加する性質がある．この血流増加に対応して信号強度が変わるような条件で撮像を行う．以下に事例を紹介する．
>
> i. time of flight (TOF) 法
>
> 共鳴が飽和している所に新たな血液が流入すると，共鳴材料が増え信号強度が上昇する．したがって，経時的に撮影することで血流増加部位を描出できることになる．
>
> ii. MRI 造影剤の利用
>
> 造影剤の分布濃度は血流を反映している．したがって，造影剤を投与後，経時的に MRI 撮影をすることで，血流増加部位が描出できることになる．
>
> iii. blood oxygen level dependent (BOLD) 効果
>
> 酸素化されたヘモグロビンは磁化率を下げる効果（= T_2 延長効果）があり，陰性造影剤的な働きをする．一方，脳賦活部位では，血流上昇が 20 〜 40％あるのに対し，酸素消費量の上昇は 5％程度に留まる．したがって，賦活部位において，酸素化ヘモグロビン量が増えることになり，T_2 強調画像を撮影することで賦活部位の信号強度が増加し，描出できることになる．

8-3 超音波診断法

8-3-1 超音波診断法の原理と特徴

超音波 ultrasound とはヒトの耳に聞こえない高い周波数の音であり，周波数 20 kHz 以上のものを指す．画像診断には 2 〜 10 MHz の範囲の周波数が用いられる．超音波を体内に照射すると，音波の伝わりやすさを表す**音響インピーダンス**が異なる境界面で一部の超音波は反射され，残りは透過する．この反射波を捉えて対象組織までの距離やその密度を解析し，画像化するのが**超音波診断法** ultrasonography である．生体内の各組織の音響インピーダンスなど，音響特性を表 8-2 に示す．

表 8-2　生体組織の音響特性

組織 （ヒト）	音　速 (m/sec) × 10^3	密　度 (kg/m^3) × 10^3	音響インピーダンス (kg/m^2・sec) × 10^6
血液	1.57	—	1.62
胸	1.49〜1.52	1.036〜1.040	1.54〜1.58
脳室	1.502	1.004	1.51
脳胞腫	1.503	1.040	1.56
髄膜腫	1.58〜1.66	1.048〜1.050	1.71〜1.73
水晶体	1.641	—	1.64
肝臓	1.549	—	1.65
脾臓	1.566	—	1.64
腎臓	1.561	—	1.62
筋肉	1.585	—	1.70
脂肪	1.45	—	1.35
骨	3.38	1.80	6.08
頭蓋骨	4.08	—	7.8
水（25℃）	1.497	0.997	1.52
空気（20℃）	0.34	0.0012	0.00042

A　装置と原理

　超音波診断装置は，超音波の発生と検出を行うためのプローブ（探触子）probe と呼ばれる構造物と，反射波の情報を解析して画像表示する装置からなる（図8-17）．プローブの先端には，圧電素子が取り付けられており，これに電圧をかけると高速で振動して超音波が発生する．また圧電素子には超音波に反応して電圧を生じる性質もあるので，体内からの反射波を受信して電気信号に変える検出器としての役割も果たす．圧電素子の素材としてはジルコン酸チタン酸鉛やポリフッ化ビニリデンが使用される．整合層は，圧電素子と生体組織との間の反射を軽減させるために設置されている．吸音材は，生体組織とは反対側に発生する超音波を吸収し，生体組織側にのみ超音波を発生させるために設置されている．

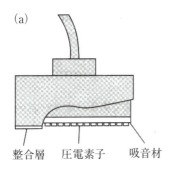 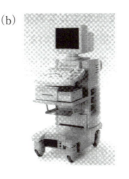 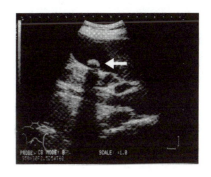

図 8-17　超音波診断装置
(a) プローブ（探触子）の模式図
(b) 装置の外観と超音波診断像（矢印は胆のう内の胆石）

　超音波診断法には，組織の断層像を得る**断層法**，脈管内の血流を測定する**ドップラー法**，断層像に血流を重ねて表示する**カラードップラー法**がある．

　断層法では，プローブの圧電素子それぞれからわずかずつ遅れて超音波を発生させる電子走査を行うことで，反射波を線状にとらえ，断層像を得る．別の部位を画像化したい場合は，プローブを移動させる機械走査を行う．この方法は，甲状腺，乳腺，脾臓，膵臓，腎臓，腹部大動脈，膀胱，前立腺，子宮，卵巣など多くの臓器の画像診断に利用されているが，骨の影となる部位は画像化できず，空気を含む臓器では空気による反射波が強く出てしまうのが欠点である．

　一方，超音波を人体に照射した際，組織の境界面が運動していると相対的に波長が変わるドップラー効果を生じる．すなわち，運動する物体に超音波が当たると，物体が近づく場合は周波数が高くなり，遠ざかる場合は低くなる．これを利用して血流測定を行うのがドップラー法である．血流測定を行う場合は，1～10 MHz の超音波を細いビーム状に指向性をもたせて照射する．赤血球が超音波の反射源となるので，周波数の変化により，赤血球の移動速度すなわち血流を測定する．カラードップラー法では，プローブに近づく流れを赤色で，遠ざかる流れを青色で，その大きさは輝度で表示される．

B　特　徴

　超音波診断法は，電離放射線を用いないので被ばくがない，繰り返し検査ができる，リアルタイムに画像が得られる，非常に薄い構造でも音響的性質が異なる境界面を有していれば識別できる，装置が小型で安価である，などの利点を有する．超音波は，液体や実質臓器，軟部組織をよく透過するので体深部に位置する臓器，組織の観察も可能であるが，深部に行くに従って減衰するので，体表に近い臓器の診断の方が得意である．また超音波は気体や骨表面では反射されてしまうので，肺や消化管など空気を含む臓器や骨に囲まれた臓器の診断には適していない．一方，胆石や腎結石などの場合は，結石の表面での強い反射と後方の無エコーが起こるので，これらの診断には有効である．図8-17 では胆石（矢印）とその後方の無エコーが明確に描出されている．

8-3-2　超音波診断用造影剤

　周辺組織との音響インピーダンスが大きく異なる物質が存在すると，超音波を照射した場合に強い反射波を生じるので，反射波のシグナルが増強される．音響インピーダンスが極めて小さい空気はこの効果が高いので，生体内での圧力に対して安定な空気の微小気泡は超音波診断用造影剤として有用である．

　臨床において心エコー図検査やドップラー検査を行う際，ガラクトースとパルミチン酸を999：1の割合で混合した物質が造影剤として使用されている．ガラクトースの結晶を注射用水に溶解させる際，結晶に含まれる空気が放出されて微細な気泡となることを利用した造影剤で，この気泡が超音波を反射させる．パルミチン酸は気泡を安定化させるために添加されている．注射用水への溶解は使用直前に行い，調製後速やかに投与し，検査も投与後速やかに行われる．本造影剤はガラクトース血症患者に対しては投与禁忌である．

　また，肝や乳房に存在する腫瘍性病変の造影超音波診断をする際，ペルフルブタン（C_4F_{10}）ガスを水素添加卵黄ホスファチジルセリンナトリウムで安定化したペルフルブタンマイクロバブルが使用される．マイクロバブルはその表面で超音波を効率よく反射することから，血管を造影することができる．肝臓では一部がクッパー細胞に取り込まれるが，肝腫瘍部位にはクッパー細胞が存在しないため，正常肝との間にコントラストが生じることで診断が可能となる．本造影剤は凍結乾燥製剤と溶解用の注射用水のセットで供給され，注射用水への溶解は使用直前に行い，調製後速やかに（2時間以内）投与し，検査も投与後速やかに行われる．含まれる安定剤は鶏卵由来であるため，卵または卵製品にアレルギーのある患者には原則投与禁忌である．

8-4　ファイバースコープ診断法

　光ファイバーは高屈折率の中心部（コア）と低屈折率の被覆部（クラッド）よりなる非常に細い透明な繊維である．この繊維の片方から入射した光はコアとクラッドの境界で全反射を繰り返してもう片方に到達する（図8-18）．画像を伝達するためにこれを多数束ねたものがファイバースコープであり，それを用いる画像診断法として，内視鏡検査がある．小型のCCDカメラを装着したファイバースコープを口あるいは鼻から挿入して食道，胃，十二指腸など上部消化管を，肛門から挿入して直腸，大腸など下部消化管を検査する．呼吸器を対象とした内視鏡は，特に気管支鏡と呼ばれる．いずれの場合も細く柔らかい管で湾曲可能なものを使用し，体内の対象部位を肉眼で光学的に直接観察できるという特徴を有する．

　小腸内部の検査はファイバースコープ型の内視鏡では困難であり，最近では，カメラ，光源および送信機を内蔵するカプセル型の内視鏡が開発されている．これを口から飲み込み，消化管内を移動しながら数時間にわたって内部を連続撮影し，データを外部レコーダーに送信する．そのデータを後でコンピュータ上で再生し，解析を行う．

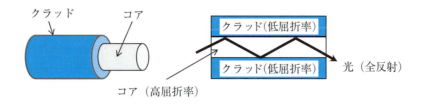

図 8-18　光ファイバーの模式図

8-5　その他の画像診断法

その他の画像診断法として，サーモグラフィー thermography，マンモグラフィー mammography，骨密度測定，脳波（脳電図）測定 electroencephalography（EEG）などがある．

サーモグラフィーは，生体から放射される赤外線を利用して生体表面の温度分布を画像化する診断法である．血行障害の有無や慢性疼痛，炎症の経過観察などに用いられている．

マンモグラフィーは，乳房のみを対象とした X 線撮影法のことで，乳がん検診で行われる．乳房を挟み込んで圧迫固定して撮影することで，乳房内部の微小石灰化，腫瘤を描出する．乳房を圧迫固定することで，X 線の吸収が均一化されて乳房全体を観察できる，乳腺組織が分離されるので組織コントラストが向上する，低エネルギー X 線でも撮影できるので被ばくの低減につながる，など種々のメリットがあるが，痛みを伴うのが難点である．

骨密度測定は骨中のカルシウム，マグネシウムなどのミネラル成分の量を測定することであり，骨塩定量とも呼ばれる．X 線を用いて測定する方法と超音波を用いて測定する方法がある．X 線を用いる場合はさらに，X 線フィルムの陰影から測定する方法，CT スキャンにより測定する方法，異なるエネルギーの 2 種類の X 線の吸収の差を利用して測定する方法などに分けられる．骨粗しょう症の診断や治療効果判定に利用されている．

脳波測定は，通常は頭皮上に電極を設置し，電気的に不活性な耳・鼻などに設置した電極と頭皮電極との電位差，あるいは頭皮電極間の電位差を記録する．てんかんや意識障害時の診断，状態把握に用いられる．基本的には侵襲性がなく，安価に検査できる利点があるが，空間分解能が低いのが欠点である．難治性てんかんの外科的治療の術前検査などでは，開頭して脳表面に電極を設置する場合もある．非常に侵襲的ではあるが，空間分解能が高くなる利点がある．

Tea Break —— 乳房専用 PET 装置

X 線診断装置だけでなく PET でも乳房専用機が開発されている．通常，PET の開口部の直径（検出器間の距離）は，ヒトの体幹部を撮像できるよう 70 cm 程度であるが，島津製作所が開発した乳房専用機では開口部が 20 cm 程度しかなく，その中に乳房を入れて撮像する仕様となっている．検出器を測定対象（乳房）に近接させることで，高感度・高解像度の撮像が可能となり，臨床研究では従来の PET よりも乳がんの形状を細かく描出することに成功している．

8-6 章末問題

問1 反射波を観測する物理的診断法の正しい組合せを選べ．
a ファイバースコープ診断法
b X線断層撮像法
c 超音波診断法
d 核磁気共鳴診断法
　1．(a, b)　2．(a, c)　3．(a, d)　4．(b, c)　5．(b, d)　6．(c, d)

正解 2

解説 X線断層撮像法（X線CT）は生体にX線を照射し，その透過量を画像化する．核磁気共鳴診断法（MRI）は生体にラジオ波を照射し，核磁気共鳴に基づくNMR信号を画像化する．

問2 物理的診断法に関する記述のうち，正しいものの組合せはどれか．
a X線造影剤として硫酸バリウムが用いられるのは，バリウム原子のX線吸収率が高いためである．
b 核磁気共鳴画像法で用いられるラジオ波は，生体に与える影響は小さい．
c 核磁気共鳴画像法は核医学診断法の一種である．
d X線診断法の際，骨を明瞭に描出するために造影剤が使用される．
　1．(a, b)　2．(a, c)　3．(a, d)　4．(b, c)　5．(b, d)　6．(c, d)

正解 1

解説
a （正）
b （正）
c （誤）核医学診断法は放射性医薬品を用いて行う検査であり，核磁気共鳴画像法は磁場中で体外からラジオ波を照射して画像を得る診断法である．
d （誤）造影剤は軟部組織のコントラストをはっきりさせるために使用され，骨は造影剤なしで描出できる．

問3 物理的診断法に関する記述のうち，正しいものの組合せはどれか．
a MRI造影剤はX線造影剤と比べて副作用発現の頻度が低い．
b SPECTは陽電子が消滅する際に放出される電磁波を検出して画像を得る装置である．
c X線診断法が骨診断に有効なのは，カルシウムのX線透過性が高いことに由来する．
d MRI造影剤は用いる濃度によって異なる効果を示す場合がある．
　1．(a, b)　2．(a, c)　3．(a, d)　4．(b, c)　5．(b, d)　6．(c, d)

正解 3

解説 a （正）
b （誤）SPECT は単光子を検出して画像を得る装置である．
c （誤）X 線診断法が骨診断に有効なのは，カルシウムの X 線吸収性が高いからである．
d （正）ガドリニウム製剤は低濃度では T_1 短縮効果，高濃度では T_2 短縮効果を示す．

問 4 物理的診断法に関する記述のうち，正しいものを1つ選べ．
1. ファイバースコープは体内を間接的に観察するための装置である．
2. 超音波診断法に用いられる超音波を受けると，人体に著しい影響が現れる．
3. X 線造影法では，放射性ヨウ素を含む造影剤が使用されることがある．
4. 核磁気共鳴撮像法は，水の水素原子の緩和時間が組織によって異なることに基づいて画像を得る．

正解 4

解説 1. （誤）ファイバースコープは光の全反射を利用するので，体内を直接的に観察している．
2. （誤）超音波診断は侵襲性の極めて低い検査である．
3. （誤）X 線造影法で用いられるヨード造影剤には，非放射性ヨウ素が含まれている．
4. （正）

問 5 物理的診断法に関する記述のうち，正しいものを1つ選べ．
1. 核磁気共鳴撮像法は，生体内の水と脂肪を区別して画像化できる．
2. 超音波診断法に用いられる超音波の周波数は，通常，1〜20 kHz である．
3. X 線 CT は，生体に X 線を照射し，組織ごとの X 線反射率の違いを基に画像を得ている．
4. PET は安定同位体で標識された化合物の体内動態を画像化できる．

正解 1

解説 1. （正）
2. （誤）超音波診断法に用いられる超音波の周波数は，通常，1〜20 MHz である．
3. （誤）X 線反射率ではなく，吸収率に基づいて画像を得ている．
4. （誤）PET は陽電子放出核種で標識された化合物の体内動態を画像化できる．

問 6 物理的診断法に関する記述のうち，正しいものの組合せはどれか．
a 内視鏡検査に用いるファイバースコープは，光の全反射ではなく屈折光を利用して画像を得る．
b X 線造影法では，ヨウ素を含む有機化合物を造影剤として使用することがある．
c CT 撮像では生体透過性の高い近赤外線が使用される．
d MRI 用造影剤には常磁性金属を含む製剤が使用される．

1. (a, b)　2. (a, c)　3. (a, d)　4. (b, c)　5. (b, d)　6. (c, d)

正解 5

解説 a （誤）内視鏡検査に用いるファイバースコープは，光の全反射を利用して画像を得る．

b （正）
c （誤）CT 撮像では X 線が使用される．
d （正）ガドリニウムや酸化鉄が使用される．

問7 物理的診断法に関する記述のうち，正しいものを1つ選べ．
1. X 線 CT を撮像する際には放射性医薬品の投与が必須である．
2. PET では ^{18}F などから放出されたポジトロンを直接検出している．
3. 核磁気共鳴用造影剤には陽性造影剤と陰性造影剤がある．
4. 超音波診断法では，ヒトの可聴域の周波数の音波が使用される．

正解 3

解説
1. （誤）X 線 CT は生体に対して X 線を照射し，その透過量からコンピュータで断層像を作成する診断法であり，放射性医薬品を投与する必要はない．
2. （誤）PET ではポジトロンが電子と結合して消滅する際に放出される電磁波（消滅放射線）を検出対象としており，ポジトロン自体を直接検出しているわけではない．
3. （正）
4. （誤）ヒトの可聴域よりも高い周波数の音波を超音波と呼ぶ．

問8 核磁気共鳴撮像法に関する記述のうち，正しいものの組合せはどれか．
a 生体内の水分子の酸素原子核の核磁気共鳴を利用する．
b 生体組織を画像化するためには，必ず造影剤を投与する必要がある．
c ラーモア周波数と等しい周波数をもつ電磁波を照射して核を励起する．
d 傾斜磁場をかけることで，体内の信号発生部位の位置を知ることができる．
　　1. (a, b)　2. (a, c)　3. (a, d)　4. (b, c)　5. (b, d)　6. (c, d)

正解 6

解説
a （誤）生体内に存在する水分子や脂肪の水素原子核の核磁気共鳴を利用して画像化する．
b （誤）造影剤を使用しなくても生体組織を画像化することができる．
c （正）
d （正）

問9 超音波診断法に関する記述のうち，正しいものの組合せはどれか．
a 超音波診断法で用いられる周波数は 80 MHz 以上である．
b 超音波診断法は，超音波の反射波を検出して画像化している．
c 超音波用造影剤として，微小気泡を含む薬剤が使用される．
d 超音波診断法では，断層像は得られるが血流を捉えることはできない．
　　1. (a, b)　2. (a, c)　3. (a, d)　4. (b, c)　5. (b, d)　6. (c, d)

正解 4

解説
a （誤）超音波診断では 1〜20 MHz 程度の超音波が用いられる．
b （正）

c （正）空気は音響インピーダンスが極めて小さいため，生体組織の音響インピーダンスとは大きく異なり，その境界で強い反射波を生じ，反射波のシグナルを増強することができる．
d （誤）ドップラー効果を利用した血流測定が行われている．

問10 X線造影法に関する記述のうち，正しいものの組合せはどれか．
a X線の振動数（周波数）は可視光の振動数（周波数）より大きい．
b X線造影法ではX線の反射を検出して画像化している．
c X線造影剤にはイオン性と非イオン性の2種類があるが，いずれもヨード過敏症の患者には禁忌である．
d X線の吸収は，脂肪＞水＞骨の順に低くなる．
　　1. (a, b)　2. (a, c)　3. (a, d)　4. (b, c)　5. (b, d)　6. (c, d)

正解 2

解説
a （正）
b （誤）X線造影法はX線の透過を検出して画像化している．
c （正）
d （誤）X線の吸収は，脂肪のような軟組織よりも骨のような硬組織の方が大きい．

問11 下記の物理的診断法のうち，光の全反射を利用するものはどれか．
1. ファイバースコープ診断法
2. X線断層撮像法
3. 超音波診断法
4. 核磁気共鳴診断法

正解 1

解説 高屈折率のコアと低屈折率のクラッドよりなる光ファイバーを使用するのがファイバースコープ診断法であり，片方から入射した光はコアとクラッドの境界で全反射を繰り返してもう片方に到達する．

第9章

放射線の生体への影響

第9章の要点

放射線の生体影響
　直接作用：放射線が生体内の標的分子を直接的に電離・励起して不活化
　間接作用：放射線が生体内の水分子を分解することで生じた活性酸素種によって，生体内の標的分子が不活化

放射線の生体影響に変化を及ぼす因子
　酸素効果：無酸素条件下よりも有酸素条件下の方が，生体影響が大きい
　温度効果：低温よりも高温の方が，生体影響が大きい

放射線に対する感受性
　＜細胞レベル＞
　放射線に対する感受性は細胞周期（M期，G_1期，S期，G_2期）によって異なる．
　G_1後期からS期前半，およびG_2後期からM期は放射線感受性が特に高く，M期（特に前半）が最も感受性が高い．
　＜組織レベル＞
　　①→②→③→④ の順に放射線感受性が低くなる．
　　① 骨髄，生殖腺，消化管上皮，胎児
　　② 皮膚上皮，眼，血管，唾液腺
　　③ 腎臓，肝臓
　　④ 筋肉，骨，脳，脂肪

ベルゴニー・トリボンドーの法則

放射線に対する感受性は　{ ① 細胞分裂が盛んであるほど / ② 将来の分裂回数が多いほど / ③ 未分化な細胞ほど }　高い

体内被ばくと体外被ばく

体内被ばく：放射性核種を体内に取り込んだ場合の被ばく
　　　　　　物質と相互作用しやすい放射線が大きい影響を及ぼす（α線＞β線＞γ線・X線）

体外被ばく：体外に存在する放射性核種による被ばく
　　　　　　透過性の高い放射線が大きい影響を及ぼす（γ線・X線＞β線＞α線）

体内被ばく後の放射能消失

有効半減期（T_e）：生体内に存在する放射能の実際の半減期
物理的半減期（T_p）：放射性核種に固有の物理的な半減期
生物学的半減期（T_b）：放射性核種あるいは標識化合物が生理的な代謝・排泄により消失する半減期

これら3つの半減期の間には $\dfrac{1}{T_e} = \dfrac{1}{T_p} + \dfrac{1}{T_b}$ の関係式が成り立つ．

放射線障害の分類

身体的影響：被ばくした個体に現れる障害（体細胞の被ばく）
遺伝的影響：被ばくした個体の子孫に現れる障害（生殖細胞の被ばく）
急性障害：被ばく後，数週間以内に現れる障害
晩発障害：被ばく後，長い潜伏期間の後に現れる障害
確率的影響：しきい線量が存在せず，線量依存的に発症確率が大きくなる．重篤度は線量に依存しない．発がんあるいは遺伝的影響
生体組織反応（確定的影響）：しきい線量が存在し，それ以上では線量に依存して発症頻度，重篤度が大きくなる．急性影響あるいは発がん以外の晩発影響

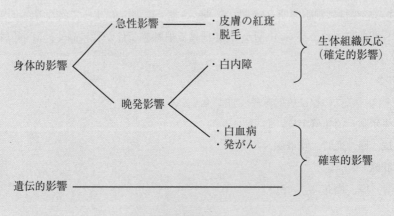

図　放射線障害のまとめ

9-1 放射線の生体への影響

9-1-1 放射線のレベルと生体への影響

A 全身に対する影響

ここでは,まず放射線を受けた直後,すなわち急性の全身被ばくの際に現れる影響について述べる.全身あるいは身体の広い範囲に大量の放射線を短時間に受けた場合に発症する一連の症状を急性放射線症といい,最も重篤な症状は死亡である.症状が現れるまでの潜伏期間は,原則として線量が高いほど短い.

200〜250 mSv 以下の線量では,急性障害の臨床的知見は得られていない.500 mSv 以上の線量では血中のリンパ球数が一時的に減少するが,自覚症状はない.1 Sv を超えると,被ばく後数週間以内に自覚症状が認められる.1〜2 Sv では軽微な吐き気,倦怠感,疲労感があるが,ほとんどの場合回復する.2〜4 Sv では発熱,感染,出血,衰弱,脱毛などの症状が現れ,造血臓器障害による著しい血球減少が起こる.4 Sv では1か月以内におよそ半数が死亡する.7 Sv 以上の被ばくは致死的である(表9-1).

表 9-1 急性放射線症の症状と線量の関係

線量 (Gy)	リンパ球数 ($\times 10^3/mm^3$)	血小板数 ($\times 10^3/mm^3$)	臨床症状	致死率 (%)
1〜2	0.8〜1.5	60〜100	吐き気,倦怠感	0
2〜4	0.5〜0.8	30〜60	発熱,感染,出血,衰弱,脱毛	0〜50
4〜6	0.3〜0.5	25〜35	高熱,感染,出血,脱毛	20〜70
6〜8	0.1〜0.3	15〜25	高熱,下痢,めまい,血圧低下	50〜100
8以上	0.0〜0.1	20以下	高熱,下痢,意識障害	100

(IAEA-WHO Safety Reports Series No.2, "Diagnosis and Treatment of Radiation Injuries", 1998 を改変)

B 組織に対する影響

1)造血組織

骨髄中に存在する造血幹細胞からは常に新しい血液細胞が分化,成熟している.造血幹細胞は最も放射線感受性が高く,幹細胞から作り出されている各血球細胞にはそれぞれ寿命があるので,幹細胞が分裂障害を受けると,末梢血中の血球細胞は図9-1に示すような特徴的な変動を示す.リンパ球は放射線の影響を最も鋭敏に受け,1〜2 Gy の線量で48時間以内に正常値の半分にまで減少する.次いで,好中顆粒球,血小板が減少し,約4か月の寿命をもつ赤血球は最後に減少する.リンパ球は例

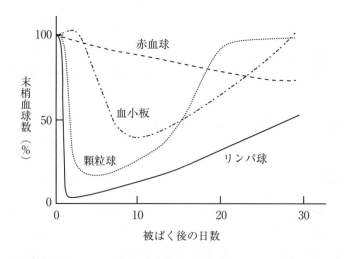

図9-1　1〜2 Gy の線量を被ばく後の各種末梢血球数の変動

外的に成熟細胞でも放射線感受性が高く，急性被ばくによって減少しやすい．このため，放射線の被ばく管理に末梢血液像が利用される．

2）皮　膚

皮膚は表面から表皮，真皮，皮下組織で構成されており，毛のう，皮脂腺，汗腺，血管などが存在する．放射線被ばくによる皮膚の病理変化を表9-2に示す．障害の現れ方は，放射線の種類，線量および被ばくの条件によって異なる．急性症状は熱による火傷と似た形態を示すため，放射線火傷とも呼ばれる．皮膚は外部被ばくの機会が多いので，皮膚の病態変化も放射線の被ばく管理に利用されている．

表9-2　放射線による皮膚および粘膜の変化

（1回の被ばくによる急性障害）

線　量	放射線の影響
3 Gy	脱毛，落屑（毛のう変化）
5 Gy	紅斑・色素沈着（毛細血管の変化）
7 Gy	水疱および糜爛形成（表皮の変成）
10 Gy	潰瘍形成（全層の壊死）

3）消化管

小腸はクリプトの中心部に絨毛上皮幹細胞が存在する細胞再生系であり，放射線感受性は非常に高い．高線量被ばく後，絨毛上皮細胞の補給が停止するために絨毛の高さが低くなり，出血，下痢，感染などが起こる．10〜100 Gy の線量域では，これらの症状のために10日以内に死亡する．これは腸管死と呼ばれる．大腸や胃粘膜も放射線感受性が高い．

4）生殖腺

　生体の卵巣には幹細胞は存在せず，成熟度の異なる卵母細胞が複数存在する．卵母細胞の放射線感受性は，分裂しない細胞としては例外的に比較的高い．3 Gy までの1回被ばくで一時的な不妊，5〜8 Gy で永久不妊となる．年齢により卵母細胞数は減少するので，不妊線量は若年女子の方が大きくなる．

　精巣では，精原細胞，精母細胞，精子細胞，精子の順に精子形成が行われる．その中では精原細胞の放射線感受性が最も高く，0.5 Gy 程度で障害を受ける．1〜3 Gy では精母細胞も障害を受ける．いずれの場合も精子数減少による一時的不妊となるが，6 Gy 以上では永久不妊となる．

　生殖腺に対する損傷は，遺伝的影響に関与するため重要である．

C　生体影響に変化を及ぼす因子

　放射線の生体影響は，生体という物質中を放射線が通過することにより生じる．この時，放射線の飛程にそって単位長さ当たりに失うエネルギーを**線エネルギー付与** linear energy transfer（LET）という．電磁波であるγ線やX線は**低 LET 放射線**，粒子の大きなα線や陽子線は**高 LET 放射線**である．一般に，高 LET 放射線の方が生体影響は大きくなる．また，生体影響に変化を及ぼす因子として酸素濃度や温度があるが，それらの影響も LET の高低によって差があることが知られている．

1）酸素効果

　放射線の生体影響は，無酸素条件下よりも有酸素条件下の方が大きくなることが知られている．これを**酸素効果** oxygen effect という．9-1-2 項で述べるとおり，酸素分子が存在すると，放射線によって生じる活性分子種が増加するためである．その増感率を**酸素増感比** oxygen enhancement ratio（OER）といい，以下の式で定義される．

$$\text{OER} = \frac{\text{無酸素状態である作用を引き起こすのに必要となる線量}}{\text{有酸素状態で同一の作用を引き起こすのに必要となる線量}}$$

　酸素効果は低 LET 放射線で顕著に認められる効果であり，OER は 2.5〜3.0 を示すが，高 LET 放射線ではほぼ1である．

2）温度効果

　放射線の生体影響は，低温よりも高温の方が大きくなることが知られている．これを**温度効果** thermal effect という．これは，温度によって活性分子種の運動性や反応性が高まるためだと考えられている．

3）増感作用と保護作用

　固形腫瘍に存在する低酸素領域は治療抵抗性を示すため，それを効率的に治療するために，酸素効果と同様，ラジカル反応を増強する効果がある物質を用いる試みが検討されている．まだ有効なものは見出されていないものの，ニトロイミダゾール誘導体などがそれに該当し，**放射線増感剤**と呼ばれる．

　一方，ラジカルを消去するスカベンジャーは放射線障害を軽減する放射線防護剤として利用され

る．システアミンなどの化合物がそれに該当する．

D 線質効果と線量率効果

LET が異なる放射線では，同じ線量が照射されても生体が受ける影響は大きく異なる．放射線の線質の違いによる生体影響の差を統一的に把握するための指標が生物学的効果比 relative biological effectiveness（RBE）であり，以下の式で定義される．

$$\text{RBE} = \frac{\text{ある生物効果を引き起こすのに必要となる基準放射線の線量}}{\text{同じ生物効果を引き起こすのに必要となる放射線の線量}}$$

基準放射線には 250 keV の X 線が用いられることが多い．放射線管理・防護の分野で用いられる放射線荷重係数は，それぞれの放射線の RBE の最大値に近い値となっている（第 10 章参照）．

一方，同じ線質の放射線を照射する場合でも，線量率が小さいほど生体影響が小さくなることが知られている．これを線量率効果 dose rate effect という．これは，低線量率で時間をかけて照射することにより，損傷の回復も同時に起こることに起因すると考えられる．線量率効果は特に低 LET 放射線で顕著であり，高 LET 放射線ではあまり見られない．

Tea Break —— 酸素効果と放射線治療

固形がんでは，がんの成長に対して血管からの酸素供給が追い付かない低酸素領域が形成される．この低酸素領域では酸素効果が期待できないため，放射線治療の効率が悪く，がんの低酸素領域は治療抵抗性を示すことが知られている．これに対し，^{18}F-フルオロミソニダゾールという低酸素部位に集積する PET プローブを用いて，がん内部に存在する低酸素領域の大きさや局在をイメージングし，その情報を基に放射線の照射量を変化させることで治療効率を高める臨床研究が行われている．

9-1-2 放射線障害のメカニズム

A 放射線障害の発症過程

放射線が生体に吸収されると，生体を構成する原子や分子の電離・励起が起こり，化学結合が切断されるなど，分子レベルの反応が起こる．このように放射線の電離作用・励起作用によって，細胞内に生じたラジカルや励起分子が化学的過程により生体分子を損傷する．損傷が蓄積すると細胞死や組織異常が引き起こされる．このような生物学的過程を経て，生物個体に放射線障害が発現する．また，細胞ではなく核（DNA）が損傷を受け，その修復が正しく行われなかった場合は，突然変異が起こる．体細胞で突然変異が生じた場合は発がんの原因となり，生殖細胞で生じた場合は遺伝的影響の原因となる．これらを模式図として表したのが図 9-2 であるが，放射線の生体影響は秒単位以下で生じる細胞内反応から数世代にわたる内容を含んでいる．

一方で，実際には生体には損傷の修復機構が備わっているため，放射線により生体分子に損傷が起きても軽微なものは修復され，すべてが放射線障害として発現するわけではない．また放射線障害の発症は，放射線の性質や被ばく状態が影響することに加え，作用を受けた生体側の性質や状態なども

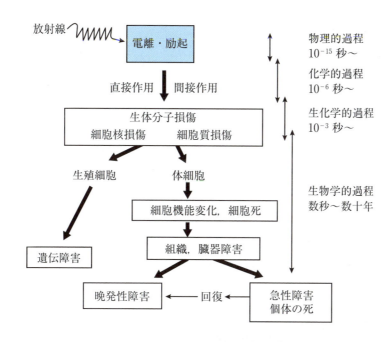

図 9-2　放射線障害の発症経過

最終的に現れる作用に大きく影響する複雑な過程である．

B　放射線の生物作用の初期過程

　放射線によって引き起こされる生物作用には，放射線が生体内の標的分子を直接的に電離・励起して生じる直接作用と，生体内に大量に存在する水分子を放射線が分解することで生じた活性酸素種によって生体内の標的分子が不活化される間接作用がある．

　直接作用と細胞死の関係を説明する理論として，細胞内に放射線感受性が高く，かつ細胞機能を担うのに必須の標的が存在し，そこに放射線がヒットして電離・励起させることで細胞死に至るという標的論あるいはヒット論がある．

　間接作用では，水の放射線分解が重要な要素となる．水は放射線のエネルギーを吸収すると，一部は電離してH_2O^+となり，また一部は励起されてH_2O^*となったあとに水素ラジカル（H・）やヒドロキシラジカル（・OH）となる．

　　　電離：$H_2O \longrightarrow H_2O^+ + e^-$
　　　励起：$H_2O \longrightarrow H\cdot + \cdot OH$

これらはさらに反応して，水和電子（e^-_{aq}）や過酸化水素（H_2O_2）を生じる．水の放射線分解で主に生じるのは・OHとe^-_{aq}である．これらのフリーラジカルや過酸化水素を活性酸素種 reactive oxygen species（ROS）と呼び，生体分子との反応性が高いことが知られている．また，これらのROSは酸素分子と反応して，寿命の長い過酸化水素ラジカル（$HO_2\cdot$）やスーパーオキシドアニオン（$O_2\cdot^-$）など，新たなROSを生じる．最終的に，これらが生体中のDNAやタンパク質，脂質などを酸化することで，放射線の間接作用が生じる．

C 細胞レベルの放射線障害

　放射線の生物作用の主たる標的分子は，遺伝情報を担う DNA である．放射線照射によって生じる DNA 損傷には，DNA の一本鎖・二本鎖切断，活性酸素種による塩基の酸化的損傷，DNA 同士あるいは DNA とタンパク質の架橋など，多種多様なものが知られている．

　細胞は，細胞分裂期（M 期）で分裂した後，それぞれの娘細胞が次の M 期を迎えるまでを 1 つのサイクルと考えることができ，これを **細胞周期** cell cycle という（図9-3）．細胞周期は M 期，G_1 期，S 期，G_2 期の 4 つの時期に分けられ，S 期で複製されたゲノム DNA は，M 期で染色体という高次に凝縮された構造に変換され，細胞分裂とともに 2 つの娘細胞に分配される．放射線照射で DNA が損傷すると，欠失，逆位，転座，環状化などの異常染色体が生じ（図9-5），細胞分裂時に染色体の不均等分配が起こり，異常な細胞が出現する原因となる．細胞の放射線感受性は，G_1 期後期から S 期前半，および M 期で特に高いことが知られている（図9-4）．

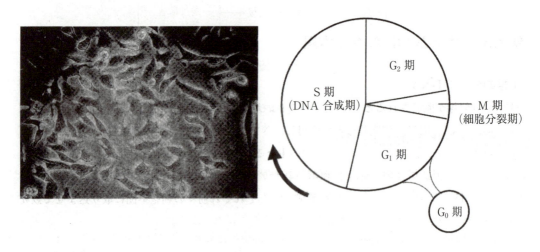

図 9-3　細胞周期
写真は培養されたチャイニーズハムスター V79 細胞で，丸い形をしているのが M 期の細胞．

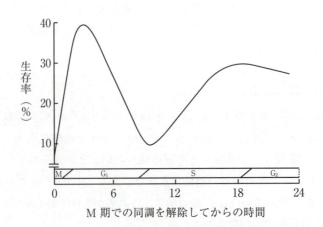

図 9-4　放射線感受性の細胞周期依存性

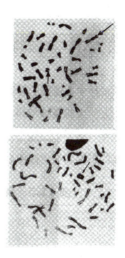

図9-5 染色体異常の形（左）と放射線照射によりヒト白血球に生じた染色体異常（右）

　放射線による細胞死は，増殖死 reproductive death と間期死 interphase death に分けることができる．増殖死は，放射線照射でDNAが損傷した結果，DNA複製や細胞分裂の正確度が低下し，細胞周期を何回かまわりながらDNAの倍数性の異常や細胞の巨大化を起こし，死に至ることである．一方，高線量（100 Gy以上）が一度に照射された場合は，細胞機能が失われるために細胞分裂が行われず，ネクローシス様の死に至る．これが間期死である．

　実際には，DNA損傷がすべて細胞死につながるわけではない．DNA切断は非相同末端結合や相同組換えを利用して修復される．酸化的DNA損傷は塩基除去修復によって取り除かれる．また，細胞に放射線が照射されると，放射線感受性の高いG_1期後期からS期前半，およびM期の間に入らないよう，細胞周期を遅らせる防御機構も存在する．

　細胞周期に関連した回復過程として，潜在的致死損傷からの回復 potentially lethal damage recovery がある．これは，細胞を高密度培養状態にしてから放射線を照射し，直後に播き直して培養する場合としばらく高密度状態を維持してから播き直して培養する場合では，後者の方が生存率が高いという現象である．細胞は密度が高い状態では増殖を停止して休止期（G_0期）に入るため，その状態を維持することで，放射線感受性の高いG_1期後期からS期前半，およびM期に入ることなくDNA損傷が回復した結果と解釈することができる．臨床上は，がんの放射線治療の際にこの回復の影響を考慮する必要があり，低pH，低栄養，低酸素など，細胞の分裂・増殖に適さない環境にあるがん細胞には，放射線照射の効果が現れにくい場合がある．

　また放射線照射と細胞生存率との関係として，ある線量の放射線を1回で照射した場合と分割照射した場合とでは，分割照射した方が細胞生存率が高くなることが知られている．これは分割照射の間にDNA損傷が修復されたことを示唆しており，亜致死損傷からの回復 sublethal damage recovery，あるいは実験者の名前にちなんでエルカインド型の回復と呼ばれる．

D　組織・臓器レベルの放射線障害

　個体が放射線で被ばくした場合，組織・臓器レベルで出現する障害は，放射線の細胞への作用が基

本となっている．しかしながら，組織や臓器の放射線感受性は個々で大きく異なっている．ジャン・ベルゴニーとルイ・トリボンドーは^{226}Raからのγ線をラットの精巣に照射し，分化段階の異なる生殖細胞に対する放射線影響の比較から，次のような法則を導き出した．

① 細胞分裂頻度が高いほど，放射線感受性が高い．
② 将来にわたっての分裂回数が多いほど，放射線感受性が高い．
③ 形態的，機能的に未分化な細胞ほど，放射線感受性が高い．

これをベルゴニー・トリボンドーの法則という．この法則は，組織の放射線感受性はその分裂活性に比例し，組織の分化の度合いに反比例することを表している．

組織細胞の放射線感受性を図9-6に示す．造血組織，生殖細胞，消化管上皮，皮膚など，細胞の新生と脱落が恒常的に行われている細胞再生系の組織は放射線感受性が最も高い．また，通常は細胞分裂を行っていないが，損傷やある種の刺激によって分裂を開始する組織（再生肝など）は，再生系組織に次ぐ放射線感受性を示す．組織形成後は分裂能を失って再生しない筋肉，神経細胞，脂肪組織などは放射線感受性は極めて低い．

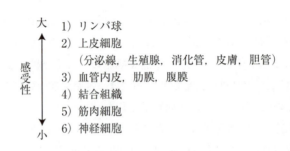

図 9-6　組織の放射線感受性

E　個体レベルの放射線障害

個体に対する放射線影響は，これまで述べてきた様々な過程の最終結果として発現する．その影響には，被ばくした個体にのみ現れる身体的影響と子孫まで伝わる遺伝的影響がある．身体的影響は，被ばく後数週間以内に影響が現れる急性影響と，数か月以上たってから影響が現れる晩発影響に分けられる．さらに放射線防護の観点から，放射線による影響はしきい線量の存在しない確率的影響と，しきい線量の存在する生体組織反応（確定的影響）に分けられる．

これらの詳細については9-2節以降を参照されたい．

9-1-3　内部被ばくと外部被ばく

A　内部被ばく

内部被ばくとは，消化管，肺，皮膚粘膜，傷口などから体内に取り込まれた放射性同位元素に由来する被ばくである．体内における放射性核種の分布や臓器の吸収線量を正確に決定するのは難しく，

その影響を正確に見積もるのは困難である．内部被ばくの影響を支配する因子として，特定組織への集積性，体内からの放射能消失速度，放射線の種類の3つがある．

特定組織への集積性を示す放射性核種の例として，例えば，カルシウムと性質が類似した ^{90}Sr，^{226}Ra，^{239}Pu などは骨に，^{131}I は甲状腺に，^{137}Cs はカリウムと性質が類似しているので筋肉に，^{59}Fe は赤血球や脾臓に集積性を示す．これらの核種は，たとえ体内に取り込まれた量が少なかったとしても，特定組織中では高濃度となる．その組織の放射線感受性が高い場合には障害発生の原因臓器となるので，決定器官（決定臓器）critical organ と呼ばれる．特定組織に親和性の高い核種が取り込まれると，その排泄速度は遅く，人為的に排泄を促進させることも難しいので，組織の被ばくが長期にわたる可能性がある．

体内に取り込まれた放射能は，その元素あるいは標識化合物の生理的な排泄速度（生物学的半減期，T_b），およびその放射性核種に固有の物理的な減衰（物理的半減期，T_p）の両者が関係する速度（有効半減期，T_e）で消失する．これら3つの半減期の間には

$$\frac{1}{T_e} = \frac{1}{T_p} + \frac{1}{T_b}$$

の関係式が成り立つ．表 9-3 に代表的な核種の決定器官と各種半減期を示す．

内部被ばくの場合，物質と相互作用しやすく，透過力の低い放射線の方が生体に対して強い影響を及ぼす．これは，飛程が短く比電離が大きいので，放射線の持つエネルギーを体内ですべて使い果たすためである．すなわち，影響の大きさは α 線＞β 線＞γ 線・X 線の順となる．

表 9-3 決定器官と有効半減期

核　種	器　官	半減期		
		物理的半減期	生物学的半減期	有効半減期
^{3}H	全身	12 年	12 日	12 日
^{14}C	全身	5700 年	40 日	40 日
^{32}P	骨	14 日	1155 日	14 日
^{35}S	睾丸	87 日	90 日	44 日
^{59}Fe	脾臓	45 日	600 日	42 日
^{90}Sr	骨	29 年	50 年	18 年
^{131}I	甲状腺	8 日	138 日	8 日
^{137}Cs	全身	30 年	70 日	70 日
^{226}Ra	骨	1600 年	45 年	44 年
^{239}Pu	骨	24000 年	100 年	100 年

B　外部被ばく

外部被ばくとは，体外に存在する放射線源に由来する被ばくである．外部被ばくの主な要因として，自然放射線と医療用放射線（X 線診断や放射線治療）がある．自然放射線である宇宙線や大地

放射線による外部被ばく線量は，全世界の平均値で1年当たり約 0.8 mSv である．

外部被ばくの場合，透過力の高い放射線の方が生体に対して強い影響を及ぼす．すなわち，影響の大きさはγ線・X線＞β線＞α線の順となる．

9-1-4 放射線障害とその分類

放射線の人体への影響は図 9-7 のように分類される．身体的影響は被ばくした本人に起こる影響であり，遺伝的影響はその子孫に生じる影響である．身体的影響は，被ばく後数週間以内に現れる急性障害と数か月あるいは数年以上経過してから現れる晩発障害とに分類される．急性障害の多くはあるしきい値以上の線量で生じる．9-1-1 項で述べた影響がこれにあたる．このしきい値は被ばくする器官によって異なっている．0.5 Gy 以上では造血機能障害が起き，数 Gy あるいは 10 Gy を超えると胃腸障害，骨髄障害，中枢神経障害が起き，死に至る．また晩発障害では，5 Gy 以上の線量の被ばくで白内障が起きる．このように，しきい値を超えた線量の被ばくにより初めて障害が発症する放射線の影響を生体組織反応（確定的影響）という．一方，晩発障害のうちの発がんや先天異常などの遺伝的影響は，放射線の被ばく線量が増えると影響の起きる確率が増加することから，確率的影響と呼ばれる．この確率的影響には生体組織反応（確定的影響）のようなしきい値は存在しないと考えられている．

放射線の人体への影響としては，主にα線，β線，γ線，中性子線の影響を考えればよいが，その影響の仕方には違いがある．表 9-4 に，α線，β線，γ線の影響についてまとめた．α線は透過力は小さく，体外から放射線を受けた場合の影響は小さいが，荷電粒子で質量も大きく，体内に取り込んで局所で放射線を受けた時の影響は大きい．反対に，γ線は透過力が大きいので，体外から放射線を受けた場合の影響を考慮する必要があるが，体内での影響についてはα線ほど考慮する必要はない．

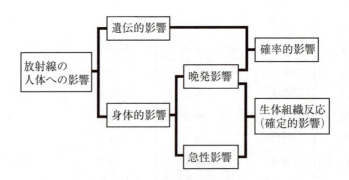

図 9-7　放射線障害の分類

第9章 放射線の生体への影響

表 9-4 放射線の種類と人体への影響の仕方

透過力	同じ強さの放射線から受けるエネルギー密度と範囲	人体への影響（同じ強さの放射線を受けた時）	
		体外から浴びる場合	体内から浴びる場合
α線 数 cm	密度 大 範囲 局所	小	重要
β線 数10cm～数 m	密度 小 範囲 中	小	やや重要
γ線 大きい	密度 極小 範囲 大	重要	小

放射線の人体への影響を表す単位としては，シーベルト（Sv）を用いている．このシーベルトには，2つの意味があり，1つは等価線量，もう1つは実効線量とよばれる．

表9-5に示したように，等価線量は，生体の放射線平均吸収線量に放射線荷重係数をかけた線量で，放射線の性質による影響に重みをもたせた線量である．質量が大きく，また電荷をもつ粒子ほどこの計数は大きくなっていて，生体への影響の大きさが反映されている．主に組織毎のダメージを評価する場合に用いられる．さらに，実効線量はこの等価線量に組織荷重計数という，組織別の放射線に対する感受性の大きさの重みを反映させた線量である．主に体全体のダメージを評価する場合に用いられる．

表 9-5 等価線量と実効線量

1) 放射線源から出る量（ベクレル；Bq，電子ボルト；eV など）
2) 放射線を受けた量（＝被ばく量）
   ◎物理的線量（グレイ；Gy）
     ○吸収線量：1 Gy ＝ 1 kg 当たり 1 J[*2]のエネルギーを吸収した線量
   ◎健康影響の大きさを表すための量（シーベルト；Sv）
     ○等価線量＝平均吸収線量×放射線荷重係数（W_R）
     ○実効線量＝Σ 等価線量×組織荷重係数（W_T）

放射線の種類	W_R[*1]	組織・臓器	W_T[*1]
光子（γ, X 線）	1	生殖腺	0.20
電子（β線）	1	赤色骨髄，結腸，肺，胃	0.12
中性子	5～20	膀胱，乳房，肝臓，食道，甲状腺	0.05
陽子	5	皮膚，骨表面	0.01
α粒子，核分裂片，重原子核	20	その他	0.05

[*1] ICRP 1990 年勧告による．
[*2] エネルギーの単位

組織における放射線感受性については，表9-6に示した．放射線感受性が高いのは上記で述べた通りで，細胞分裂がさかんな組織で，造血組織や生殖腺，腸上皮などがその代表例である．腸上皮は数日以内に新しい細胞に入れ替わる代謝回転を行っているが，上皮細胞の供給源である幹細胞（クリプト細胞）は放射線に対する感受性が高く，非常に強い放射線を受けた場合，この細胞が障害を受けて上皮細胞の供給が停止するので，数日で出血や細菌感染により死に至る．反対に，細胞分裂をほとんど

表 9-6 放射線感受性による組織の分類

細胞分裂頻度	組織	放射線感受性
高い	A群：リンパ組織，造血組織（骨髄），睾丸精上皮，卵胞上皮，腸上皮	最も高い
かなり高い	B群：咽頭口腔上皮，皮膚表皮，毛嚢上皮，皮脂腺上皮，膀胱上皮，食道上皮，水晶体上皮，胃腺上皮，尿管上皮	高度
中程度	C群：結合組織，小脈管組織，成長している軟骨，骨組織	中程度
低い	D群：成熟した軟骨，骨組織，粘液漿液腺上皮，汗腺上皮，鼻咽頭上皮，肺上皮，腎上皮，肝上皮，膵臓上皮，下垂体上皮，甲状腺上皮，副腎上皮	かなり低い
細胞分裂をみない	E群：神経組織，筋肉組織	低い

行わない神経細胞や筋肉組織は放射線に対する感受性が低い．

また，細胞レベルでの放射線に対する感受性については，細胞周期による違いがみられる．通常，細胞分裂が行われるM期が最も放射線感受性が高く，次にG_1後期からS期の前半が高い感受性を示す．また分裂が休止しているG_0期は最も放射線感受性が低い．

G_1期：細胞分裂が終了したあと，次の分裂のためのDNA合成が始まるまでの期間．DNA合成に必要な準備も行われる．ここで細胞周期が休止して一旦停止した状態をG_0期という．
S期：次の細胞分裂のためのDNA合成が行われる期間．DNAを半保存的に2倍に複製する．
G_2期：DNA合成が終了したあと，細胞分裂が始まるまでの時間．タンパク質合成など，細胞分裂に必要な準備を行う．
M期：細胞分裂期．染色体が出現し，倍加した細胞のそれぞれに等量分配されていく．

9-1-5 身体的影響と遺伝的影響

放射線の生体への影響は，大きく身体的影響と遺伝的影響に分けられる．身体的影響は急性障害と晩発障害に分類され，次項で述べるので，ここでは遺伝的影響について述べる．

放射線に被ばくした影響が本人のみならず，子孫にも及ぶことを遺伝的影響という．精巣の精子や卵巣の卵子のDNAに突然変異を誘発するなどの損傷によって，精子や卵子が障害を受けることは，細胞が致死的な障害を受ける場合は不妊となり，非致死的な障害を受ける場合は次世代にその変異が継承される可能性がある．また，精子や卵子が非致死的であっても，受精卵の細胞分化の過程で必須の遺伝子に致命的突然変異が誘発された場合は，分化がそのステージで止まってしまい発達の途中で死亡するケースも考えられる．

突然変異には，遺伝子突然変異と染色体突然変異がある．染色体突然変異は，染色体の切断や転座，逆位など，遺伝子のみならず染色体の形態自体に変化が起きるような変異である．これは染色体の形態に異常が起きるという意味で染色体異常ともよばれる．この変異は，細胞へのダメージが大きく，細胞が死に至るケースが多い．遺伝子突然変異は，塩基の変異，挿入，欠失などによる遺伝子レベルでの変異で，子孫にも継承されるケースが多い．

人為的に放射線により誘発される突然変異を放射線誘発突然変異といい，天然放射線等による自然突然変異とは区別する．自然突然変異率を倍加させる放射線量を倍加線量という．この倍加線量が大きいほど遺伝的影響は小さいことになる．人における倍加線量は急性被ばくで1.7～2.2 Gy，低線量率被ばくで4 Gyと考えられている．

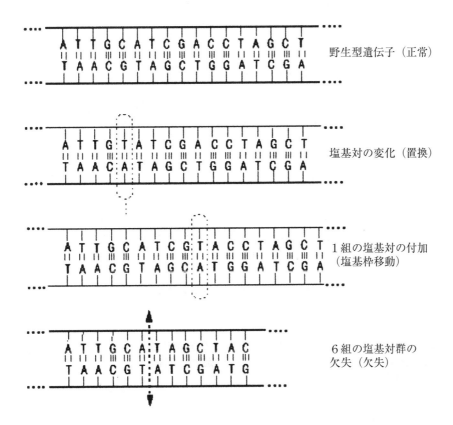

図9-8 遺伝子突然変異におけるDNA塩基の変化
(J.W.Watson, 1974)

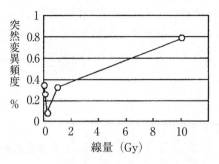

1930 Oliver のデータをグラフにしたもの.

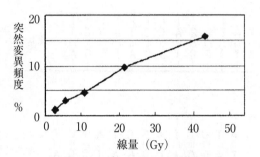

図 9-9　放射線の線量と突然変異誘発率

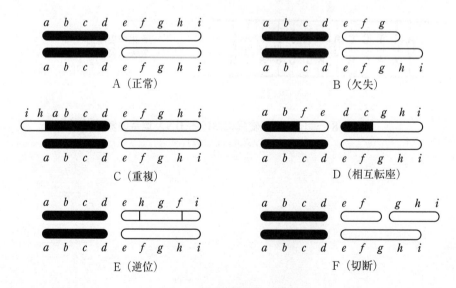

図 9-10　染色体異常の模式図
（芦田ら編，1954）

Tea Break──テレビドラマの弊害

　NHKのドラマ人間模様で，1981年から1984年にかけて「続」と「新」も合わせて3回のシリーズで「夢千代日記」が放送された（合計20回）．兵庫県湯村温泉を舞台として，母親の胎内で被ばくした被ばく二世の芸者夢千代とその周辺の人間模様を描いたドラマであった．夢千代は原爆症（白血病）を発症していて余命2年の宣告を受けているという設定で，この夢千代に吉永小百合が扮したことから，大層な人気ドラマとなって，初回放送後，何回も再放送された．しかしある意味，この番組が，胎内で被ばくすると重篤ながんになるという間違ったイメージを視聴者に植え付けてしまったようにも思われる．多くの視聴者の目に触れるテレビドラマであるから影響は多大に思われる．

　実際に被ばく時に母親の胎内にいた子孫に対する影響で明らかになっているのは小頭症や妊娠8～25週齢での精神遅滞のみである．また，被ばく者の実子についての遺伝的影響を調べたのが表9-7である．被ばくしていない対照群と比較して，どの検査項目においても，被ばくしたことによる有意な数値の上昇は認められない．また，遺伝性発がんの数値にも全く変化はない．これらにより，放射線被ばくによる，子孫での発がんリスクの増加は，科学的には今のところ認められないと結論付けられる．

表 9-7　原爆放射線の遺伝的影響

調査項目	20歳までのがん発生	安定型染色体異常	染色体の数の異常	血球タンパク質遺伝子の変異	発生異常死産新生児死亡	生後早期の死亡
対照二世	0.05% (21/41069)	0.31% (21/41069)	0.30% (24/7976)	0.00064% ($3/4.7 \times 10^5$)	4.99% (2257/45230)	7.35% (2451/33361)
被ばく二世	0.05% (16/31156)	0.22% (18/8322)	0.23% (18/8322)	0.00045% ($3/6.7 \times 10^5$)	5.00% (503/10069)	7.08% (989/13969)

9-1-6　急性障害と晩発障害

　放射線の身体的影響は急性障害と晩発障害に分類できる．

　急性障害のうち最も激しいものは急性放射線死ともいわれる．哺乳動物に大量の放射線を照射した時の障害と生存日数を図9-11に示す．

　図のように数Gyから10 Gy以上の放射線を受けた時の急性障害，急性放射線死は，骨髄死，腸管死，中枢神経死，分子死に分けられる．

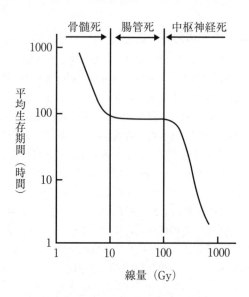

図 9-11 哺乳動物における放射線死

骨髄死：5～10 Gy の線量を受けると，2～3 週間で死亡する．これは骨髄にある幹細胞が障害されるためと考えられる．まず骨髄の幹細胞が減少し，次に幹細胞から分化する白血球や血小板が減少する．この障害は，骨髄細胞の他家移植によって回復できる．ヒトの場合，2.5～3.0 Gy の線量を受けると，約 4 週間でほぼ死に至る．

腸管死：10～100 Gy の放射線を受けた時に，4～6 日後に下痢や出血を起こして死亡する．これは前述の腸上皮における幹細胞が障害されるためと考えられる．ヒトの場合，5～20 Gy の線量で 1～3 週間後に死亡する．原爆の爆心地の線量が約 8 Gy といわれるが，被ばくした直後，一見何も重大な障害がないように思われても，1 週間くらいして急に具合が悪くなり出血して亡くなる例が多くあった．これらは腸管死と考えられる．

中枢神経死：線量が 100 Gy を超えるような大量の放射線を受けると，てんかん様の発作を起こしたり，昏睡状態に陥って 1～2 日で死亡する．これは中枢神経死と呼ばれて，神経細胞が障害を受けるために起こる．ヒトの場合，20 Gy 以上の被ばくで起きる．

分子死：さらに線量が高く 1,000 Gy を超えるようになると，生体分子の変性等の障害が起きて，ほとんど即死に近い状態になる．これを分子死という．

　放射線照射後，30 日以内に半数の個体が死滅する線量を半致死線量（$LD_{50/30}$）という．この数字が大きいほど放射線感受性は低いということになる．この半致死線量は動物種によってかなり異なっている．ヒトでは約 3 Gy であり，マウスでは 5～6 Gy，ラットは約 8 Gy といわれている．

> **Tea Break —— 静かな原爆**
>
> 　日本は広島，長崎と2回の原爆の投下を受けた世界唯一の被爆国である．現在の放射線の人体への影響に関するデータは，この2回の原爆とチェルノブイリ原発事故，東海村ウラン加工工場での臨界事故等から得られた貴重なものである．特に2回の原爆はその被害規模において甚大なものであり，未だにこの影響について研究が続けられていると共に，原爆症に今でも苦しんでいる多くの人たちがいることも忘れてはならないことである．特に，被爆者が高齢になった70年後の今に至って，晩発障害の血液がんが発症してきていることは科学的にも見過ごせない事実である．ところで，原爆というと鉄もガラスも一瞬で溶かす熱と音速を超える爆風で一瞬のうちにすべてが焼きつくされることや，その数十分後に黒い雨による核分裂核種のフォールアウトが起こる事実を我々は知っているが，しかし，もし，何の熱も出さず何の爆風もない静かな原爆があったとしても人は死を免れないのである．1998年「原爆投下・10秒の衝撃」という番組がNHKで放映された．これは，80％の濃縮ウラン235が75 kg使用された広島型の原爆で，核分裂開始0秒から10秒後までの間に何が起きるかを明らかにした興味深い番組であった．この番組で示されたように，0秒から100万分の1秒の間，すなわちまだ熱線も衝撃波も発生しない静かなうちに，爆心地から130 mの家屋では，既に57.7 Gyの大量の中性子線とγ線を浴びてそれだけでも人々は死に至ると考えられるのである．この後，3秒後までには熱線と衝撃波が発生するが，それがなかったとしても生物は死に絶えることになる．この優れた番組は，放送後，多くの放送関係の賞を受賞した．

　次に晩発障害であるが，放射線を受けた直後には症状が出なかったり，あるいは重篤でない急性障害が現れて回復した場合でも，数年後，数十年後に障害が現れる場合がある．これを晩発障害という．この障害の代表例は発がんである．その他に，寿命の短縮や白内障の発症も含まれる．代表例の発がんであるが，図9-12に，被ばくした放射線量と発がんリスクについて，生活習慣と比較したものを示した．これは国立がん研究センターの調査によるものであるが，200 mSvまでの線量であれば，ほとんど正常コントロールと差がなく，また，200 mSv以上でも，運動不足，肥満では500〜1,000 mSvの放射線を受けた時と同程度のリスクである．さらに高線量においても，飲酒，喫煙と同程度というリスクであって，生活習慣による発がんリスクと放射線を受けたことによる発がんリスクには大きな差はないということになる．

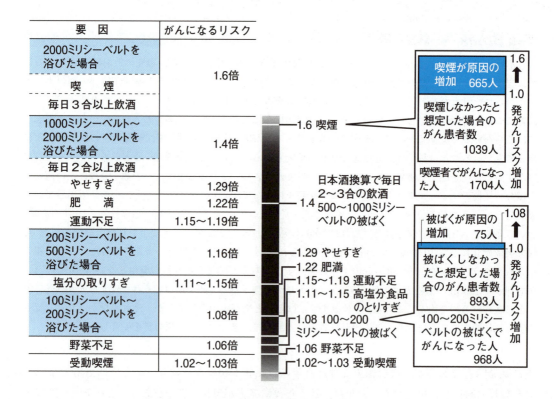

図 9-12　放射線と生活習慣による発がんリスク
（国立がん研究センター調べ）

　とはいうものの，200～300 mSv を超える線量では発がんのリスクが高まることは確かで，皮膚がんの発生に 0.2～30 Sv の線量を要するといった報告や，被爆者の白血病について，1 Sv で死亡率が約 1%，2.5 Sv では 5% に上昇するという報告，さらに，被ばく 10 年後がほぼ白血病のピークと思われていたのが，前述のように，被ばく 70 年を経た現在に至って第 2 の白血病といわれる骨髄異形成症候群（MDS）が発症し，この恐怖から逃れられない被爆者の実態を，「遺伝子に埋め込まれた時限爆弾」と称した報告もある．

　さらに，特定の組織に集積する性質をもつ放射性核種には注意が必要で，甲状腺に集積して甲状腺がんを引き起こす放射性ヨウ素（^{131}I）の場合，特に小児期ではがんの発生率が上昇することが知られている．一般に，小児は大人よりも放射線障害を受けやすいとされていて，白血病の発生も，小児の場合，被ばく後の早期に急激に上昇することが知られている．また，全身に蓄積する放射性セシウム（^{137}Cs）の場合も，重量当たりの蓄積量が，小児では大人の 2～3 倍になるという報告がある．

9-1-7　確率的影響と生体組織反応（確定的影響）

　放射線の生体への影響について，身体的影響と遺伝的影響に分けて，さらに身体的影響を急性影響と晩発影響に分けて説明したが，これらは，被ばく線量と発生率の関係から，確率的影響と生体組織反応（確定的影響）に分けることができる．これは 1990 年の国際放射線防護委員会（ICRP）の勧告

(publication）で提唱された考え方である．

　図9-13に確率的影響と生体組織反応（確定的影響）について示した．確率的影響は，被ばく線量と発生率が直線関係にある場合で，少量の放射線でも生体に影響が出る可能性があり，また被ばく線量が増えるほど発生率も高くなるという場合である．これに相当するのは，晩発影響のうち発がんと，遺伝的影響である．一方，生体組織反応（確定的影響）にはしきい値が存在し，被ばく線量がこのしきい値を超えると，初めて影響が現れる．言い換えれば，ある一定線量以上の被ばく線量で，初めて影響が現れるというもので，発がん以外の身体的影響がこれに相当する．

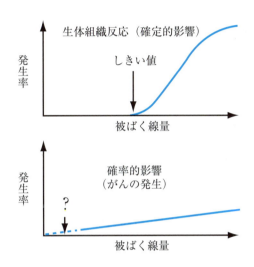

図9-13　確率的影響と生体組織反応（確定的影響）

　図9-14に，生体組織反応（確定的影響）について示した．この生体組織反応（確定的影響）に分類される各身体的影響のしきい値は，表9-8のようである．

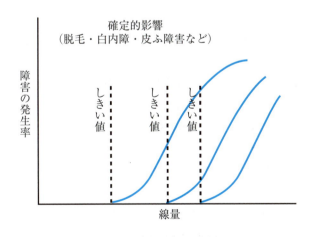

図9-14　生体組織反応（確定的影響）

表 9-8 生体組織反応（確定的影響）におけるしきい値の例

影響の種類	しきい線量（グレイ） （短時間1回被ばくの場合）
白血球の一時的減少	0.5
一時的不妊　男性	0.15
一時的不妊　女性	0.65～1.5
永久不妊　　男性	3.5～6
永久不妊　　女性	2.5～6
白内障	5
一時的脱毛	3～5

9-2　放射線障害の評価

9-2-1　放射線の影響の評価とその基準

　これまで述べてきた生体への放射線の影響や防護の基準については，後述のように，国際放射線防護委員会（ICRP）が，Publication という形でしばしば勧告を提示し，我が国の放射線に関する法律も，これに基づいて作られ，また改正されてきた．これらは，放射線影響研究所による原爆の影響の長期追跡結果や，過去の放射線事故のデータが基になっている．また，この取扱いに関して，現在，我が国では，原子力規制庁が放射線の安全規制や管理に関する業務を一元的に行っており，さらに，公益社団法人日本アイソトープ協会が，放射性同位元素の供給から廃棄までの業務を行って，その安全確保と振興に努めている．

　3.11 東日本大震災に伴う福島原発の事故以来，特に，放射性ヨウ素や放射性セシウムが生体に及ぼす影響や，その食品からの摂取基準が示されてきた．原発で問題になる放射性ヨウ素（^{131}I）は，β線とγ線を放出する．体内に取り込んだ場合β線が問題となるが，甲状腺に蓄積するため，大量に摂取すると甲状腺がんの原因となる．10,000 Bq の ^{131}I を経口摂取した時の実効線量は，約 0.22 mSv になる．また，例えば牧草地に 1,000 Bq の ^{131}I が沈殿すると，その草を食べた牛から絞った牛乳1Lに約 900 Bq の放射能が含まれるといわれている．この ^{131}I の物理的半減期は8日と短く，比較的早く減少するので，この核種の影響は比較的短期的である．次に問題となる放射性セシウム（^{137}Cs）は，体内に取り込んだ場合，特定の臓器への集積性はないが，その半減期は30年と長い．ただ，体内で放射能が半分になる生物学的半減期は成人で70日と比較的短いので，蓄積し続けることはない．環境中では，1時間当たり 0.11 μSv のレベルで，年間約1 mSv となって，一般公衆の放射線限度にほぼ相当するので，このレベルであれば問題ない．また海外では，自然放射線によって生涯線量が 300～600 mSv となる地域もあり，これから考えて，特に成人の場合は，年間 10～15 mSv の線量でも，

健康上問題はないと考えられている．なお，放射線作業従事者では年間 50 mSv が線量限度となっている．放射線被ばくでもう1つ問題となるプルトニウム（^{239}Pu）は，自然界にほとんど存在しない元素で，半減期は2.4万年と長く，しかもα線を放出するので，体内に取り込んだ場合，特に問題となる．生物学的半減期も骨で50年，肝臓で20年と長い．原子炉においては，^{238}U から ^{239}U を経て生成される．通常の ^{235}U を濃縮したウラン燃料を核分裂させる原子炉でも，^{238}U から生成する ^{239}Pu が核分裂して，発電量全体の30%程度を占めるが，この ^{239}Pu が核分裂する割合を高めたのがプルサーマル発電である．この場合，^{238}U と ^{239}Pu の混合燃料（MOX燃料）を用いるが，この燃料の割合が全体の3分の1の場合，^{239}Pu による発電量は全体の半分を超える．この ^{239}Pu は，大気中には拡散しにくいので，主に水からの体内への摂取等が考えられるが，環境試料中の ^{239}Pu の分離精製や測定に長時間（1週間程度）を要することから，緊急時に即した迅速な測定法の開発が求められている．

なお，BqとSvの換算についてここで述べておく．実効線量（Sv）は以下の式で求められる．

実効線量＝放射能濃度(Bq/kg)×実効線量係数(Sv/Bq)×摂取量(kg/日)×

摂取日数(日)×市場希釈係数×調理等による減少補正

経口摂取の場合，実効線量係数（Sv/Bq）として以下の値を使用する．

^{131}I：2.2×10^{-8}，^{137}Cs：1.3×10^{-8}，^{239}Pu：2.5×10^{-7}

また，市場希釈係数＝1，調理等による減少補正＝1とする．

例えば，ホウレンソウ1 kg に ^{131}I が 2,000 Bq 含まれているとすると，Bq値に ^{131}I の経口摂取の場合の実効線量係数（2.2×10^{-8}）をかけて，

2000 Bq/kg × 2.2×10^{-8} Sv/Bq = 0.000044 Sv/kg = 0.044 mSv/kg = 44 μSv/kg

Tea Break —— ウラン濃縮の秘密

ウラン濃縮とは，天然ウラン中に含まれるウラン235の濃度を高める操作のことをいう．天然ウランにはウランの同位体であるウラン238が99.7%，ウラン235が0.7%含まれているが，ウラン235が核分裂を起こすのに対して，ウラン238は核分裂を起こさない．そのため，天然ウランを原子炉の核燃料として用いる場合，ウラン燃料が臨界に達するためにウラン235の濃度を高める必要がある．これがウラン濃縮で，代表的な濃縮法として，この両者のわずかな質量の差を利用した遠心濃縮法がある．ウラン濃縮工場というと，この遠心機が森のように工場内に林立する様を思い浮かべるが，このようにして，ウラン235の濃度を0.7%以上に高めたものを濃縮ウランという．一般に濃度3〜5%のものが原子炉の核燃料としてもちいられる．実は，この濃度を80〜90%に高めたものが核兵器に使用されるため，ウラン濃縮工場の規模や能力といったものは極めて国家秘密性の高いもので，その場所についても

遠心分離法
灰色の丸はウラン235，
黒色の丸はウラン238

衛星写真等から判断するしかない．もちろんその工場の中に入ることのできる人間は限られていて，入室時は何十もの極めて厳しいチェックを受けなければならない．あまり公開されることのない，このウラン濃縮技術の有無やそのレベルは，実は一国の存亡にも関わるような秘密情報になりうるのである．

9-2-2 放射線と食品

　食品中の放射性物質の基準値は，厚生労働省において定められている．原発事故の直後には，放射性セシウムについての暫定規制値が定められたが，平成24年4月1日から，新たな基準値が定められた．この基準値では，表9-9のように，線量の上限を年1 mSvに設定し，一般食品について，通常の食生活においてこれを超えない限度値を年代，性別ごとに算出して，その最小値以下の数値として，100 Bq/kgという数値を決定した．また放射線感受性が高い可能性があるとされる子供が摂取する牛乳や乳児用食品はその半分，そして，多くの人が多量に摂取する水は1/10の数値を設定した．

表9-9　食品中放射性物質の基準値

事故後の暫定規制値 年5ミリシーベルト		新基準値 年1ミリシーベルト	
飲料水	200	飲料水	10
牛乳・乳製品	200	牛乳	50
野菜類	500		
穀類	500	一般食品	100
肉・卵・魚・その他	500		
		乳児用食品	50

　食品に含まれる放射性物質の新基準値が平成24年4月1日から適用されたことで，全国にある検査機器の多くが改良や使用法の変更を迫られた．新基準値はそれまでの暫定規制値より厳しくなり，これまでの機器や使用法では検出精度が不足するため，検査を行う自治体は財政面などから苦慮することになり，原発事故が生んだ食のリスクに対応する困難さを生み出した．

　食品の放射性物質検査には，主に，ゲルマニウム（Ge）半導体検出器とヨウ化ナトリウム（NaI）シンチレーション検出器の2種類が用いられる．ゲルマニウムは，食品1 kg当たりで数Bq単位まで精密に測定できるが，価格は1,000万〜2,000万円と高価である．一方，NaIは，通常の測定下限値が数十Bqと精度は下がるが，価格は300万円前後と比較的安値である．

図9-15　ゲルマニウム検出器

9-3 章末問題

問1 生体への影響を考慮した電離放射線の実効線量の単位はどれか．1つ選べ．
1. クーロン　2. グレイ　3. シーベルト　4. ベクレル　5. カンデラ

(第99回薬剤師国家試験)

正解 3

解説
1. 電気量．
2. 吸収線量．
3. 正しい．
4. 放射能．
5. 光度．

問2 有効半減期が18年，物理学的半減期が29年である放射性核種の生物学的半減期に最も近いのはどれか．1つ選べ．
1. 3年　2. 11年　3. 29年　4. 37年　5. 47年

(第99回薬剤師国家試験)

正解 5

解説 $\dfrac{1}{T_e} = \dfrac{1}{T_p} + \dfrac{1}{T_b}$　よって正解は5．

問3 電離放射線の人体影響に関する記述のうち，正しいのはどれか．2つ選べ．
1. 影響は，確定的影響と確率的影響とに分けることができる．
2. 確定的影響には，しきい値が存在しない．
3. 等価線量は，人体への被曝線量を評価するために用いられる．
4. 酸素効果とは，酸素の存在により放射線の影響が減弱されることである．
5. 脂肪組織は，骨髄組織と同程度の感受性を示す．

(第98回薬剤師国家試験)

正解 1, 3

解説
1. 正しい．
2. 存在する．
3. 正しい．
4. 増強される．
5. 骨髄組織は高く脂肪組織は低い．

問4 放射性核種に関する記述の正誤について，正しい組合せはどれか．

a 核爆発に伴うフォールアウト（放射性降下物）の中で，食品を汚染して問題となるのは，主として ^{137}Cs, ^{90}Sr, ^{40}K である．

b 半減期は，^{40}K > ^{137}Cs > ^{131}I の順である．

c ^{90}Sr は，α線を放出する．

	a	b	c
1.	正	正	誤
2.	誤	誤	正
3.	正	誤	誤
4.	誤	正	正
5.	誤	正	誤
6.	正	誤	正

（第96回薬剤師国家試験）

正解 5

解説
a フォールアウト時に問題となるのは ^{90}Sr, ^{131}I, ^{137}Cs, ^{235}U, ^{239}Pu など．^{40}K は，天然性放射性核種で問題にならない．

b ^{40}K の半減期は，1.3×10^9 年，^{137}Cs の半減期は，約30年，^{131}I の半減期は，約8日．

c ^{90}Sr が放出するのは β^- 線．

問5 図アとイは，電離放射線被曝における吸収線量と生体障害の関係を示したものである．放射線障害に関する記述のうち，正しいものの組合せはどれか．

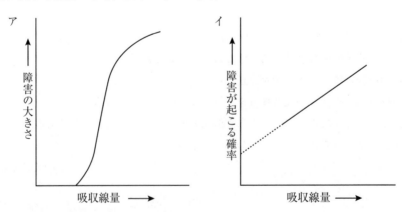

a 急性放射線障害は，すべてアで表される．
b 晩発性放射線障害は，すべてイで表される．
c 不妊は，アで表される．
d 白内障は，イで表される．

1. (a, b) 2. (a, c) 3. (a, d) 4. (b, c) 5. (b, d) 6. (c, d)

（第95回薬剤師国家試験）

正解 2

解説 b 晩発性障害のうち発がんはイ,白内障はア.
　　　 d 白内障はア.

問6 ^{137}Cs と ^{131}I が同時に体内に取り込まれたとき,^{137}Cs の放射能が1/2になるまでの時間は,^{131}I の放射能が1/2になるまでの時間の何倍か.最も近い値を選べ.ただし,^{137}Cs の物理的半減期は約30年,生物学的半減期は約70日とし,^{131}I の物理的半減期は約8日で,生物学的半減期は約138日とする.
1. 0.1　2. 1　3. 10　4. 100　5. 1,000

(第94回薬剤師国家試験)

正解 3

解説 $\dfrac{1}{T_e} = \dfrac{1}{T_p} + \dfrac{1}{T_b}$

問7 電離放射線に関する記述のうち,正しいものの組合せはどれか.
　a　放射線荷重係数は,α線よりγ線の方が大きい.
　b　放射線の人体への影響は,細胞分裂の盛んな組織で大きい.
　c　放射線の人体への影響の度合いを表す単位は,グレイ(Gy)である.
　d　α線放出核種の人体への影響は,体外被曝よりも体内被曝による方が大きい.
1. (a, b)　2. (a, c)　3. (a, d)　4. (b, c)　5. (b, d)　6. (c, d)

(第93回薬剤師国家試験)

正解 5

解説 a　α線の方が大きい.
　　　 c　シーベルト(Sv).

問8 非電離放射線に関する記述の正誤について,正しい組合せはどれか.
　a　皮膚透過性は,赤外線の方が紫外線よりも高い.
　b　赤外線の過剰な暴露は,白内障の原因になる.
　c　紫外線のUV-Aは,UV-Bに比べて光エネルギーが大きく生物への傷害性が高い.

	a	b	c
1.	誤	正	誤
2.	正	正	誤
3.	誤	誤	正
4.	正	誤	正
5.	正	誤	誤
6.	誤	正	正

(第92回薬剤師国家試験)

正解 2

解説 c UV-Bの生物への傷害性が高い．

問9 放射性核種に関する記述のうち，正しいものの組合せはどれか．
　a 食品中に含まれる ^{40}K は，核分裂に由来する．
　b 自然環境中での ^{222}Rn による体内被曝は，呼吸に由来する．
　c ^{131}I は，甲状腺に蓄積する．
　d ^{90}Sr は，筋肉に蓄積する．
　1．(a, b)　2．(a, c)　3．(a, d)　4．(b, c)　5．(b, d)　6．(c, d)

（第91回薬剤師国家試験）

正解 4

　a ^{40}K は自然放射線．
　d ^{90}Sr は骨に集積する．

問10 放射線に関する記述のうち，正しいものの組合せはどれか．
　a 紫外線は，赤外線より皮膚の透過力が強い．
　b 赤外線の反復曝露は，白内障を生じることがある．
　c 電離放射線の α，β，γ 線の中で，生体の透過力が最も強いのは α 線である．
　d 生体への影響を考慮した電離放射線の実効線量当量の単位は，シーベルト（Sv）である．
　1．(a, b)　2．(a, c)　3．(a, d)　4．(b, c)　5．(b, d)　6．(c, d)

（第91回薬剤師国家試験）

正解 5

解説 a 赤外線が皮膚の透過力が強い．
　c 生体の透過力が最も強いのは γ 線である．

第10章

放射線の管理と安全取扱

第10章の要点

- **国際放射線防護委員会**

  防護の目的　　（1）安全を確保しつつ，放射線の利用を妨げない
  　　　　　　　（2）生体組織反応の発生を防止する
  　　　　　　　（3）確率的影響を許容レベルに制限する

  放射線防護体系　（1）行為の正当化，（2）防護の最適化，（3）個人の線量限度

  被ばくの分類　（1）職業被ばく，（2）公衆被ばく，（3）医療被ばく

  被ばく状況　　（1）計画被ばく状況，（2）緊急時被ばく状況，（3）現存被ばく状況

- **主な法令**　　障害防止法，医療法，医薬品医療機器等法（旧薬事法），電離則，人事院規則など

- **障害防止法**　空気を電離する能力を持つ放射線，一定数量以上，一定濃度以上の放射性同位元素，放射性同位元素装備機器や放射線発生装置などが規制の対象となる

  放射線業務従事者の線量限度

  　　　　　実効線量限度　　100 mSv/5年（50 mSv/年）
  　　　　　等価線量限度　　眼の水晶体：150 mSv/年，皮膚：500 mSv/年

- **外部被ばくと内部被ばく**

  　　　　外部被ばくに対する防護　放射線防護の三原則（距離，時間，遮へい）
  　　　　内部被ばくに対する防護　体内への進入経路を知ることが重要
  　　　　　　（経口摂取，経呼吸器摂取，経皮膚または経傷口摂取）

- **施設管理**　　使用の許可・届出　（放射線取扱主任者，放射線障害予防規程などの設置）
  　　　　　　　管理区域と施設基準，管理基準，行為基準を遵守する

- **安全取扱**　　環境モニタリング　エリアモニタ，サーベイメータで測定
  　　　　　　　空間線量率，表面汚染，空気中，水中放射性物質の測定

> 　　　　　　個人モニタリング
> 　　　　　　　　外部被ばくモニタリング（ガラスバッジ，ルクセルバッジなど）
> 　　　　　　　　内部被ばくモニタリング（バイオアッセイ法と体外計測法）
> 　　　　　廃棄物の管理と汚染の管理を徹底する
>
> ・放射線事故　　単純な過誤や安全の軽視といった人的エラーによるものがほとんどであり，平素から適切な管理を心がけることが重要である
>
> ・放射性医薬品の管理
> 　　　　製造に関しては「医薬品医療機器等法（旧薬事法）」に基づく「放射性医薬品の製造および取扱規則」に規定されている．
> 　　　　診療に関しては「医療法」の適用を受ける．
> 　　　　廃棄物に関しては「障害防止法」が適用される．
> 　　　　医療従事者の被ばく管理と患者の体内被ばく管理がある．

　医薬品の管理，取扱いは薬剤師の業務であり，**放射性医薬品** radiopharmaceuticals も同様に薬剤師が責任を持って管理しなければならない．しかしながら放射性医薬品は他の医薬品と性質が大きく異なり，同じように管理することは困難で，取扱いを誤ると重大な事故につながるおそれもある．薬剤師は放射線の管理と安全取扱についての知識を求められる場合もあり，放射性医薬品を適正に使用するためにも，放射線安全管理の基本的な事柄について学ばなければならない．放射線に関する知識は，薬学研究において放射線，放射性同位元素 radioisotope（RI）を取り扱う上でも必須であり，また患者や一般公衆の安全確保にも必要となる．
　ここでは放射線障害の防止に関する考え方，関係する法令，汚染防止の手段や放射線事故の対処法などについて概説する．

10-1　国際放射線防護委員会

　国際放射線防護委員会 International Commission on Radiological Protection（ICRP）は放射線防護の基本的な考え方を提示する国際学術組織で，わが国をはじめ世界各国は ICRP の勧告を尊重し，法令などに積極的に取り入れている．後述する「放射性同位元素等による放射線障害の防止に関する法律」では ICRP の 1990 年勧告（Pub.60）を基礎とし，放射線防護に用いられる用語や防護の手段，人に対する**線量限度** dose limits を定めている．さらに 2007 年勧告（Pub.103）では，放射線被ばく線量の算出に用いられる**放射線荷重係数**と**組織荷重係数**が見直され，現在，国内制度に取り入れる検討が始まっている．ICRP の勧告と国内法との間にずれがあることに注意が必要である．

A　ICRP 勧告の概要

ICRP の放射線防護の目的は，
① 放射線被ばくをともなう行為であっても明らかに利益をもたらす場合には人の安全を確保しつつ，その行為を不当に制限しないこと
② 個人の**生体組織反応** tissue reaction（**確定的影響** deterministic effect）の発生を防止すること
③ **確率的影響** stochastic effect の発生を容認できると思われるレベルにまで制限すること
である．

　生体組織反応（確定的影響）とはある線量（しきい線量）を超えなければ影響が現れない反応で，白内障，皮膚損傷，血液失調症，不妊などがある．この場合，しきい値を超えた被ばく線量は障害の重篤度に反映される．一方，確率的影響とはしきい線量がなく，線量と影響の発生との間に直線関係が認められるような反応で，遺伝的障害と発がんがこれに該当する．生体組織反応（確定的影響）の発生は線量を低く保ち，しきい線量を超えないようにすることで防ぐことができるが，確率的影響はいかに低い線量であっても発生する可能性があると考えるため，放射線作業においては絶対に安全といえる線量範囲は存在しないことになる．ICRP はこれらの目的を達成するため，次のような**放射線防護体系** system of radiological protection を勧告している．

① **行為の正当化** justification of practice：放射線被ばくを伴ういかなる行為も，正味でプラスの利益が得られるものでなければ行ってはならない．

② **防護の最適化** optimization of protection：正当な行為の結果もたらされるすべての被ばくは，経済的，社会的要因を考慮した上で，個人の被ばく線量，被ばくする人数，起こるかどうか確かでない被ばくの可能性のすべてについて，合理的に達成可能な限り低く保たなければならない．これは ALARA（as low as reasonably achievable）の法則と呼ばれる．

③ **個人の線量限度** dose limits for individuals：① および ② に加え，ICRP がそれぞれの状況に対して勧告する線量限度（表 10-1）を超えてはならない．

表 10-1　計画被ばく状況での線量限度[*1]

適用		線量限度	
		職業被ばく	公衆被ばく
実効線量		決められた5年間の平均が 20 mSv/年[*2]	1 mSv/年[*3]
等価線量	眼の水晶体	150 mSv/年	15 mSv/年
	皮膚[*4]	500 mSv/年	50 mSv/年
	手先および足先	500 mSv/年	−

[*1] 特定期間の外部被ばくの実効線量と，同一期間の体内摂取による預託実効線量との和に対する限度である．預託実効線量は，成人の場合は摂取後 50 年間，子どもの場合は 70 歳までの線量として計算される．
[*2] いかなる1年においても 50 mSv を超えてはならない．妊娠女性の職業被ばくには，他に追加制限がある．
[*3] 特殊な状況では，5年間の平均が 1 mSv を超えなければ，1年間当たりより高い実効線量が許容される．
[*4] 皮膚の確率的影響は，実効線量の限度値により十分に防護される．

B 放射線被ばくの分類

ICRPでは，放射線被ばくを，

① **職業被ばく** occupational exposure
② **公衆被ばく** public exposure
③ **医療被ばく** medical exposure

の3つに分類している．職業被ばくとは，放射線を利用した業務を行う者が作業時に受ける被ばくであり，医療被ばくや業務に関係しない自然放射線による被ばくは除く．公衆被ばくとは，職業被ばく，医療被ばく以外の被ばくであり，自然放射線による被ばくは含まない．医療被ばくとは，患者あるいはその介護者等が病気の診断，治療の際に受ける被ばくであり，それ故，被ばくに対する規制はなく，被ばく線量に上限値は定められていない．

また被ばくの状況を，

① **計画被ばく状況** planned exposure situation
② **緊急時被ばく状況** emergency exposure situation
③ **現存被ばく状況** existing exposure situation

の3つに分け，行為の正当化，防護の最適化，個人の線量限度の基本3原則を適用している．計画被ばく状況とは，計画的に線源を導入，操業する状況で，これまで「行為」として分類してきたものはこの状況に含まれる．緊急時被ばく状況とは，計画された状況からの不測の事態あるいは悪意のある行動により生じた至急の注意を要する予期せぬ状況である．現存被ばく状況とは，自然放射線あるいは過去の行為の残留物に起因する，管理の開始時に既に存在する被ばくの状況である．

行為の正当化，防護の最適化は3つの状況すべてに適用されるが，個人の線量限度は計画被ばく状況で受ける線量に対してのみ適用される．防護に関わる数値を単純化するため，制限値として3つの枠（バンド）を設定し（表10-2），状況に応じて拘束値，参考レベルとして適用する（表10-3）．

表10-2　制限値とその適用例

枠（バンド） (急性または年線量)	適　用
1 mSv 未満	被ばくした個人に直接的な利益はないが，社会にとって利益があるかもしれない計画被ばく状況に適用される（計画被ばく状況での公衆被ばく（拘束値））
1〜20 mSv	個人が直接，利益を受ける状況に適用される（計画被ばく状況での職業被ばく（拘束値），家屋内でのラドンによる被ばく（参考レベル），非常時の避難における被ばく（参考レベル））
20〜100 mSv	被ばく低減に係る対策が崩壊している状況に適用される（放射線事故など非常時の被ばく（参考レベル））

＊100 mSvを超える被ばくは，被ばくが避けられない人命救助，最悪の事態を防ぐ状況の場合に正当化される．

表 10-3　被ばく状況による線量限度，拘束値，参考レベルの適用

被ばくの状況	職業被ばく	公衆被ばく	医療被ばく
計画被ばく	線量限度拘束値	線量限度拘束値	参考レベル[*1]
緊急時被ばく	参考レベル	参考レベル	−
現存被ばく	適用しない	参考レベル	−

[*1] 介助者，介護者および生物医学研究の志願者は拘束値の適用となる．

C　管理区域と監視区域

　ICRP 勧告では，放射線業務従事者（作業者）および一般公衆の被ばく管理を目的として，空気・排気・排水中および物品の汚染濃度（密度）限度を核種ごとに細かく規定し，かつ線量限度も定められた管理区域 controlled area を設定している．さらに，放射性同位元素を用いる作業は監視下にあるが，通常は特別な手順を必要としない一般の区域として，監視区域 supervised area を導入した．管理区域は事故が発生する可能性を含む設定区域であり，一方，監視区域は事業主や作業者が経験および判断により，作業者の被ばくレベルを一般公衆の線量限度と同等となるように担保可能な核種や量を使用できる一般区域のことである．したがってこの監視区域においては，作業者は通常の一般作業と同様に放射性同位元素を扱うことができる．

D　その他の勧告

　ICRP はその他にも，人以外の動物種を対象とする，環境に対する放射線防護や潜在被ばくの防護などを取り入れるとともに，放射性廃棄物の一般公衆に対する放射線防護，今後発生すると考えられる原子力発電所の廃棄に伴う廃棄物の処分などの問題を積極的に討議し，より発展した放射線防護の勧告を行っている．

10-2　放射線障害防止法と放射線防護

　放射線，放射性同位元素は，病気の診断，治療を初めとして様々な面で役立っているが，使い方を誤ると人，環境に有害な影響を与えるおそれがある．このような危険を最小限に抑え，安全に放射線，放射性同位元素を利用するために多くの法令が定められている．放射線の障害防止に関する主な法令を表 10-4 に示す．

表 10-4　放射線障害の防止に関する主な法令

法規	行政官庁	規制対象
1）放射性同位元素等による放射線障害の防止に関する法律，同施行令，同施行規則，告示	原子力規制委員会	放射性同位元素の使用，販売，廃棄，その他の取り扱い（詰め替え，保管，運搬，譲渡，譲受，所持など）放射線発生装置の使用放射性同位元素によって汚染されたものの廃棄，その他の取扱い（詰め替え，保管，運搬など）
2）医薬品医療機器等法（旧薬事法），同施行令，放射性医薬品製造規則，薬局等構造設備規則，告示	厚生労働省	放射性医薬品の製造，管理，販売など
3）医療法，同施行規則	厚生労働省	放射性医薬品，診療用放射線発生装置などの使用
4）労働安全衛生法に基づく電離放射線障害防止規則	厚生労働省	放射性物質，X線などの使用に関する事項
5）人事院規則	人事院	国家公務員による放射性物質，X線などの使用に関する事項
6）作業環境測定法，同施行令，同施行規則，作業環境測定士規定	厚生労働省	作業環境の測定，作業環境測定士の資格・登録など
7）放射性同位元素等車両運搬規則，危険物船舶運送及び貯蔵規則，航空法施行規則，告示	国土交通省	放射性同位元素などの運搬
8）その他 消防法に基づく火災予防条例	地方自治体	火災に関わる事項

　このように規制する法令が多岐にわたる理由は，適用される法令が，放射線，放射性同位元素の状態や用途によって異なっているためである．同じ放射性同位元素でも放射性薬品として医療に用いられる場合は「医療法」，「医薬品医療機器等法（旧薬事法）」の規制を受け，研究用に用いられる場合は「放射性同位元素等による放射線障害の防止に関する法律（障害防止法）」の規制を受ける．運搬中であれば「放射性同位元素等車両運搬規則」で規制されるし，またこれらを取り扱う場所に出入りする者の安全を担保する法令も，国家公務員であれば「人事院規則」，民間職員であれば「労働安全衛生法」となる．これらはしかしながら本質的な部分では同じであり，したがってここでは放射線防護の基本となる「障害防止法」にふれながら，実際の放射線防護について概説する．

A　障害防止法における放射線，放射性同位元素の定義

　「障害防止法」では，放射線を放出するすべてのものが規制対象になるわけではない．規制対象となる放射線，放射性同位元素などを表10-5に示す．このように一定数量以上，一定濃度以上のものを規制の対象とし，また他の法令で規制されるものは対象外としている．

表 10-5 障害防止法の規制対象

用　語	定　義	規制の対象	適用除外
放射線 （法 2 条 1 項，原子力基本法 3 条 5 項）	電磁波または粒子線のうち直接または間接に空気を電離する能力を持つもの	1) α 線，重粒子線，陽子線その他の重荷電粒子線および β 線 2) 中性子線 3) γ 線および特性 X 線（軌道電子捕獲に伴って発生する特性 X 線に限る） 4) 1 MeV 以上のエネルギーを有する電子線および X 線	
放射性同位元素 （法 2 条 2 項，施行令 1 条）	放射線を放出する同位元素およびその化合物ならびにこれらの含有物（機器に装備されているものを含む）	1) 放射線を放出する核種が 1 種類のときは，核種ごとに定められている数量告示別表第 1 第 2 欄の数量および同第 3 欄の濃度を超えるもの 2) 放射線を放出する核種が 2 種類以上のときは，核種ごとに定められている数量告示別表第 1 第 2 欄の数量に対する割合の和が 1 を超えるものおよび同第 3 欄の濃度に対する割合の和が 1 を超えるもの	1) 核燃料物質，核原料物質（ウラン，トリウム，プルトニウム） 2) 放射性医薬品など 3) 放射性物質診療用器具であり，人の疾病治療の目的で体内に挿入され，再び取り出す意図がないもの（^{125}I，^{198}Au を装備したもの） 4) 数量が規制対象下限値以下のもの 5) 濃度が規制対象下限値以下のもの
放射性同位元素装備機器 （法 2 条 3 項）	放射性同位元素を装備している機器	硫黄計，蛍光 X 線分析装置，ガスクロマトグラフ用 ECD（^{63}Ni 装備機器），煙感知器，レーダー受信部切替放電管，熱粒子化式センサーなど	
放射線発生装置 （法 2 条 4 項，施行令 2 条）	荷電粒子を加速することにより放射線を発生させる装置	1) サイクロトロン 2) シンクロトロン 3) シンクロサイクロトロン 4) 直線加速装置 5) ベータトロン 6) ファン・デ・グラーフ型加速装置 7) コッククロフト・ワルトン型加速装置 8) 変圧型加速装置 9) マイクロトロン 10) プラズマ発生装置	装置表面から 10 cm 離れた位置の線量率が 600 nSv/h 以下のもの

B　障害防止法の構成

「障害防止法」は，通常「放射性同位元素等による放射線障害の防止に関する法律」，「同施行令」，「同施行規則」，「同告示」の総称として使われる．その目的は，放射性同位元素や放射線発生装置の使用および放射性同位元素によって汚染されたものの廃棄などを規制することにより，放射線障害を防止し，公共の安全を確保することであり，その内容は，

① 使用の許可・届出

② 施設基準と管理区域

③ 管理基準
④ 行為基準
⑤ 罰則その他

に大別される．

　放射線，放射性同位元素等の取扱いをする者（法人であればその代表者，以下「使用者」という）には，「障害防止法」の目的を遵守すべく，様々な義務，制約が課せられており，これらに違反した場合には厳しい刑事罰で事業所の代表者ならびに違反をした当事者その他が処罰される．

C　放射線防護に用いられる単位

　「障害防止法」では，放射線防護の観点から，ICRP の勧告に従って放射線業務従事者の線量限度を設定している（表10-6）．**等価線量** equivalent dose は生体組織反応（確定的影響）を防ぐため，**実効線量** effective dose は確率的影響を最低限に抑えるために定められているが，これらの値は直接測定できないことから，**線量当量** dose equivalent が測定できる実用量として用いられる．線量当量は，**吸収線量** absorbed dose（単位は**グレイ**（Gy），J/kg と同義）に**線質係数** quality factor を乗じたもので，単位は**シーベルト**（Sv）である．等価線量（H_T）は，一つの組織・臓器 T が受ける**平均吸収線量** average absorbed dose（D_T）に**放射線荷重係数** radiation weighting factor（W_R，放射線の種類とエネルギーに応じて決められている補正係数）を乗じたもので，その単位もシーベルト（Sv）となる（表10-7）．

$$H_T = W_R \cdot D_T \tag{10-1}$$

表10-6　放射線業務従事者の線量限度

区　分	実効線量限度	等価線量限度
放射線業務従事者	100 mSv/5 年 50 mSv/年	眼の水晶体：150 mSv/年 皮膚：500 mSv/年
女性[*1]	5 mSv/3 か月	
妊娠の申告した女性[*2]	内部被ばくについて 1 mSv	腹部表面について 2 mSv

[*1] 妊娠不能と診断された者，妊娠の意思のない旨を使用者等に書面で申出た者および妊娠を申告した女性を除く．
[*2] 本人の申出等により使用者等が妊娠の事実を知ったときから出産までの間につき適用する．

表 10-7　線質係数と放射線荷重係数（W_R）

放射線の種類		線質係数	1990 年勧告[*1]	2007 年勧告
光子		1	1	1
電子および μ 粒子		1	1	1
中性子	$E < 10$ keV	10	5	
	10 keV $\leq E \leq 100$ keV	10	10	
	100 keV $< E \leq 2$ MeV	10	20	連続関数
	2 MeV $< E \leq 20$ MeV	10	10	
	20 MeV $< E$	10	5	
陽子（$E > 2$ MeV，反跳陽子以外）		10	5	2
荷電 π 粒子		–	–	2
α 粒子，核分裂片，重原子核		20	20	20

[*1] 現行の国内法は 1990 年勧告を基にしている．

　さらに，この H_T に**組織荷重係数** tissue weighting factor（W_T, 全身が均等に照射された際の各組織・臓器の相対的寄与を表す補正係数）を乗じ，全組織について合計したものが実効線量であり，単位は同じシーベルト（Sv）となる（表 10-8）．

$$E = \sum_T W_T \cdot H_T \tag{10-2}$$

表 10-8　組織荷重係数（W_T）

組織	1990 年勧告[*1]	2007 年勧告
赤色骨髄，結腸，肺，胃	0.12	0.12
乳房	0.05	0.12
生殖腺	0.20	0.08
膀胱，肝臓，食道，甲状腺	0.05	0.04
皮膚，骨表面	0.01	0.01
脳，唾液腺	–	0.01
残りの組織[*2]	0.05	0.12

[*1] 現行の国内法は 1990 年勧告を基にしている
[*2] 残りの組織：副腎，胸郭外部位，胆嚢，心臓，腎臓，リンパ節，筋肉，口腔粘膜，膵臓，前立腺（男性），小腸，脾臓，胸腺，子宮／子宮頸部（女性）

> ### *Tea Break*──グレイとシーベルト
>
> 　吸収線量の単位として用いられる「グレイ」や等価線量，実効線量の単位として用いられる「シーベルト」は，放射線の生体影響の分野で功績のあった研究者の名前が由来となっている．ルイス・ハロルド・グレイはイギリスの物理学者で，線量測定の分野に貢献し，ブラッグ・グレイの空洞理論の発見者として知られている．吸収線量には，以前，国際放射線単位測定委員会（ICRU）が「ラド（rad）」と命名した単位を用いていたが，国際単位系（SI単位系）に改めるにあたり，特別な呼称として「グレイ」が用いられることとなった．1グレイ＝100ラドに相当する．一方，ロルフ・マキシミリアン・シーベルトはスウェーデンの物理学者で，国際放射線防護委員会（ICRP）の設立当初からの委員であり，1958〜1962年にはICRP委員長を務め，放射線防護に大きな功績を残した．その業績が評価され，放射能の人体への影響量を表す単位として「シーベルト」が定められた．ちなみに，ベクレル（放射能の単位），キュリー（以前の放射能の単位），レントゲン（以前の照射線量の単位）なども放射線の研究で大きな業績を残した研究者の名前に由来している．

D　外部被ばくと内部被ばく

　外部被ばく external exposure とは体外にある放射線源から放出される放射線により被ばくを受けることであり，**内部被ばく** internal exposure とは体内の放射線源から放出される放射線により被ばくを受けることである．両者の影響は放射性同位元素の量，放出される放射線の種類，エネルギーによって左右される．γ線，X線および中性子線など透過力の大きい放射線は，主として外部被ばくに注意する必要がある．α線，β線はγ線より電離作用が大きいが，透過力ははるかに小さいので外部被ばくよりも内部被ばくが問題となる．内部被ばくの場合，核種，化合物種などにより一部の組織・臓器に特異的に集積することがあり，被ばく線量が大きくなるおそれがある．α線や低エネルギーβ線は外部被ばくを考慮する必要がないが，高エネルギーβ線は**制動放射線（制動X線）**を放出しやすく，体外被ばくに注意が必要である．

1）外部被ばくに対する防護

　外部被ばくの防護には，放射線防護の三原則（**距離，時間，遮へい**）が重要である．
　　距離 distance：線源との間に距離をとる．
　　時間 time：作業時間をできるだけ短くする．
　　遮へい shield：線源との間に遮へい物を置く．
　通常はこの3つを組み合わせて効果的に防護を行うことになる．

①距離

　放射線量率は，点状線源からの距離の二乗に反比例して減弱する（**逆二乗の法則**）．すなわち，点状線源の強さを I_0 とすれば，線源からの距離 r での線量率 I は，

$$I = \frac{I_0}{r^2} \tag{10-3}$$

となる．被ばくの低減には距離をとることが重要であり，放射性同位元素を取り扱う際には，ピンセットやトングなどを使用する．α線やβ線は空気による吸収が起こるので，逆二乗の法則が成り立

ちにくい．

② **時間**

放射線量（A）は，線量率（I）と作業時間（t）の積である．

$$A = I \times t \tag{10-4}$$

作業時間を短縮すれば被ばくを低減することができるため，<u>コールド・ラン</u> cold run を行って作業内容を熟知し，作業時間を減らすことが大切である．

③ **遮へい**

(i) α 線に対する遮へい

α 線は透過力が弱く，遮へいする必要はない．

(ii) β 線に対する遮へい

エネルギーの低い β^- 線は，ガラス，プラスチック，アクリル板などで十分遮へいできる．^{32}P などの高エネルギー β^- 線に対しては制動 X 線に対する遮へいを考慮する必要がある．制動 X 線の放出割合（W）は，β^- 線のエネルギー（E）と遮へい体の原子番号（Z）に比例する．

$$W = 1.1 \times 10^{-3} EZ \tag{10-5}$$

したがって高エネルギー β^- 線はまずプラスチックなどの原子番号の低い物質で β^- 線を遮へいし，さらにその外側を原子番号の高い物質でおおって，制動 X 線を遮へいする．

β^+ 線の遮へいは β^- 線とほぼ同じであるが，β^+ 線が消滅して生じる 0.511 MeV の<u>消滅放射線</u>に対する遮へいを考慮する必要がある．

> ### *Tea Break* ── 消滅放射線は γ 線か？
>
> 陽電子が消滅する際に放出される電磁波を「消滅放射線」と呼ぶが，これを「消滅 γ 線」と表現する例がある．以前はこの「消滅 γ 線」という表現もよく使われていたが，近年，「消滅放射線」に置き換わってきている．γ 線は核から放出される電磁波であり，X 線は電子軌道から放出される電磁波である，と考えれば，陽電子消滅により放出される電磁波は γ 線でも X 線でもなく，「消滅放射線」が正しい気がするが，一方で「消滅放射線」という表現では電磁波であることを示しておらず，「消滅 γ 線」に比べて情報量が劣っている感は否めない．また「制動 X 線」は X 線であるが「電子軌道から放出される」という定義からは外れており，「電子軌道から放出される」特性 X 線とは異なる定義によって X 線と呼ばれていることから，陽電子消滅による電磁波も γ 線と定義すれば，「消滅 γ 線」の表現は間違っていないことになる．物理学的な正しさは一概に判断できない部分があるが，現在「消滅放射線」という表現が多く使われていることから，陽電子消滅による電磁波のことを「消滅放射線」と言い，「消滅 γ 線」と呼ばれることもある，と理解するのが無難である．

(iii) γ 線，X 線に対する遮へい

γ 線，X 線を遮へいする場合は，散乱線の有無で遮へい効果が異なってくる．図 10-1(a) のように狭い線束の場合，散乱線が少ないため，入射 γ・X 線の強度（I_0）と透過 γ・X 線の強度（I）との間には，

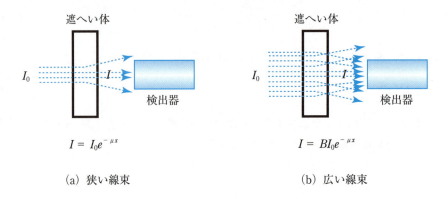

(a) 狭い線束　　　(b) 広い線束

図 10-1　γ線，X線に対する遮へい

$$I = I_0 e^{-\mu x} \tag{10-6}$$

が成り立つ．ここで，μ は遮へい体の入射 γ・X 線に対する線減弱係数 linear attenuation coefficient，x は遮へい体の厚さを示す．また，$I = \frac{1}{2} I_0$ に減弱させる遮へい体の厚さ（$D_{1/2}$）を半価層 half value layer（HVL）という．(10-6) 式より，

$$D_{1/2} = \frac{\ln 2}{\mu} = \frac{0.693}{\mu} \tag{10-7}$$

の関係式が成り立つ．同様に，$I = \frac{1}{10} I_0$ に減弱させる遮へい体の厚さ（$D_{1/10}$）を 1/10 価層という．通常 I を求める際には，$D_{1/2}$ を (10-6) 式に当てはめた，

$$I = \frac{1}{2} I_0^{-\frac{x}{D_{1/2}}} \tag{10-8}$$

を用いて計算する．また，μ を物質の密度 ρ で除した値を質量減弱係数 mass attenuation coefficient（μ_m）という．

一方，図 10-1(b) のように広い線束の場合は散乱線の寄与を考慮する必要があり，

$$I = B I_0 \mathrm{e}^{-\mu x} \tag{10-9}$$

が用いられる．ここで B は再生係数（ビルドアップ係数 build-up factor）と呼ばれ，散乱線の寄与を補正する補正係数である．γ・X 線のエネルギーおよび遮へい体の原子番号，形状，厚さ，その他により異なり，おおよその目安として，

$\mu x \ll 1$ のとき，$B = 1$

$\mu x \gg 1$ のとき，$B \fallingdotseq \mu x$

となる．また，γ線のエネルギーが 2 MeV 以上の場合，および遮へい体の原子番号が大きい場合は，

$B \fallingdotseq 1 + \mu x$

とする．

(iv) 中性子線に対する遮へい

中性子線はコンクリート，パラフィン，水などの水素含有量の高い物質を用いて減速させるが，原子核に捕獲された後，高エネルギーγ線を放出するため，鉛などの原子番号の高い物質で遮へいする必要がある．

2) 内部被ばくに対する防護

体内に取り込まれた放射性物質を取り除く有効な方法がないことから，内部被ばくの防護は放射性物質を体内に摂取しないことが基本となる．これには体内への進入経路を知ることが重要であり，すなわち，

> 経口摂取
> 経呼吸器摂取
> 経皮膚または経傷口摂取

の3つが考えられる．体内に入った放射性物質は特定の組織・臓器に集積する場合があり，少量であっても被ばくが大きくなるおそれがある．管理区域内では，飲食，喫煙，化粧などは厳禁である．

①経口摂取

ピペットなどに口を触れず，安全ピペッターを使うか，使い捨てのチップを用いるピペットを使用する．口に入った場合は，直ちに水で口を十分にすすぐ．さらに，飲み込んでしまった場合は速やかに胃の洗浄を行い，消化管からの吸収を抑制するための処置を実施する．

②経呼吸器摂取

揮発性，飛散性の放射性物質は，フード，グローブボックスで取り扱う．ガス状の放射性物質（$^{125}I_2$, $^{14}CO_2$）は吸収剤などに捕集し，粉末状の放射性物質は可能な限り飛散を抑える．吸入した際には速やかに新鮮な空気を吸入し，換気するなどの応急処置により体内汚染をできるだけ防止する．

③経皮膚または経傷口摂取

皮膚に付着した放射性物質は，速やかに洗浄，除去することで体内への侵入を最小限に抑えることができる．ただし傷口からは容易に体内に取り込むため，十分な注意が必要である．

> **Tea Break** ── 日常生活における放射線被ばく
>
> 日常生活において，我々は絶えず自然放射線による被ばくを受けている．自然放射線には，
> (1) 宇宙から来る宇宙放射線（宇宙線）
> (2) 土壌中の放射性物質からの放射線
> (3) 空気中および体内にある放射性物質からの放射線
>
> があり，世界平均では，(1) による外部被ばくが 0.39 mSv，(2) による外部被ばくが 0.48 mSv，(3) による内部被ばくが 1.55 mSv で，1 年で約 2.4 mSv 程度被ばくする．
>
> 日常の被ばく線量は場所，環境によって大きく異なり，例えば，標高の高いところでは宇宙放射線による被ばく線量が高くなる．人の生活空間のほとんどの場所の空間線量率は 0.01 から 1 μSv/h であるが，航空機内では 7 μSv/h，宇宙ステーション内では 24 μSv/h になる．土壌からの放射性物質による被ばく線量も場所による影響を受け，日本の平均的な地方での空間線量率は 0.06 から 0.11 μSv/h であるが，ラドン温泉で有名な三朝温泉では 0.15 μSv/h となる．また関東平野は関東ローム層で覆われているため，空間線量率が 0.03 から 0.08 μSv/h と若干低くなる．
>
> 日常被ばくには自然放射線によるもの以外に，人工放射線，すなわち医療行為にともなう被ばくもあり，世界平均では約 0.6 mSv となっている．日本人は (1) が 0.3 mSv，(2) が 0.33 mSv，(3) が 1.47 mSv で，自然放射線による被ばく線量は 1 年で約 2.1 mSv と若干低めであるが，医療被ばくによる線量は 3.87 mSv と高く，全体としては世界平均を上回る．
>
> 土壌中の放射性物質としては，地球創成期から存在する長寿命核種（^{40}K，^{238}U，^{233}Th など）およびその娘核種（^{226}Ra など）がある．空気中の放射性物質は主に，放射平衡娘核種である希ガス属のラドン（^{222}Rn，^{220}Rn など），食物などにより体内に入る放射性物質は，^{210}Pb，^{210}Po，^{40}K などであり，内部被ばくの原因となっている．

10-3 放射線の安全取扱と施設管理

10-3-1 施設・使用および作業者の管理

放射線施設を適切に維持・管理し，また放射線，放射性同位元素などの使用に一定の基準を設けることは，放射線業務従事者の安全の確保につながっている．放射線，放射性同位元素などを使用する際には，これらの基準を遵守しなければならない．

A 使用の許可・届出

障害防止法で規制される放射線，放射性同位元素等の取扱いをする場合には，図 10-2 に示すような手続きが必要である．放射性同位元素等の取扱いに先立って，放射線障害防止の監督を行う**放射線取扱主任者**を選任し，**放射線障害予防規程**を作成しなければならない．

主任者は放射線取扱主任者免状を有する者のうちから選任し，原子力規制委員会に届け出る．ただし，放射線，放射性同位元素を診療に用いる場合には医師または歯科医師を，放射性医薬品の製造施設で用いる場合には薬剤師を主任者に選任できる．使用者は，放射線障害の防止に関して主任者が必

要と認め，提言する意見を尊重する義務があり，また放射線施設に立ち入る者は，法令や予防規程の実施を確保するために主任者が与える指示に従わなければならない．主任者は定期的に指定講習を受講する必要があり，使用者には選任された主任者にこの指定講習を受講させる義務がある．

放射線，放射性同位元素等の使用方法は事業所によって異なるため，すべてを「障害防止法」に盛り込むことはできない．そのため事業所ごとに放射線障害予防規程を作成し，各事業所の実情に即した具体的内容を定めて原子力規制委員会に届け出ることを義務づけている．

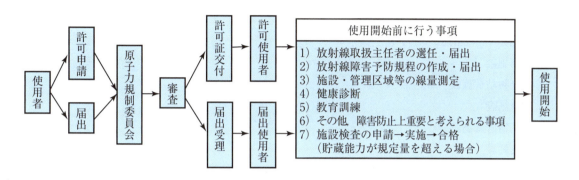

図 10-2　放射性同位元素などの取り扱い開始までに必要な手続き

Tea Break —— 放射線取扱主任者

　許可届出使用者，届出販売業者，届出賃貸業者および許可廃棄業者は，放射線障害の防止について監督を行わせるため，放射線取扱主任者を選任しなければならない．この放射線取扱主任者には，第1種，第2種および第3種放射線取扱主任者免状を有する者が選任され，特定許可使用者，密封されていない放射性同位元素の使用をする許可使用者または許可廃棄業者は第1種，それ以外の許可使用者は第2種，届出使用者，届出販売業者または届出賃貸業者は第3種の免状を有する者のうちから選任される．第1種および第2種は原子力規制委員会の行う放射線取扱主任者試験に合格し，かつ原子力規制委員会の行う講習を修了した者に交付され，第3種は原子力規制委員会の行う第3種放射線取扱主任者講習を修了した者に交付される．放射線取扱主任者試験は毎年8月下旬に全国6都市（札幌市，仙台市，東京都，名古屋市，大阪市，福岡市）で行われ，第1種，第2種，第3種の各講習は，公益財団法人原子力安全技術センター，一般財団法人電子科学研究所などで一定期間ごとに実施されている．第1種の講習の費用は約16万〜17万，第2種は約9万〜10万，第3種は約8万〜9万5千であるが，主任者試験合格後はいつ受講しても構わない．無事免状を取得し，放射線取扱主任者に選任された者は，放射線取扱主任者の資質の向上を図るため定期的に講習を受け，誠実にその職務を遂行しなければならない．ちなみに，放射線，放射性同位元素を診療に用いる場合には医師または歯科医師を，放射性医薬品の製造施設で用いる場合には薬剤師を放射線取扱主任者に選任できる．

B　施設基準と管理区域

　放射線，放射性同位元素などを使用する施設は，法に定められた基準に適合し，この基準を維持しなければならない．放射線施設の位置，構造，設備の技術上の基準は，次の通りである．
① 地崩れ，浸水のおそれの少ない場所に設ける．

② 耐火構造または不燃材料でつくる．
③ 線量限度以下とするための遮へい壁，遮へい物を設ける．
④ 作業室を汚染しにくい構造にする．
⑤ 汚染検査室を設ける．
⑥ 放射線発生装置などの使用室に自動表示装置を設ける．
⑦ 放射線発生装置などの使用室にインターロックを設ける．
⑧ 管理区域の境界に柵などを設ける．
⑨ 標識を付ける．

放射線施設はその用途により，
① 使用施設
② 廃棄物詰替施設
③ 貯蔵施設
④ 廃棄物貯蔵施設
⑤ 廃棄施設

に分類され，各々の目的に応じた基準が適用される．また特定許可使用者（放射性同位元素を使用する許可使用者（一定の貯蔵能力を有する貯蔵施設を設置する許可使用者）または放射線発生装置を使用する許可使用者）または許可廃棄業者は，使用施設等について，**施設検査**，**定期検査**，**定期確認**を受けなければならない．

管理区域は，
① 外部放射線量が一定の実効線量を超える
② 空気中の放射性同位元素が一定の濃度を超える
③ 放射性同位元素によって汚染されたものの表面の放射性同位元素が一定の密度を超える
④ 外部被ばくと内部被ばくの基準値に対する比の和が1を超える

のいずれかに該当する区域である．その境界には標識・柵などを設け，放射線量，放射能濃度，表面汚染密度などの測定が行われている．また出入り口を1か所に定めて，作業者等の出入り管理や被ばく管理が行われる．

C 管理基準

「障害防止法」では，空気中および施設から放出される排気，排水中の放射性同位元素の濃度限度，また放射性同位元素を吸入摂取，経口摂取した場合の実効線量，さらに作業環境における表面密度限度が規定されている．使用者（事業所の代表者）は，放射線安全管理の遂行のため，これらの測定に加え，作業者（放射線業務従事者）の教育訓練，健康診断の実施，記帳，報告を行わなければならない．教育訓練，健康診断は1年を超えない期間ごとに実施することが義務づけられている．

D 行為基準

作業者が放射線，放射性同位元素などを取り扱うにあたっては，使用，保管，運搬，廃棄について一定の基準で規制される．取扱いの際には，使用施設で認められた核種，数量の範囲内で放射性同位元素を入手し，施設内の貯蔵施設に保管し，必要量を使用室に運搬して使用する．放射性同位元素で

汚染された廃棄物は，施設内の廃棄物保管室に一時的に保管し，廃棄業者に引き渡す．

10-3-2 安全取扱と緊急時対策

　放射線，放射性同位元素などを取り扱う際に被ばく線量を最小限に抑えるため，これらの安全取扱について学んでおく必要がある．安全取扱には，放射線を測定し，結果を記録し，作業環境を適切に管理することが重要であり，ここでは放射線管理の基本的事項と汚染に対する対処法について述べる．

A　放射線管理に用いられる単位

　放射線業務従事者や一般公衆に対する不必要な放射線被ばくを避けるため，放射線などを測定し，その結果を解釈・評価し，放射線防護上の処置に結びつけることを**放射線モニタリング** radiation monitoring という．「障害防止法」に定める放射線防護のための線量は実効線量と等価線量であるが（表10-6），これらは直接測定不可能な線量であるため，測定可能な実用量として **1 cm 線量当量**が導入されている．皮膚に対しては **70 μm 線量当量**，眼（水晶体）に対しては 1 cm 線量当量または 70 μm 線量当量のうち適切な方をその都度選択する．1 cm 線量当量および 70 μm 線量当量とは，**国際放射線単位測定委員会** International Commission on Radiation Units Measurements（ICRU）が定めた **ICRU 球**（密度 1 g/cm^3，直径 30 cm の人体軟組織等価球体モデルであり，その元素組成は重量百分率で酸素 76.2%，炭素 11.1%，水素 10.1% および窒素 2.6% である）の深さ 1 cm または 70 μm における線量であり，換算係数を用いて直接測定できる．

　放射線モニタリングは測定対象により図 10-3 のように区分される．これらの測定は，法令で定められた場所と頻度で，1 cm 線量当量など適切な方法で評価し，測定結果を記録，保存することになっている．

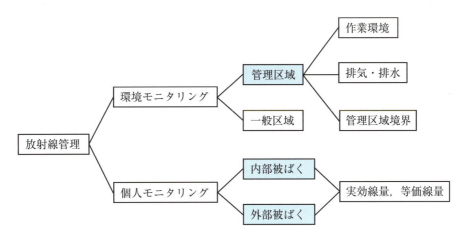

図 10-3　放射線モニタリング

B 測定方法

一般に作業環境の放射線量測定は，エリアモニタを用いた連続測定とサーベイメータを用いた定期測定により行われる．

1) エリアモニタ

作業場所の空間線量，線量率測定にはエリアモニタ，空気中の放射性物質濃度の測定にはダストモニタ，ガスモニタ，水中の放射性物質濃度の測定には水モニタが用いられる．これらは測定場所に固定されるため，測定点が限定される，検出感度が低いといった弱点があるが，管理室に設置された中央監視装置で連続的に測定し，異常時には警報を出す仕組みになっている．

2) サーベイメータ

放射線の種類，エネルギー，量，また放射性物質による表面汚染，空気中，水中の放射性物質の有無や程度を調べる小型で可搬式の放射線測定器のことをサーベイメータといい，表10-9に示すようなサーベイメータが一般的に用いられている．エリアモニタなどでは測定できないレベル，場所の放射線量を測定するため，エリアモニタなどと組み合わせて用いる．

線量率の測定の際にはサーベイメータの感度，測定範囲，エネルギー依存性，方向依存性などを考慮し，測定対象となる放射線のエネルギー，線量に適したサーベイメータを選ぶ必要がある．γ・X線用サーベイメータには次のような特性がある．

表10-9 放射線管理に用いられる主なサーベイメータ・モニタ

機器名	検出器	測定線種	測定範囲	特徴・用途等
電離箱式サーベイメータ	電離箱	γ・X線，（$β^-$線）	0.001～300 mSv/h 0.3～10 μSv	エネルギー特性に優れ，環境放射線の測定に適する線量率測定用
GM サーベイメータ	GM管 GM管	$β^-$線，（γ線） $β^-$線，（γ線）	0.1～200 μSv/h 0.03～100 kcpm	ハロゲンガス封入型，表面汚染測定・線量当量率測定大面積，表面汚染測定用，警報付き
シンチレーション式サーベイメータ	NaI(Tl) NaI(Tl) プラスチック ZnS(Ag)	γ線 γ線 $β^-$線，（γ線） α線	0.03～30 μSv/h 0～10 kcps 0～300 kcpm 0～100 kcpm	エネルギー補償型，1 cm 線量当量率が測定できる ^{125}I 表面汚染測定用 表面汚染測定用 α線の表面汚染検出に適する
比例計数管式サーベイメータ	PRガス，ガスフロー型 ^{3}He 比例計数管	$β^-$線（^{3}H） 中性子	0～100 kcpm 0.01 μSv/h～10 mSv/h	^{3}H の検出効率がよく，表面汚染測定に適する 1cm 線量当量率が測定できる
モニタ		γ線ガスモニタ，β(γ)線ガスモニタ，γ線水モニタ，β線水モニタ，γ線エリアモニタ，中性子線エリアモニタ，ルームダストモニタ，ルームガスモニタ，ハンドフットクロスモニタ，食品モニタなどがあり，検出器，測定線種，測定範囲などはサーベイメータと同様である		

① エネルギー依存性

　同じ線量率のγ・X線であっても，エネルギーが異なるとサーベイメータの表示値が異なってくる．これをエネルギー依存性という．電離箱は比較的エネルギー依存性が低く，したがってγ・X線のエネルギーが異なっても，同じ線量率であれば同じ値を示す．NaI(Tl)シンチレーション式サーベイメータはエネルギー依存性が高く，同じ線量率であってもエネルギーが異なれば異なる値を示し，線量率を正しく評価できない．最近はエネルギー補償型のNaI(Tl)シンチレーション式サーベイメータがあり，補正により真の線量率を表示するよう設計されている．

② 方向依存性

　放射線がサーベイメータ検出器に入射するとき，入射方向により表示値が変化する．これを方向依存性という．検出器の前方2π方向から入射する場合はほぼ同じ値となるが，後方からの入射に対してはサーベイメータの種類により感度が異なるので注意が必要である．

③ 感度

　感度は，NaI(Tl)シンチレーション式サーベイメータ＞GMサーベイメータ＞電離箱式サーベイメータ，の順によい．エネルギー依存性はこの順に高く，方向依存性はGMサーベイメータが高い．したがって一般に，線量率の低いときにはGMサーベイメータを，高いときには電離箱式サーベイメータを用いて線量率の測定を行う．GMサーベイメータは検出器の分解時間が長いため，線量率が高い場合には"窒息現象"により表示値が低下するので注意が必要である．

C　環境モニタリング

　管理区域内では，作業場所の線量率，放射能汚染（放射性物質による空気中の汚染および床等の表面汚染）の状況を把握するため，定期的あるいは必要に応じて，作業環境のモニタリングが行われる．作業環境測定はその対象により以下について行う．

1) 作業場所の線量率測定

　β，γ，X，中性子線を対象として，サーベイメータ，エリアモニタなどで測定する．

2) 表面汚染の測定

　サーベイメータ，ハンド・フット・クロスモニタ，スミア法などで測定する．スミア法とは，遊離性表面汚染の程度を測定評価する方法で，目的表面の一定面積（100 cm^2）をろ紙片などでふきとり，ろ紙面に付着した放射性物質をサーベイメータあるいは液体シンチレーションカウンタなどの測定器で計測する．^{3}H，^{14}Cなどの軟β^-線放出核種による表面汚染は，通常，スミア法で測定する．

3) 空気中放射性物質の測定

　空気中の微粒子状放射性物質はダストサンプラで捕集し，測定器で計測するか，ダストモニタで連続的に計測する．ガス状で存在する^{3}H，^{14}C，^{35}S，^{125}I，^{131}I，^{41}Ar，^{85}Kr，^{133}Xeなどの放射性物質も同様に，ガスサンプラ，ガスモニタで測定する．

4) 水中放射性物質の測定

管理区域内の排水設備より一般下水へ排水処理する前に，排水モニタあるいは試料採取により水中放射性物質の濃度を測定する．排水中の規制値は，同一核種でも化学系により異なるので注意が必要である．

D 個人モニタリング

放射線業務従事者の被ばく線量の測定，体内または排泄物中の放射性物質の測定ならびにそれらの測定値の評価等を個人モニタリング individual monitoring という．

個人モニタリングは，
① 作業者の外部被ばく，内部被ばくによる被ばく線量が実効線量限度，等価線量限度を超えていないことを確認する
② 被ばく線量解析により，作業環境の管理状態を確認する
③ 事故や過剰被ばくの際の資料とする

を目的とし，放射線防護の最適化に利用される．モニタリングの結果は作業者および責任者に通知され，保管される．個人モニタリングは，被ばくの形態により外部被ばくモニタリングと内部被ばくモニタリングに分類される．

1) 外部被ばくモニタリング

放射線取扱業務では，外部被ばくの占める割合がきわめて大きい．外部被ばくは，特に γ 線，X 線に留意すべきであるが，作業内容によっては β^- 線，中性子線も問題となる．一般に外部被ばく線量の測定には表 10-10 に示す個人被ばく線量測定器が用いられる．これらの測定器を胸部または腹部に着装して測定する．

表 10-10 個人被ばく線量測定器

測定器名	測定線種	測定範囲	特　徴	注意事項
フィルムバッジ （FB）	γ，X 線 β^- 線 中性子線	0.1 ～ 600 mSv 0.2 ～ 600 mSv	堅牢，安価 測定できる放射線の種類が多い 線質の推定が可能	線量判定に時間，手間がかかる
蛍光ガラス線量計 （RPLD）	γ，X 線	1 μSv ～ 10 Sv	フェーディングが小さい 低線量から高線量まで測定可能	リーダーが必要
光刺激ルミネセンス線量計 （OSLD）	γ，X 線 β^- 線	0.01 mSv ～ 10 Sv 0.1 mSv ～ 10 Sv	放射線に特異的な現象を利用 繰り返し読み取りが可能	リーダーが必要
熱ルミネセンス線量計 （TLD）	γ，X 線 β^- 線	0.05 mSv ～ 10 Sv	低線量から高線量まで測定可能	リーダーが必要
電子式ポケット線量計 （PD）	γ，X 線 中性子線	1 μSv ～ 10 Sv 0.01 ～ 99.99 mSv	被ばく線量が直読できる 低線量から高線量まで測定可能	電源を要する

① フィルムバッジ filmbadge（FB）

　フィルムバッジは，適当なフィルタを装備したケースに写真フィルムを入れて使用するもので，丈夫で安価であり，現像したフィルムは長期間にわたって保存できる．感度の異なるフィルムと何種類かのフィルタを組み合わせることにより，入射する放射線の種類とエネルギーを判定し，線量を算出できる．現在はフィルムバッジに代わり蛍光ガラス線量計または光刺激ルミネセンス線量計が使用されるようになっている．

② 蛍光ガラス線量計 radiophoto luminescence dosimeter（RPLD）

　銀活性リン酸塩ガラスは放射線を受けると蛍光中心を生成し，これに紫外線を照射すると蛍光を発する．この現象をラジオフォトルミネセンス radiophoto luminescence（RPL）といい，その蛍光量は 1 μSv ～ 10 Sv の範囲にわたり放射線量に比例する．フェーディングがきわめて小さく，繰り返し読み取りが可能で，またガラス素子間のばらつきが小さい．ガラスバッジの名称で，γ・X 線の測定に用いられている．

③ 光刺激ルミネセンス線量計 optically stimulated luminescence dosimeter（OSLD）

　ある種の物質（酸化アルミニウムなど）は放射線を照射すると発光する．この光は徐々に弱まるが，消える前に長波長の光を照射すると再び発光することがある．この現象を輝尽発光 optically stimulated luminescence（OSL）といい，ここでの発光量が放射線量と比例するため，線量測定が可能となる．光刺激の光量を制御することで，結果を繰り返し読み取ることができ，測定に失敗しても再測定することが可能である．ルクセルバッジの名称で，γ・X 線，β⁻線の測定に用いられている．

④ 熱ルミネセンス線量計 thermo luminescence dosimeter（TLD）

　LiF などに放射線を照射した後，熱を加えると蛍光を発する．この発光量は放射線量に比例するため，発光量から実効線量を知ることができる．線量測定範囲が広く，温度，湿度等にあまり影響されず，小規模の事業所での独自の被ばく管理に適している面がある．γ・X 線，β⁻線の測定に用いられている．

⑤ 電子式ポケット線量計 electric pocket dosimeter（PD）

　半導体検出器を用いた線量計であり，デジタル表示で直読が可能である．直読式のポケット線量計としては，以前は電離箱式が使用され，一時立入者の被ばく管理などに用いられていた．入退室管理やトレンド管理等にも利用でき，簡便かつ汎用性がある．γ・X 線，中性子線の測定に用いられている．

2）内部被ばくモニタリング

　人体に対する内部被ばくの影響は，比電離能が大きく，飛程の短い α 線や β 線のほうが，γ・X 線より大きい．体内の放射性物質を人為的に除去する有効な手段がないため，その防御には作業環境の管理が重要となる．体内に取り込まれた放射性物質の種類と量の推定は，排泄物（尿や糞など）や生体試料中の放射性物質を分析するバイオアッセイ法と，ヒューマンカウンタ human counter または全身カウンタ whole-body counter と呼ばれる放射能計測装置を用いて体外から放射性物質を直接測定する体外計測法により行われる．前者は α 線，β 線，γ 線を放射するすべての核種の測定が可能であるが，試料の採取が難しく，体内量の推定に誤差が大きい．後者は γ 線を放射する核種のみ測定が可能であるが，体内の放射性物質の集積を直接定量できる．

E 放射性廃棄物の管理

 放射線施設からの排気は，排気設備のフィルタを通して放射性物質を空気中濃度限度以下とし，排出する．フィルタは他の放射性廃棄物とともに分類し，廃棄する．排水はいったん貯留槽にため，濃度限度以下であることを確認，あるいは希釈槽で濃度限度以下に希釈した後，一般下水に排水する．放射性廃棄物は可燃物，難燃物，不燃物，非圧縮性不燃物，無機液体，動物，フィルタおよび有機液体廃棄物に分類し，日本アイソトープ協会に引き渡す．現在，放射性廃棄物を集荷できるのは日本アイソトープ協会のみであり，廃棄物の集荷方法，分類，収納方法についての詳細は協会のホームページで確認できる．なお，有機廃液（液体シンチレータ廃液など）は，法に定める方法に従い，各事業所で焼却処理することもできる．

 放射性廃棄物は「障害防止法」に基づく使用により発生した廃棄物と「医療法」，「医薬品医療機器等法（旧薬事法）」に基づく使用により発生した廃棄物に分れるが，集荷方法は同じである．ただし，前者の ^{36}Cl, ^{90}Sr, ^{99}Tc, ^{129}I によって汚染された廃棄物と，後者の ^{89}Sr, ^{90}Y によって汚染された廃棄物は分類方法が異なるため，注意が必要である．またPET検査で利用される ^{11}C, ^{13}N, ^{15}O, ^{18}F の4核種で汚染された放射性廃棄物は，7日間保管した後，放射線取扱主任者の責任で放射線障害防止法の適用から除外することができる．

Tea Break —— 公益社団法人日本アイソトープ協会

 日本アイソトープ協会は，放射性同位元素に関する ① 知識と利用技術の普及・啓発，② 研究開発と放射線障害防止に関する調査研究，③ 安定供給体制の確立，④ 廃棄物の集荷，処理，保管体制の確立，などを目的として活動しており，国内で放射性同位元素，放射性医薬品を購入あるいは廃棄する際には必ず日本アイソトープ協会を通す仕組みになっている．研究者，技術者で構成される「理工学部会」，「ライフサイエンス部会」，「医学・薬学部会」，放射線管理者で構成される「放射線安全取扱部会」の4部会を設け，調査研究活動，知識・技術の普及活動を展開するとともに，「アイソトープ・放射線研究発表会」をはじめ，学術講演会，見学会，主任者研修会などを開催し，またアイソトープ・放射線の専門書，入門書，法令集，放射線安全管理に関する実務書，国際放射線防護委員会（ICRP）勧告の日本語版なども刊行している．ちなみに第1種および第3種放射線取扱主任者の講習も行っており，日本アイソトープ協会で受講して免状を取得することができる．

F 汚染の管理

放射性物質による汚染防止の基本は"封じ込め"である．すなわち，
① 放射性同位元素等を取り扱う際には，ホットセル，グローブボックス，フード内で作業する
② 汚染が起こりやすい場所の表面はポリエチレンろ紙でおおう
③ 作業はろ紙を敷いたトレイの中で行う
④ 運搬の際もトレイに入れて移動する
⑤ ピペット等は使い捨てのチップを使用する
⑥ 放射線施設の出入りの際には更衣，靴の履き替えを行う

⑦ 作業の前後および作業中に汚染の有無をサーベイする
⑧ 施設内では飲食，喫煙等をしない
⑨ 管理区域から退出する際にはハンド・フット・クロスモニタにより汚染をチェックする
などが重要となる．さらに，施設に関しては，
⑩ 水道栓や室内廃棄物収納容器を足，肘で扱えるようにする
⑪ 使用核種，放射能の強さにより実験室を区別する
⑫ 施設内の気流を低レベルから高レベルに流れるよう調整する
などが汚染を管理するための環境維持に有効である．

G 汚染の除去

万一，汚染が発生した際には，その拡大を抑え，速やかに除染することが大切である．まず汚染箇所，範囲，核種あるいは化学形等を確認し，汚染の拡大を防止しつつ，次の手順で除染する．
① 汚染の疑いのある区域を立入禁止にする
② 汚染状況を把握し，除染に必要な道具を準備する
③ サーベイメータなどで汚染箇所，汚染範囲を確認する
④ 拭き取り，削り取りなどの除染を実施する
⑤ モニタリングにより除染を確認する
⑥ 除染できない場合には隔離，シールドを置くなど状況に応じて処置する
また，傷口または粘膜（眼，口など）が汚染したときは，多量の水で洗い流し，医師に相談する．

10-4 放射線事故の例と対策

A 医療施設，基礎研究施設における放射線事故

「障害防止法」で規定される放射線事故とは，所持する放射性同位元素に紛失，盗難その他が生じることであり，その際には遅滞なく，その旨を放射線取扱主任者に連絡し，警察官または海上保安官に届けなければならない．「医療法」においても同様で，地震，火災その他の災害または紛失，盗難により放射線障害が発生し，または発生するおそれがある場合は，ただちにその旨を保健所，警察署，消防署その他関係機関に通報するとともに放射線障害の防止につとめなければならない．

B 放射線事故の分類

放射線事故は，
① 原子力事故（原子炉等の臨界事故）
② 放射線装置（放射線発生装置，密封線源）による事故
③ 放射性同位元素による事故
に分けられるが，②がもっとも多く，その中でも密封線源による被ばく事故が多い．密封線源には，

医療用具の滅菌等の照射装置に用いる ^{60}Co，レベル計，密度計に用いる ^{137}Cs，非破壊検査装置に用いる ^{192}Ir などがあり，また医療機関においては，^{125}I，^{192}Ir，^{198}Au などが密封小線源として利用されている他，^{60}Co，^{137}Cs が遠隔照射治療装置およびガンマナイフの線源として利用されている．これらが原因となる放射線被ばく事故は，施設，設備の不備によるよりも，単純な過誤や安全の軽視といった人的エラーによるものがほとんどであり，平素から定期的に十分なモニタリングを行い，適切な管理を心がけることが大切である．また事故時対策マニュアルを作成し，定期的に訓練を実施するとともに，事前に関係省庁との連携網を確認し，放射線事故に備えることも重要である．

C 放射線事故の例

1971 年に千葉県内の造船所で作業員が非破壊検査用の ^{192}Ir 密封線源により被ばくした．造船所ではこの密封線源を紛失し，偶然これを拾った作業員および数名の仲間がそれとは知らず被ばくし，急性放射線障害および後発性障害を生じる結果となった．この例では放射性同位元素の管理不備が事故の原因としてあげられる．上記分類からは外れるが，2003 年，弘前市内の病院で放射線治療における誤照射事故が起き，276 名が過剰照射を受けた．この背景には治療技術の高度化や体制の不備などがあるが，同時に担当者の不注意，連絡不足なども指摘されている．

また事故とは異なるが，1999 年から 2011 年にかけて甲府市の病院で腎臓疾患を患っている 15 歳以下の子どもへの放射性医薬品を使った検査で，日本核医学会が推奨する基準値を超える投与が行われた．過剰投与による影響は認められなかったが，放射性医薬品の適正使用，放射線障害の防止に対する認識不足が根底にあると考えられる．

放射線装置による被ばくを除き，医療施設，基礎研究施設での放射線事故では放射線障害を生じるような被ばくをする可能性はほとんどないが，各個人が放射線の安全性に十分配慮し，しっかりした管理体制を築かなければならない．

D 原子力事故と国際原子力事象評価尺度（INES）

原子力関連施設での放射性物質や放射線に関係する事故のことを**原子力事故**という．わが国の原子力事故では，1999 年 9 月 30 日に東海村で発生した核燃料加工施設での臨界事故，また 2011 年 3 月 11 日に起こった東北地方太平洋沖地震による東京電力福島第一原子力発電所での炉心溶融などの一連の事故があげられる．

原子力施設，放射線利用施設等において事故，故障が発生した場合，それが施設，環境あるいは作業者，公衆の安全にどの程度影響するかを客観的に判断する必要がある．そこで**国際原子力機関** International Atomic energy Agency（IAEA）によって，世界共通の指標として，**国際原子力事象評価尺度** International Nuclear Event Scale（INES）が提案され，わが国でもこの評価尺度を取り入れている．INES による評価では，事象をレベル 0 からレベル 7 まで 8 段階に分類し，比較的影響の少ないレベル 1 から 3 までを異常事象，影響が重大なレベル 4 から 7 までを事故としている（表 10-11）．

表 10-11 国際原子力事象評価尺度（INES）

	レベル	基準1：所外への影響	基準2：所内への影響	基準3：深層防護の劣化
事故	7（深刻な事故）	放射性物質の大規模な外部放出（数万 TBq 相当以上）	原子炉が壊滅，再建不能	
事故	6（大事故）	放射性物質の相当量の外部放出（数千から数万 TBq 相当）	原子炉の致命的な被害	
事故	5（所外へリスクを伴う事故）	放射性物質の限定的な外部放出（数百から数千 TBq 相当）	炉心の重大な損傷	
事故	4（所外へ大きなリスクを伴わない事故）	放射性物質の少量の外部放出（数 mSv の公衆被ばく）	炉心のかなりの損傷	
異常な事象	3（重大な異常事象）	放射性物質のきわめて少量の外部放出	放射性物質による重大な汚染	深層防護の喪失
異常な事象	2（異常事象）		放射性物質によるかなりの汚染	深層防護のかなりの劣化
異常な事象	1（逸脱）			運転制限範囲からの逸脱
	0（尺度以下）	安全上重要でない事象		0+ 安全に影響を与え得る事象 0− 安全に影響を与えない事象
	評価対象外	安全に関係しない事象		

　東海村での事故はレベル 4，東京電力福島第一原子力発電所の事故は暫定的にレベル 7 に分類されている．前者は正規の作業工程を無視した管理組織による悪質な違法行為の結果であり，通常の管理体制のもとでは起こり得ない事故であった．後者については，最終的な原因究明が行われるのを待たなければならないが，いずれにしろ平素からの安全管理と緊急時への対策を十分に行うことが重要である．

10-5 放射性医薬品の管理と法令

　放射性医薬品は，放射性同位元素を構成元素に持つ非密封の化合物およびそれらの製剤で，臨床診断または治療に用いられる．医薬品医療機器等法（旧薬事法）第 2 条第 1 項に規定される医薬品で，原子力基本法第 3 条第 5 号に規定される放射線を放出するものであって，
　① 日本薬局方あるいは放射性医薬品基準に収載されているもの

② 診断または治療の目的で人体に投与するものであって，厚生労働大臣の許可を受けた医薬品，治験用医薬品および先進医療に用いる医薬品
③ 人体に直接適用しないが人の疾病の診断に用いることが明らかなもの

をいう．放射性医薬品は，診断を目的とするものと治療を目的とするものに分けられる．診断目的には，人体に直接適用するインビボ診断用放射性医薬品と，採取した試料中に存在する生理活性物質や薬物などを定量するインビトロ診断用放射性医薬品があり，治療目的には，人体に直接適用して治療するインビボ治療用放射性医薬品がある（図 10-4）．

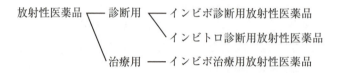

図 10-4　放射性医薬品の分類

A　放射性医薬品に関する法令

放射性医薬品は，医薬品として規制されるとともに，放射線防護，放射線障害の防止，汚染の防止を目的として様々な法律，規則による規制を受けている（表 10-12）．これらは，放射性同位元素の使用，保管，運搬，廃棄その他の取扱いについて規定しており，これにより公共の安全を担保している．

表 10-12　放射性医薬品に関する法律および規則

項　目	製造，保管	診療における使用			廃　棄
		インビボ放射性医薬品	インビトロ放射性医薬品	治験薬など	
品質管理，試験		放射性医薬品基準および日本薬局方	体外診断用放射性医薬品標識成分規格集		
設備，施設	放射性医薬品の製造および取扱規則	医療法	医療法	障害防止法	障害防止法
作業者の安全	障害防止法	医療法	医療法	障害防止法	障害防止法
	労働安全衛生法に基づく電離放射線障害防止規則，人事院規則				

＊PETに用いる放射性医薬品のうち院内製造医薬品については障害防止法の規則を受けていたが，平成20年の厚労省令によって，これも医薬品医療機器等法（旧薬事法）の規則を受けることとなった．

B　放射性医薬品の製造，保管

放射性医薬品の製造，保管に関しては，「放射性医薬品の製造および取扱規則」に規定されている．放射性医薬品の製造には，「障害防止法」に沿った施設，設備および技術的基準が定められており，監督責任者として薬剤師を選ぶことができる．また保管には，他のものと区別して放射性医薬品を保

C 診療における使用

放射性医薬品を診断,治療に用いる場合は,「医療法」の適用を受ける.これには病院,診療所などにおいて放射性医薬品などを診療目的に使用する際の施設,設備,また放射線の防護などが定められている.同じ放射性医薬品でもこれを診断,治療以外の目的で使用する場合,あるいは病院,診療所以外で使用する場合には「障害防止法」が適用される.病院,診療所などにおいて治験薬などを診断,治療に用いる場合,また放射性医薬品で汚染した廃棄物なども「障害防止法」の対象となる.「医療法」と「障害防止法」の適用範囲はほぼ同じであるが,前者は届出事項であるのに対し,後者は申請し,許可を受けなければならない.

D 医療用放射性同位元素等の廃棄

医療法施行規則第30の14により医療用放射性汚染物は廃棄施設に廃棄することになっている.ただし,同第30条の14の2により厚生労働省令で指定する業者に委託することができ,現在は日本アイソトープ協会が唯一の廃棄物の引き渡し先となっている.PET用放射性同位元素で汚染されたものの廃棄については,障害防止法施行規則第19条より「陽電子断層撮影用放射性同位元素または陽電子断層撮影用放射性同位元素によって汚染されたものについては,当該陽電子断層撮影用放射性同位元素等以外のものが混入し,または付着しないように封および表示をし,7日間管理区域内に保管廃棄した後,陽電子断層撮影用放射性同位元素等ではないものとする」ことが定められている.

E 放射性医薬品による被ばくの管理

1) 医療従事者の被ばく管理

放射性医薬品を扱う医療従事者の線量限度は,「障害防止法」および「医療法」により規定されている(表10-6).また放射線業務従事者の個人被ばくの管理に関しては,「労働安全衛生法に基づく電離放射線障害防止規則(電離則)」,国家公務員においては「人事院規則」によっても規定されている.「電離則」と「人事院規則」はほぼ同様の内容であり,放射線業務従事者の安全管理,安全確保を目的とする.

2) 患者の体内被ばく管理

人体に投与された放射性核種による体内吸収線量の正確な評価は容易ではないが,一方で放射性医薬品の投与に際しては,診療目的に十分な量で,かつ体内被ばく線量を最小とする投与量を選択する必要がある.放射性医薬品を患者に投与する際の患者の体内被ばく線量は,その放射性医薬品に含まれる放射性核種の物理的な性質と,放射性医薬品の生体内挙動に関する情報をもとに評価される.**MIRD(Medical Internal Radiation Dose)法**は放射性医薬品による体内吸収線量計算法として最も汎用されている評価方法である.放射性医薬品の生体内挙動は複雑であり,より正確な線量に改めていかなければならないが,核医学診療によるリスクの評価に関しては,MIRD法で得られた結果は十分に利用できるものである.

Tea Break──MIRD 法

　MIRD 法は，米国核医学会の医療内部被ばく線量委員会 Medical Internal Radiation Dose Committee によって，人体について現実に近い体内吸収線量の計算を目的として提唱された方法である．MIRD 法ではある臓器の被ばく線量を計算する際に，その臓器に取り込まれた放射性核種による線量のみではなく，隣接する臓器に取り込まれた放射性核種による線量も評価に加える．さらにその放射性核種の壊変形式や放出される放射線の性質，線量などの詳細な情報を使用し，また MIRD ファントムと呼ばれる人体模型中でシミュレーション計算を行い，被ばく線量を計算する．MIRD 法では電子線を含めたあらゆる放射線を考慮に入れて計算していることも特徴となっている．α線やβ線あるいは内部転換電子などの荷電粒子については，それらの荷電粒子が発生した臓器内ですべてのエネルギーが吸収されるものとして計算される．

　MIRD 法で実際に計算を行うには，
　①正確に測定された放射性医薬品の投与量
　②臓器の時間-放射能曲線
　③投与した放射性核種の物理的特性
　④測定臓器間の放射線の線質に対する吸収特性

などの情報が必要である．被ばく線量計算に用いられる代表的なソフトとして，MIRDOSE があげられる．これには複数の年齢層，および妊娠ステージごとの女性ファントムが含まれている．MIRDOSE の改訂版として，動物あるいは人の研究データを対数曲線に適合させ，動態解析を行う OLINDA/EXM がある．OLINDA/EXM は Vanderbilt 大学から有料で入手可能である．

F　患者の医療機関からの退出

　放射性医薬品を投与された患者の退出については，医療法施行規則第 30 条の 15 に基づき，医政指発第 1108 第 2 号厚生労働省医政指導課長通知「放射性医薬品を投与された患者の退出に関する指針」で定められている．この指針の目的は，^{131}I，^{89}S，^{90}Y で標識した放射性医薬品を投与された患者が医療機関より退出・帰宅する際に，公衆および患者の家族等の安全を確保することであり，公衆および介護者の各々について退出基準が設けられている．具体的には，
　① 投与量に基づく退出基準
　② 測定線量率に基づく退出基準
　③ 患者ごとの積算線量計算に基づく退出基準

のいずれかに該当する場合に退出・帰宅が認められる．また退出・帰宅を認める場合は，第三者に対する不必要な被ばくをできる限り避けるよう配慮することが求められる．

10-6 章末問題

問1 次のうち，障害防止法の規制を受けるものを1つ選べ．
1. 数量および濃度が規制対象下限値以下の放射性同位元素
2. 人に投与した後の放射性医薬品の空の容器
3. 日本薬局方に収載された放射性医薬品
4. X線を照射した後の試料
5. 核燃料物質

正解 2

解説 放射性医薬品を医療に用いる場合は医療法が適用されるが，その廃棄物は障害防止法に従って処理される．

問2 放射線業務従事者に対し教育および訓練を行う義務を負っているのは次のうちのどれか．1つ選べ．
1. 使用者（事業所の代表者）
2. 放射線業務従事者
3. 放射線取扱主任者
4. 文部科学大臣
5. 医師

正解 1

解説 放射線施設における放射線の安全取扱と施設管理は，施設の使用者（事業所の代表者）がその義務を負う．従事者に対する教育および訓練は，施設管理に含まれる．

問3 放射線業務従事者に対して実施する健康診断は，次のいずれの期間ごとに行わなければならないか．1つ選べ．
1. 3か月を超えない期間ごと
2. 半年を超えない期間ごと
3. 1年を超えない期間ごと
4. 2年に1度
5. 被ばくした際に，その都度

正解 2

解説 健康診断は，放射線障害防止施行規則では1年に1回，電離放射線障害防止規則では6か月以内に1回の頻度で実施する（医師の判断で省略できる）ことが義務づけられている．

問4 医療機関で ^{192}Ir 密封小線源を診療に用いる場合，放射線取扱主任者として選任できるのは次のうちのどれか．2つ選べ．

1. 医師
2. 薬剤師
3. 放射線技師
4. 使用者（事業所の代表者）
5. 第1種放射線取扱主任者

正解 1, 5

解説 放射線，放射性同位元素を診療に用いる場合には，医師または歯科医師を放射線取扱主任者に選任できる．

問5 次の放射性核種のうち，鉛板で遮へいして作業した方が良いものを2つ選べ．

1. ^{18}F   2. ^{14}C   3. ^{33}P   4. ^{99m}Tc   5. ^{89}Sr

正解 1, 4

解説 ^{18}F は（β^+ 線から出る）消滅放射線を，^{99m}Tc は γ 線を放出するため，鉛など原子番号の大きな物質で遮へいする．他は β^- 線放出核種である．

問6 次の放射性核種のうち，アクリル板で遮へいして作業した方が良いものを2つ選べ．

1. ^{11}C   2. ^{32}P   3. ^{90}Y   4. ^{131}I   5. ^{201}Tl

正解 2, 3

解説 ^{32}P，^{90}Y は純 β^- 線放出核種であり，プラスチック，アクリル板などで遮へいする．^{11}C は（β^+ 線から出る）消滅放射線を，^{131}I は β^- 線と γ 線を，^{201}Tl は γ 線を出す．

問7 次のうち，エネルギー依存性の低い順に並べてあるものを1つ選べ．

1. GM サーベイメータ・NaI シンチレーションサーベイメータ・電離箱サーベイメータ
2. NaI シンチレーションサーベイメータ・電離箱サーベイメータ・GM サーベイメータ
3. GM サーベイメータ・電離箱サーベイメータ・NaI シンチレーションサーベイメータ
4. 電離箱サーベイメータ・NaI シンチレーションサーベイメータ・GM サーベイメータ
5. 電離箱サーベイメータ・GM サーベイメータ・NaI シンチレーションサーベイメータ

正解 5

解説 エネルギー依存性とは，測定する放射線のエネルギーにより表示値が異なることであり，低いものほど正確に線量率を評価できる．最近はエネルギー補償型の NaI(Tl) シンチレーション式サーベイメータもある．

問8 次のうち，放射線防護の観点から適当でないと思われるものを1つ選べ．

1. 作業時間を短くする
2. 線源から距離をとる
3. 汚染状況を確認しながら作業する

4. 適当な遮へい物を用いる
5. 作業中は個人線量計を外す

正解 5

解説 個人線量計は，放射線業務従事者の外部被ばく線量を測定するためのものであり，放射線業務に従事する間，胸部または腹部に装着する．

問9 ^{60}Co から放出される γ 線を鉛板で遮へいしたところ，γ 線の強度が 1/16 まで減弱した．この鉛板の厚さはどの程度であったか．ただし，この鉛板の半価層を 1.25 cm とし，散乱線の影響はないものとする．

1. 1.25 cm　　2. 2.5 cm　　3. 4 cm　　4. 5 cm　　5. 6 cm

正解 4

解説 γ 線の強度は，$I = \frac{1}{2} I_0^{-\frac{x}{D_{1/2}}}$ で示される（I_0：入射 γ・X 線の強度，I：透過 γ・X 線の強度，$D_{1/2}$：半価層，x：鉛板の厚さ）．$I = I_0/16$，$D_{1/2} = 1.25$ cm を代入すると $x = 5.0$ cm となる．

問10 次の核種のうち，空気中に存在し，内部被ばくの原因となる天然放射性核種を1つ選べ．

1. ^{11}C　　2. ^{40}K　　3. ^{131}I　　4. ^{222}Rn　　5. ^{238}U

正解 4

解説 ラドン（^{222}Rn，^{220}Rn など）は，放射平衡娘核種として環境中に常に存在する気体で，呼吸により体内に摂取される．ラドンによる体内被ばくは年平均 1.3 mSv（自然放射線による被ばくは1年で約 2.4 mSv）と考えられている．

問11 次の単位の組合せのうち，間違っているものを1つ選べ．

1. 線量当量——シーベルト
2. 実効線量——シーベルト
3. 等価線量——グレイ
4. 放射能———ベクレル
5. 照射線量——レントゲン

正解 3

解説 等価線量の単位はシーベルト（Sv）である．

問12 次の個人線量計のうち，被ばく線量を直読できるものを1つ選べ．

1. 光刺激ルミネセンス線量計
2. 電子式ポケット線量計
3. 熱ルミネセンス線量計
4. 蛍光ガラス線量計
5. フィルムバッジ

正解 2

解説 電子式ポケット線量計は，半導体検出器を用いた線量計であり，デジタル表示で直読が可能である．γ・X線，中性子線の測定に用いられている．

問13 次の放射性核種のうち，臨床で治療に用いられているものを2つ選べ．
1. ^{18}F　2. ^{32}P　3. ^{89}Sr　4. ^{90}Y　5. ^{111}In

正解 3，4

解説 ^{89}Sr，^{90}Yはともに高エネルギーβ^-線放出核種であり，前者は骨転移腫瘍の疼痛緩和に，後者は悪性リンパ腫の治療に用いられている．

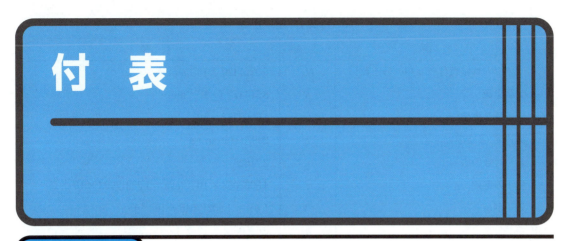

付表の内容

付表 1　基本定数
付表 2　放射線・放射能に関する単位
付表 3　単位の接頭語
付表 4　主要公式集
付表 5　主な放射性同位元素
付表 6　天然に存在して，放射性崩壊系列を形成している核種
FDG スキャン® 注
ヨードカプセル -123
MAG シンチ® 注
テクネシンチ® 注 -10M
テクネシンチ® 注 -20M
クエン酸ガリウム（^{67}Ga）注 NMP
クリアボーン® 注
スズコロイド Tc-99m 注
塩化インジウム（^{111}In）注
塩化タリウム（^{201}Tl）注 NMP

付表1 基本定数

名称	記号	数値
アボガドロ定数(1モル中の分子数)	N_A	6.0221420×10^{23} mol^{-1}
気体定数	R	8.314472 J・K^{-1} mol^{-1}
原子質量単位	U	$1.6605387 \times 10^{-27}$ kg
光速度(真空中)	c	299792458 m・s^{-1}
自然対数の底	e	2.71828……
電子の電荷	e	$4.8032068 \times 10^{-10}$ esu $= 1.60217733 \times 10^{-19}$ C
電子ボルト	eV	1 eV $\fallingdotseq 1.60217646 \times 10^{-19}$ J
プランク定数	h	$6.6260688 \times 10^{-34}$ J・s
ボルツマン定数	k	1.380650×10^{-23} J・K^{-1}
理想気体の標準モル堆積	V_0	22.41410×10^{-3} m^3・mol^{-1}

付表2 放射線・放射能に関する単位

名称	記号	数値
ベクレル(放射能)	Bq	1 Bq = 1 s^{-1}
キュリー(放射能)	Ci	1 Ci = 3.7×10^{10} s^{-1}
グレイ(吸収線量)	Gy	1 Gy = 1 J・kg^{-1} = 100 rad
ラド(吸収線量)	rad	1 rad = 1×10^{-2} J・kg^{-1} = 10^{-2} Gy
クーロン毎キログラム(照射線量)	C/kg	1 C/kg = 3.876×10^3 R
レントゲン(照射線量)	R	1 R = 1 esu/cm^3(空気中, 標準状態) = 2.082×10^9 イオン対/cm^3(〃) = 2.58×10^{-4} C・kg^{-1}
シーベルト(実効線量, 等価線量など)	Sv	1 Sv = 1 J・kg^{-1}
レム(線量当量, 生物学的効果比線量など)	rem	1 rem = 1×10^{-2} J・kg^{-1} = 1×10^{-2} Sv

付表3 単位の接頭語

倍数	記号	読み		倍数	記号	読み	
10^{12}	T	tera	テラ	10^{-2}	c	centi	センチ
10^9	G	giga	ギガ	10^{-3}	m	milli	ミリ
10^6	M	mega	メガ	10^{-6}	μ	micro	ミクロ
10^3	k	kilo	キロ	10^{-9}	n	nano	ナノ
10^2	h	hecto	ヘクト	10^{-12}	p	pico	ピコ
10^1	da	deca	デカ	10^{-15}	f	femto	フェムト
10^{-1}	d	deci	デシ	10^{-18}	a	atto	アット

付表 4　主要公式集

対数

$\log N = 0.4343 \ln N$
$\ln N = 2.3026 \log N$

放射性壊変

1) $A \xrightarrow{\lambda} B$

$-\dfrac{dN}{dt} = \lambda N = A \qquad N = N_0 e^{-\lambda t} \qquad A = A_0 e^{-\lambda t}$

　　　N, N_0：時間 t および最初の時刻における
　　　　　　　原子数
　　　A, A_0：時間 t および最初の時刻における
　　　　　　　放射能

2) $A \xrightarrow{\lambda_1} B \xrightarrow{\lambda_2} C$

$\dfrac{dN_1}{dt} = -\lambda_1 N_1 \qquad \dfrac{dN_2}{dt} = \lambda_1 N_1 - \lambda_2 N_2$

$N_1 = N_{10} e^{-\lambda_1 t}$

$N_2 = \dfrac{\lambda_1}{\lambda_2 - \lambda_1} N_{10} (e^{-\lambda_1 t} - e^{-\lambda_2 t}) + N_{20} e^{-\lambda_2 t}$

3) 壊変定数と半減期

$\lambda = \dfrac{\ln 2}{T} = \dfrac{0.693}{T}$

放射平衡

1) 過渡平衡（$\lambda_2 > \lambda_1$ すなわち $T_1 > T_2$ のとき）

$N_2 = \dfrac{\lambda_1}{\lambda_2 - \lambda_1} N_{10} e^{-\lambda_1 t} = \dfrac{\lambda_1}{\lambda_2 - \lambda_1} N_1$

$A_2 = \dfrac{\lambda_2}{\lambda_2 - \lambda_1} A_{10} e^{-\lambda_1 t} = \dfrac{\lambda_2}{\lambda_2 - \lambda_1} A_1$

2) 永続平衡（$\lambda_2 \gg \lambda_1 \approx 0$ すなわち $T_1 \gg T_2$ のとき）

$\lambda_1 N_1 = \lambda_2 N_2 \qquad A_1 = A_2 \qquad \dfrac{N_1}{T_1} = \dfrac{N_2}{T_2}$

ウラン系列，トリウム系列などの長い壊変系列の場合

$\lambda_1 N_1 = \lambda_2 N_2 = \lambda_3 N_3 = \cdots\cdots = \lambda_n N_n$

$\dfrac{N_1}{T_1} = \dfrac{N_2}{T_2} = \dfrac{N_3}{T_3} = \dfrac{N_n}{T_n}$

　　　$N_1, N_2, N_3, \cdots\cdots N_n$：放射平衡における
　　　　　　　　　　　　　　各核種の原子数
　　　$\lambda_1, \lambda_2, \lambda_3, \cdots\cdots \lambda_n$：各核種の壊変定数
　　　$T_1, T_2, T_3, \cdots\cdots T_n$：各核種の半減期

1 Bq の放射性同位元素の質量と比放射能

$m = 8.62 \times 10^{-21} MT$
$S = 1.16 \times 10^{20} M^{-1} T^{-1}$

　　m：1 Bq の質量 [g]，T：半減期 [h]
　　M：原子質量（質量数 A で代用できる）
　　S：無担体の放射性同元素の比放射能
　　　　[Bq/g]

核反応による放射性同位元素の生成
（放射性同位元素の製造，放射化分析）

$N^* = Nf\sigma(1 - e^{-\lambda t}) \cdot e^{-\lambda t'} / \lambda$（生成核種の原子数）
$A \;\; = Nf\sigma(1 - e^{-\lambda t}) \cdot e^{-\lambda t'}$（生成核種の放射能）

　ただし，t 時間照射後 t' 時間冷却
　　f：粒子フルエンス率（線束密度）
　　σ：核反応断面積
　　λ：生成核種の壊変定数

同位体希釈法

1) 直接希釈法

$W_x = \left(\dfrac{S_1}{S_2} - 1\right) \cdot W_1$

1) 逆希釈法

$W_x = W_1 \left/ \left(\dfrac{S_1}{S_2} - 1\right) \right.$

生物学的半減期，有効半減期（実効半減期）

$\dfrac{1}{T_{\text{eff}}} = \dfrac{1}{T_{\text{phys}}} = \dfrac{1}{T_{\text{biol}}}$

　　T_{eff}：有効半減期（実効半減期）
　　T_{phys}：物理学的半減期
　　T_{biol}：生物学的半減期

計算誤差の統計的取扱い

（総計数）$= N \pm \sqrt{N}$

（計数率）$= \left(\dfrac{N}{t} - \dfrac{N_b}{t_b}\right) \pm \sqrt{\dfrac{N}{t^2} + \dfrac{N_b}{t_b^2}}$

　　N：総計数値（バックグラウンドを含む）
　　N_b：バックグラウンド計数値
　　t ：試料の測定時間
　　t_b：バックグラウンドの測定時間

付表5 主な放射性同位元素

核種	半減期**	崩壊形成	主なβ線（またはα線）のエネルギー（MeV）と放出の割合	主な光子（γ線，X線）のエネルギー（MeV）と放出の割合	実効線量率定数*1（空気衝突カーマ率定数*2）
^{3}H	12.33y	β^-	0.0186 – 100%	γ（なし）	
^{11}C	20.39m	β^+，EC	0.960 – 99.8%	0.511（β^+）	0.144（0.139）
^{14}C	5730y	β^-	0.156 – 100%	γ（なし）	
^{13}N	9.965m	β^+，EC	1.198 – 99.8%	0.511（β^+）	0.144（0.139）
^{15}O	122s（2.037m）	β^+，EC	1.732 – 99.9%	0.511（β^+）	0.144（0.139）
^{18}F	109.8m	EC	3.3%		0.144（0.139）
		β^+	0.633 – 96.7%	0.511（β^+）	
^{22}Na	2.609y	β^+	0.546 – 89.8%	0.511（β^+）	0.284（0.280）
				1.275 – 99.9%	
		EC	10.1%		
^{32}P	14.26d	β^-	1.711 – 100%	γ（なし）	
^{33}P	25.34d	β^-	0.249 – 100%	γ（なし）	
^{35}S	87.51d	β^-	0.167 – 100%	γ（なし）	
^{40}K	1.227×10^9y	β^-	1.312 – 89.3%		0.0183（0.0184）
		EC	10.7%	1.461 – 10.7%	
^{45}Ca	162.6d	β^-	0.257 – 100%	γ（なし）	
^{51}Cr	27.7d	EC	100%	0.320 – 9.92%	0.00458（0.00422）
^{59}Fe	44.50d	β^-	0.273 – 45.3%	1.099 – 56.5%	0.147
			0.465 – 53.1%	1.292 – 43.2%	（0.147）
^{60}Co	5.271y	β^-	0.318 – 99.9%	1.173 – 100%	0.305（0.306）
				1.333 – 100%	
^{62}Cu	9.74m	EC	2.2%	0.511（β^+）	
		β^+	2.927 – 97.2%		
^{67}Ga	78.3h（3.261d）	EC	100%	0.0933 – 39.2%	0.0225（0.0190）
				0.185 – 22.1%	
				0.300 – 16.8%	
				0.394 – 4.7%	
^{68}Ga	67.63m	β^+	0.822 – 1.1%	0.511（β^+）	0.133（0.129）
			1.899 – 88.0%		
		EC	10.9%	1.077 – 3.0%	
^{68}Ge	270.8d 娘^{68}Ga	EC	100%	0.0093 – 38.7%（Ga-K$_\alpha$）	0.133* （0.129）*
^{81m}Kr	13.10s	IT	100%	0.190 – 67.6%	0.0184（0.0156）
^{81}Rb	4.576h 娘^{81m}Kr	β^+	0.578 – 1.8%	0.511（β^+）	
			1.024 – 25.0%	0.190 – 64.0%（^{81m}Kr）	
		EC	72.9%	0.446 – 23.2%	0.0876*（0.0824）*
				0.457 – 3.0%	
				0.510 – 5.3%	
^{82}Rb	1.273m	EC	4.5%	0.777 – 13.4%	0.153
		β^+	2.602 – 11.7%	0.511（β^+）	（0.148）
			3.379 – 83.3%		
^{89}Sr	50.53d	β^-	1.495 – 100%	γ（なし）	

付表5 つづき

核種	半減期**	崩壊形成	主なβ線（またはα線）のエネルギー(MeV)と放出の割合	主な光子（γ線，X線）のエネルギー(MeV)と放出の割合	実効線量率定数*1（空気衝突カーマ率定数*2）
^{90}Sr	28.74y	β^-	0.546 - 100%	γ（なし）	
	娘^{90}Y				
^{90}Y	64.10h	β^-	2.280 - 100%	γ（なし）	
^{99}Mo	65.94h	β^-	0.437 - 16.4%	0.141 - 4.5%	0.0201 (0.0194)
	娘^{99m}Tc		0.848 - 1.1%	0.181 - 6.0%	0.0376* (0.0331)*
			1.215 - 82.4%	0.366 - 1.2%	
				0.739 - 12.1%	
				0.778 - 4.3%	
^{99m}Tc	6.01h	IT	100%	0.141 - 89.1%	0.0181 (0.0141)
^{111}In	2.805d	EC	100%	0.171 - 90.2%	0.0553 (0.0477)
				0.245 - 94.0%	
^{123}I	13.27h	EC	100%	0.159 - 83.3%	0.0226 (0.0206)
				0.0275 - 70.7% (Te-K$_\alpha$)	
^{125}I	59.40d	EC	100%	0.0355 - 6.7%	0.00295 (0.00603)
				0.0275 - 114% (Te-K$_\alpha$)	
^{131}I	8.021d	β^-	0.248 - 2.1%	0.0802 - 2.6%	0.0545 (0.0513)
			0.334 - 7.3%	0.284 - 6.1%	
			0.606 - 89.9%	0.364 - 81.7%	
				0.637 - 7.2%	
				0.723 - 1.8%	
^{133}Xe	5.243d	β^-	0.346 - 99.0%	0.0810 - 38.0%	0.00937 (0.0127)
^{137}Cs				0.0310 - 40.3% (Cs-K$_\alpha$)	
^{186}Re	90.64h	β^-	0.932 - 21.5%	0.137 - 9.4%	0.00314
			1.070 - 71.0%		(0.00242)
^{188}Re		EC	6.9%		
^{201}Tl	72.91h	EC	100%	0.135 - 2.6%	0.0142 (0.0104)
				0.167 - 10.0%	
				0.0708 - 73.7% (Hg-K$_\alpha$)	
				0.0803 - 20.4% (Hg-K$_\beta$)	
^{235}U	7.038×10^8y	α	4.215 - 5.7%	0.0196 - 61.0%	0.0232
			4.323 - 4.4%	0.144 - 11.0%	(0.0192)
			4.366 - 17.0%	0.163 - 5.1%	
			4.398 - 55.0%	0.186 - 57.2%	
			4.556 - 4.2%	0.205 - 5.0%	
			4.596 - 5.0%	0.0934 - 9.4% (Th-K$_\alpha$)	

データはアイソトープ手帳（10版）（日本アイソトープ協会，2001）による．
*1 実効線量率定数：μSv・m^2・MBq^{-1}・h^{-1}
*2 空気衝突カーマ率定数：μGy・m^2・MBq^{-1}・h^{-1}
* 親核種と併記された娘核種が放射平衡にある場合の値．
** y：年，d：日，h：時，m：分，s：秒

付表6 天然に存在して，放射性崩壊系列を形成している核種
ただし，ネプツニウム系列は人工の核種

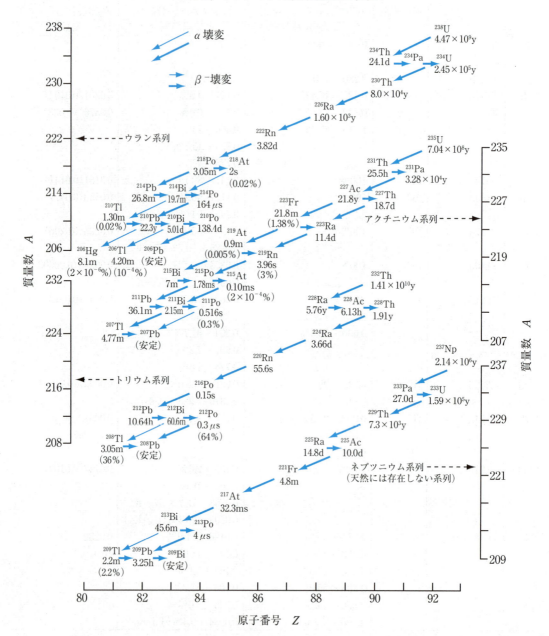

```
**2010年3月改訂（第4版）
*2008年9月改訂
```

貯法：室温、遮光保存
有効期間：検定日時から2.4時間
（ラベルにも記載）

日本標準商品分類番号
874300

承認番号	21700AMZ00697000
保険適用	2005年9月
販売開始	2005年8月

放射性医薬品・悪性腫瘍診断薬，虚血性心疾患診断薬，てんかん診断薬

処方せん医薬品(注)

ＦＤＧスキャン®注

放射性医薬品基準フルデオキシグルコース(^{18}F)注射液

原則禁忌（次の患者には投与しないことを原則とするが，特に必要とする場合には慎重に投与すること）
妊婦又は妊娠している可能性のある婦人[動物試験において胎児移行性が報告されている[1]。]

【組成・性状】

本剤は，水性の注射剤で，フッ素18をフルデオキシグルコースの形で含む。

1バイアル（2mL）中

フルデオキシグルコース(^{18}F)（検定日時において）	185MBq
添加物	日本薬局方D－マンニトール 3.64mg 日本薬局方生理食塩液
外観	無色～微黄色澄明の液
pH	5.0～7.5
浸透圧比	約1（生理食塩液に対する比）

【効能又は効果】

1．悪性腫瘍の診断
(1) 肺癌，乳癌（他の検査，画像診断により癌の存在を疑うが，病理診断により確定診断が得られない場合，あるいは，他の検査，画像診断により病期診断，転移・再発の診断が確定できない場合）の診断
(2) 大腸癌，頭頸部癌（他の検査，画像診断により病期診断，転移・再発の診断が確定できない場合）の診断
(3) 脳腫瘍（他の検査，画像診断により転移・再発の診断が確定できない場合）の診断
(4) 膵癌（他の検査，画像診断により癌の存在を疑うが，病理診断により確定診断の得られない場合）の診断
(5) 悪性リンパ腫，悪性黒色腫（他の検査，画像診断により病期診断，転移・再発の診断ができない場合）の診断
(6) 原発不明癌（リンパ節生検，CT等で転移巣が疑われ，かつ，腫瘍マーカーが高値を示す等，悪性腫瘍の存在を疑うが，原発巣の不明な場合）の診断

2．虚血性心疾患（左室機能が低下している虚血性心疾患による心不全患者で，心筋組織のバイアビリティ診断が必要とされ，かつ，通常の心筋血流シンチグラフィで判定困難な場合）の診断

3．難治性部分てんかんで外科切除が必要とされる場合の脳グルコース代謝異常領域の診断

【用法及び用量】

通常，成人には本剤1バイアル（検定日時において185MBq）を静脈内に投与し撮像する。投与量（放射能）は，年齢，体重により適宜増減するが，最小74MBq，最大370MBqまでとする。

【使用上の注意】

1．重要な基本的注意
診断上の有益性が被曝による不利益を上回ると判断される場合にのみ投与することとし，投与量は最少限度にとどめること。

2．相互作用
〔併用注意〕（併用に注意すること）

薬剤名等	措置方法	危険因子
膵臓ホルモン インスリン	本剤投与前4時間以内のインスリンの投与は避けること	本剤の腫瘍への集積とバックグラウンドとのコントラストが低下する可能性がある[2]

3．副作用
本邦における臨床試験において，287例中13例（4.5％）に副作用（臨床検査値の異常を含む）が認められた。主な副作用は，気分不良1件（0.3％），発熱1件（0.3％），嘔吐1件（0.3％），血圧低下1件（0.3％）であった。また，主な臨床検査値の異常は，尿潜血陽性4件（1.4％），血中カリウム増加3件（1.1％），尿糖陽性2件（0.7％）等であった。

®：登録商標

注）注意－医師等の処方せんにより使用すること

その他の副作用*

	0.1～5％未満	頻度不明※
血液	好中球百分率増加，リンパ球百分率減少	
腎臓	尿蛋白陽性，尿潜血陽性，尿糖陽性，血中尿素窒素増加	
肝臓	血中ビリルビン増加	
皮膚		そう痒感，発疹，紅斑，発赤
消化器	嘔気，嘔吐	
その他	血圧上昇，血圧低下，気分不良，発熱，血中カリウム増加，血中カリウム減少，血中アルブミン減少	

※自発報告につき頻度不明

4．高齢者への投与

　一般に高齢者では生理機能が低下しているので，患者の状態を十分に観察しながら慎重に投与すること。

5．妊婦，産婦，授乳婦等への投与

　妊婦又は妊娠している可能性のある婦人には原則として投与しないこと。授乳中の婦人には，原則として投与しないことが望ましいが，診断上の有益性が被曝による不利益を上回ると判断される場合にのみ投与すること。なお，授乳婦に投与した場合，24時間授乳を中止し投与後12時間は乳幼児との密接な接触を避けるよう指導すること。

6．小児等への投与

　低出生体重児，新生児，乳児，幼児又は小児に対する安全性は確立していない（十分な臨床経験が得られていない）。

7．適用上の注意

(1) 投与前：本剤の集積は血糖値の影響を受ける可能性があるため，本剤投与前4時間以上は絶食し，糖尿病患者では血糖をコントロールするなど，本剤投与時には適切に血糖値を安定化させること。

　心筋バイアビリティ診断において絶食する場合，健常部心筋への本剤の集積が抑制されない例があり，虚血心筋（糖代謝が亢進している）との鑑別に注意を要することがある。

　なお，血糖値200mg/dL以上では，本剤の患部への集積の低下により偽陰性所見を呈する可能性が高いため，投与しないことが望ましい。

(2) 投与前後：本剤の生理的集積の増加を避けるため，本剤投与前から撮像前は安静にして，激しい運動等は行わないこと。

(3) 撮像前後：膀胱部の被曝を軽減させるため及び骨盤部読影の妨げとなる膀胱の描出を避けるため，撮像前後にできるだけ排尿させること。

(4) 撮像時：撮像開始時間は検査目的に応じて設定すること。連続的な動態イメージングを行う場合は本剤投与直後より，静止画像を得る場合は本剤投与後30～40分以降に撮像する。

(5) 診断時：悪性腫瘍の診断において，本剤は炎症等に集積し偽陽性所見を呈する可能性があるため，注意すること[3,4]。

(6) 診断時：悪性黒色腫の診断において，所属リンパ節転移に対する本剤の感度は低いため，所属リンパ節転移の見落としに注意すること。

(7) 診断時：悪性腫瘍の診断において，微小な腫瘍を検出できない可能性があるため，注意すること。

(8) 診断時：本剤の生理的集積及び病変部位の解剖学的位置を正確に把握するためには，他の画像検査所見を参考にすること。

(9) 診断時：確定診断が必要な場合，生検等を実施することが望ましい。

8．その他の注意

(1) (社)日本アイソトープ協会医学・薬学部会放射性医薬品安全性小委員会の「放射性医薬品副作用事例調査報告」において，頭痛，悪寒，発疹，そう痒感，胸やけ（頻度不明）があらわれることが報告されている。また，日本核医学会放射性医薬品等適正使用評価委員会の「放射性医薬品の適正使用におけるガイドラインの作成」において，まれに血管迷走神経反応（顔面蒼白，悪心，息切れ），アレルギー反応（発疹，蕁麻疹）があらわれることが報告されている[5-7]。

(2) 本剤の使用に際しての注意

① 医療法その他の放射線防護に関する法令を遵守すること。

② 特に以下の事項に留意すること。

・医療法施行規則に基づく陽電子断層撮影診療用放射性同位元素の届出を行うこと。

・他の診療用放射性同位元素と同様に，記録を作成し保存すること。

③ その他，関連する告示，通知等の規定に従い，適正に使用すること。

【薬物動態】

1．分布

　本剤は血中から速やかに消失して主に脳へ分布し，その分布率は投与量の約25％（25％ID），単位重量(g)あたりで約0.015％ID/gであった。心臓への分布は被験者ごとに傾向が異なり，最も多く分布した例では約5％ID，単位重量(g)あたりで約0.014％ID/gであった。肺，肝臓，腎臓，脾臓，腸管，精巣及び全身筋肉への放射能の滞留はほとんどみられなかった。

2．代謝・排泄

　尿中放射能累積排泄率は経時的に増加し，投与後6時間で約32％IDであった。主たる排泄経路は腎・尿路系であることが示された。

　代謝について，本剤は血漿中でほとんど代謝されずに存在し，未変化体のまま尿中に排泄されることが示された。

【臨床成績】

[参考情報]（公表論文を集計した成績である）

〈悪性腫瘍〉

手術適応を検討する非小細胞肺癌患者での所属リンパ節転移診断において，CTに対して，CTにFDG-PETを加えた場合（以下，CT+FDG）の診断能について2試験の成績を合計した。感度はCT 65.8%，CT+FDG 92.1%，特異度はCT 72.4%，CT+FDG 86.7%であり，CTに対するFDG-PETの上乗せ効果が認められた[8,9]。また，CTで悪性・良性の鑑別診断が困難な肺結節を有する患者におけるFDG-PETの診断能について2試験の成績を合計した。FDG-PETの感度は96.2%，特異度は75.6%であった[10,11]。

また，FDG-PETの診断目的ごとの診断能について，肺癌，乳癌，大腸癌，頭頸部癌，脳腫瘍，膵癌，悪性リンパ腫，原発不明癌及び悪性黒色腫を評価した84試験におけるFDG-PETの試験成績を以下に示す[12]。

癌種	診断目的	感度	特異度
肺癌	悪性・良性鑑別診断	92.0% (310/337)	67.4% (95/141)
	所属リンパ節転移診断	78.9% (296/375)	89.4% (693/775)
	遠隔転移診断※	93.0% (93/100)	94.3% (199/211)
	転移・再発診断※	97.8% (88/90)	78.0% (32/41)
乳癌	悪性・良性鑑別診断	76.0% (168/221)	87.7% (71/81)
	腋窩リンパ節転移診断	75.6% (344/455)	87.2% (565/648)
	遠隔転移・再発診断※	92.6% (189/204)	89.4% (161/180)
大腸癌	遠隔転移・再発診断※	95.1% (293/308)	90.3% (130/144)
頭頸部癌	頸部リンパ節転移診断	87.7% (193/220)	93.4% (1248/1336)
	残存腫瘍・再発診断	96.8% (91/94)	80.3% (122/152)
	遠隔転移又は重複癌の検出※	癌検出率 7.3% (6/82)	
脳腫瘍	再発診断	79.3% (69/87)	82.7% (62/75)
膵癌	悪性・良性鑑別診断	86.4% (184/213)	85.2% (115/135)
悪性リンパ腫	病期診断	93.8% (480/512)	99.6% (2481/2491)
	骨髄浸潤診断	82.1% (32/39)	93.3% (83/89)
	残存腫瘍・再発診断	77.4% (48/62)	89.5% (179/200)
原発不明癌	原発巣検出	癌検出率 25.8% (42/163)	
悪性黒色腫	所属リンパ節転移診断	9.4% (3/32)	94.4% (67/71)
	遠隔転移・再発診断※	90.9% (251/276)	71.9% (141/196)

※：転移性肝癌を含む

〈虚血性心疾患〉[12]

冠動脈疾患及び左室機能低下を示す患者を対象とした14試験におけるFDG-PETの心筋バイアビリティ診断能は感度89.9%（726/808），特異度64.2%（512/797）であった。

〈部分てんかん〉[12]

外科的治療が考慮される部分てんかん患者を対象とした20試験を評価した。全ての試験においてFDG-PETは発作間欠期に実施されていた。術後の発作予後良好例のうち，FDG-PETで示された焦点部位がてんかん焦点の手術部位と一致する例数の割合を一致率として評価した。その結果，FDG-PETの一致率は73.4%（281/383）であった。MRIで異常所見が認められない例において，FDG-PETの一致率は71.1%（32/45）であった。また，側頭葉てんかんにおけるFDG-PETの一致率は，74.4%（169/227）であった。なお，側頭葉てんかんにおける発作時脳血流検査の一致率は，75.8%（138/182）であった。

【薬効薬理】

〈集積機序〉

腫瘍細胞においては，グルコーストランスポーターの発現による糖取り込み能の増加，解糖系の律速酵素であるヘキソキナーゼ活性の亢進並びに糖新生系の酵素であるグルコース 6 ホスファターゼ活性の低下によって，糖代謝が亢進している。

心筋においては，虚血状態に陥った場合，グルコーストランスポーターの増加による糖取り込み能の増加及び解糖系の律速酵素であるヘキソキナーゼ活性亢進により，糖代謝が亢進している。

てんかんの脳においては，焦点および発作に関係する部位の神経細胞の活動が増加している場合に糖代謝が亢進する一方，神経細胞の活動が減少している場合では糖代謝が低下する。

本剤は，グルコースと同様にグルコーストランスポーターにより細胞に取り込まれ，ヘキソキナーゼによりリン酸化を受けるが，グルコースと異なり解糖系の酵素であるホスホグルコースイソメラーゼによるフルクトースへの異性化反応を受けないことから，リン酸化体として細胞内に滞留する。したがって，その滞留した^{18}F由来のポジトロンを核医学検査装置で追跡することにより，腫瘍細胞の診断，虚血性心疾患における心筋バイアビリティの診断，及びてんかん焦点の診断が可能となる。

【有効成分に関する理化学的知見】

1. フルデオキシグルコース(^{18}F)
   構造式：

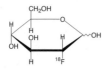

2. 放射性核種の特性（^{18}Fとして）
   物理的半減期：109.8分
   主γ線エネルギー：0.511MeV（193.4%）

放射能減衰表

検定時間から (分)	MBq	検定時間から (分)	MBq
−110	370.5	10	173.7
−100	347.8	20	163.1
−90	326.5	30	153.1
−80	306.6	40	143.7
−70	287.8	50	134.9
−60	270.2	60	126.7
−50	253.7	70	118.9
−40	238.1	80	111.6
−30	223.6	90	104.8
−20	209.9	100	98.4
−10	197.1	110	92.4
（検定時間[注]）		120	86.7
0	185.0	130	81.4
		140	76.4

注）検定時間：規格単位を定める時間

【吸収線量】

（MIRD法により算出）

	吸収線量（mGy/185MBq）
脳	19.0
心臓	8.3
肺	2.0
肝臓	3.7
脾臓	2.6
小腸	1.6
大腸上部壁	1.6
大腸下部壁	1.9
腎臓	4.4
赤色骨髄	1.7
甲状腺	1.6
精巣	1.5
卵巣	1.9
膀胱壁	19.0
全身	1.9

（2時間ごとに排尿した場合）

【包装】

185MBq（2mL）1バイアル

【主要文献及び文献請求先】

＜主要文献＞
1) Sakuragawa N, et al：Nucl Med Biol **15**：645-650, 1988
2) Minn H, et al：J Comput Assist Tomogr **17**：115-123, 1993
3) 窪田和雄, 他：臨床医のためのクリニカルPET：株式会社寺田国際事務所／先端医療技術研究所（東京）p102, 2001
4) 織内昇：画像診断 **23**：1142-1150, 2003
5) (社)日本アイソトープ協会医学・薬学部会放射性医薬品安全性小委員会：核医学 **32**：605-614, 1995
6) (社)日本アイソトープ協会医学・薬学部会放射性医薬品安全性小委員会：核医学 **42**：33-45, 2005
7) 日本核医学会放射性医薬品等適正使用評価委員会：核医学 **41(2)**：1-58, 2004
8) Pieterman RM, et al：N Engl J Med **343**：254-261, 2000
9) Marom EM, et al：Radiology **212**：803-809, 1999
10) Lowe VJ, et al：J Clin Oncol **16**：1075-1084, 1998
11) Gupta NC, et al：J Nucl Med **37**：943-948, 1996
12) 申請資料概要, 2005

＜文献請求先＞**
日本メジフィジックス株式会社　営業業務部
〒661-0976　兵庫県尼崎市潮江1丁目2番6号
0120-07-6941（フリーダイアル）

製造販売元
日本メジフィジックス株式会社
東京都江東区新砂3丁目4番10号

```
**2010年4月改訂（第3版）
*2005年5月改訂

貯法：冷所，遮光保存
有効期間：検定日時から24時間
（ラベルにも記載）
```

日本標準商品分類番号
874300

承認番号	15400AMZ00246000
薬価収載	1979年4月
販売開始	1979年4月

放射性医薬品・甲状腺疾患診断薬

処方せん医薬品(注)*

ヨードカプセル－１２３

日本薬局方ヨウ化ナトリウム（^{123}I）カプセル

【組成・性状】

日本薬局方ヨウ化ナトリウム（^{123}I）カプセル

1カプセル中

ヨウ化ナトリウム（^{123}I）溶液（検定日時において）	3.7MBq
添加物	日本薬局方白糖0.375g，黄色5号（カプセル剤皮）
性状	本剤は白色の粉末をだいだい色透明のカプセルに充てんした硬カプセル剤

【効能又は効果】

・甲状腺シンチグラフィによる甲状腺疾患の診断
・甲状腺摂取率による甲状腺機能の検査

【用法及び用量】

検査前1～2週間は，ヨウ素を含む食物やヨウ素-123甲状腺摂取率に影響する薬剤は摂らせないようにする。

・甲状腺摂取率の測定

通常，成人には本剤3.7MBqを経口投与し，3～24時間後に1～3回シンチレーションカウンターで計数する。
なお，年齢，体重により適宜増減する。

・甲状腺シンチグラフィ

通常，成人には本剤3.7～7.4MBqを経口投与し，3～24時間後に1～2回シンチレーションカメラ又はシンチレーションスキャンナで撮影又は走査することにより甲状腺シンチグラムをとる。
なお，年齢，体重により適宜増減する。

【使用上の注意】

1．重要な基本的注意

診断上の有益性が被曝による不利益を上回ると判断される場合にのみ投与することとし，投与量は最少限度にとどめること。

2．副作用

承認時までの臨床試験及び市販後の副作用頻度調査（全24152例）において副作用が認められた例はなかった。

3．高齢者への投与

一般に高齢者では生理機能が低下しているので，患者の状態を十分に観察しながら慎重に投与すること。

4．妊婦，産婦，授乳婦等への投与

妊婦又は妊娠している可能性のある婦人及び授乳中の婦人には，原則として投与しないことが望ましいが，診断上の有益性が被曝による不利益を上回ると判断される場合にのみ投与すること。

5．小児等への投与

小児等に対する安全性は確立していない（現在までのところ，十分な臨床成績が得られていない）。

6．適用上の注意

検査前1～2週間は，ヨウ素を含む食物や甲状腺摂取率の検査に影響する薬剤は摂らせないこと。

【薬物動態】

1．血中濃度・分布

患者11例について試験した結果，本剤の胃部分布率は，本剤の溶解，吸収の様相を示すものと考えられるが，3時間までに急速に減少し以後は緩やかに減少した。胃部分布率の低下に対して血中濃度は3時間までは上昇の傾向を示したが，以後は緩やかに減少した。また，経口投与後6時間で甲状腺に13.2±4.9％取り込まれ，以後24時間まで緩やかな摂取上昇曲線を描いた。

2．排泄

投与後24時間で，76.1％が排泄された[1]。

【臨床成績】

臨床試験において本剤が有効であると報告された適応症は次のとおりである。
　各種甲状腺疾患
　　甲状腺機能亢進症，甲状腺機能低下症，甲状腺癌，甲状腺腺腫，甲状腺炎，他

注）注意－医師等の処方せんにより使用すること*

【薬効薬理】

ヨウ素は消化管から吸収され，血中へ移行する。血中へ入ったI^-（iodideion）は，甲状腺の上皮細胞によって血中から能動的に取り込まれる。甲状腺はI^-を有機化し，T_3及びT_4に合成する。T_3及びT_4は濾胞腔にcolloidとして貯えられ，上皮細胞のpinocytosisにより再び細胞内に取り込まれ加水分解を受けた後，分泌される。

放射性ヨウ素は上記と同じ挙動を示すため，本剤による甲状腺摂取率は甲状腺の機能状態の診断に，また，甲状腺シンチグラフィは甲状腺の形態等甲状腺疾患の診断における良い指標と考えられる。

【吸収線量】

（MIRD法により算出）

臓器	ヨードカプセル-123 3.7MBq投与あたり	ヨウ化ナトリウム (^{131}I）カプセル 3.7MBq投与あたり[1]
甲 状 腺	13.0 mGy	1300 mGy
胃 壁	0.21	1.4
肝 臓	0.027	0.48
卵 巣	0.031	0.14
精 巣	0.012	0.09
赤色骨髄	0.030	0.26
全 身	0.029	0.71

ただし，本吸収線量計算においては，甲状腺摂取率を25%と仮定した。また，^{121}Teの含有率規格は0.3%であるが，実際含有率はさらに低いため，^{123}Iを100%として算出した。

【有効成分に関する理化学的知見】

1. 放射性核種の特性（^{123}Iとして）
   物理的半減期：13.27時間
   主γ線エネルギー：159keV（83.3%）

【包　装】

3カプセル，4カプセル，5カプセル

【主要文献及び文献請求先】

<主要文献>
1) MIRD/Dose Estimate Report No.5, J Nucl Med **16**：857-860, 1975

<文献請求先>**
日本メジフィジックス株式会社　営業業務部
〒661-0976　兵庫県尼崎市潮江1丁目2番6号
0120-07-6941（フリーダイアル）

製造販売元*
日本メジフィジックス株式会社
東京都江東区新砂3丁目4番10号

```
**2013年10月改訂（第6版）
*2010年4月改訂

貯法：室温、遮光保存
有効期間：製造日時から24時間
　　　　（ラベルにも記載）

処方せん医薬品(注)
```

日本標準商品分類番号
874300

承認番号	20700AMZ00029000
薬価収載	1995年6月
販売開始	1995年6月
再審査結果	2004年3月

放射性医薬品・腎及び尿路疾患診断薬

MAGシンチ®注

放射性医薬品基準メルカプトアセチルグリシルグリシルグリシンテクネチウム（^{99m}Tc）注射液

【組成・性状】

本剤は、水性の注射剤で、テクネチウム-99mをメルカプトアセチルグリシルグリシルグリシンテクネチウムの形で含む。

1 mL中

メルカプトアセチルグリシルグリシルグリシンテクネチウム（^{99m}Tc）（検定日時において）	370MBq
メルカプトアセチルグリシルグリシルグリシン	0.15mg
添加物	無水塩化第一スズ0.045mg、日本薬局方アスコルビン酸5mg、日本薬局方生理食塩液、pH調整剤2成分
性　状	微黄色澄明の液
pH	7.0～10.5
浸透圧比	約0.7（生理食塩液に対する比）

【効能又は効果】

シンチグラフィ及びレノグラフィによる腎及び尿路疾患の診断

【用法及び用量】**

通常、成人には200～555MBqを静脈内に投与する。被検部に検出器を向け、投与直後から動態画像を得ると共に、データ処理装置にデータを収集し、画像上に関心領域を設定することによりレノグラムを得る。また、必要に応じて有効腎血流量又は有効腎血漿流量を測定する。

なお、投与量は、年齢、体重及び検査目的により適宜増減する。

【使用上の注意】

1．重要な基本的注意

診断上の有益性が被曝による不利益を上回ると判断される場合にのみ投与することとし、投与量は最少限度にとどめること。

2．副作用

臨床試験（619例）において副作用及び臨床検査値の異常変動が認められた例はなかった。使用成績調査において、3201例中、ショックが1件（0.03％）報告された（再審査終了時）。

重大な副作用

ショック：まれに（0.1％未満）ショックがあらわれることがあるので、観察を十分に行い、異常が認められた場合には適切な処置を行うこと。

3．高齢者への投与

一般に高齢者では生理機能が低下しているので、患者の状態を十分に観察しながら慎重に投与すること。

4．妊婦、産婦、授乳婦等への投与

妊婦又は妊娠している可能性のある婦人及び授乳中の婦人には、原則として投与しないことが望ましいが、診断上の有益性が被曝による不利益を上回ると判断される場合にのみ投与すること。

5．小児等への投与

小児等に対する安全性は確立していない（現在までのところ、十分な臨床成績が得られていない）。

6．適用上の注意

膀胱部の被曝を軽減させるため、検査前後できるだけ患者に水分を摂取させ、排尿させること。

【薬物動態】[1]

1．血中濃度

健常成人男子において、本剤は静脈内投与後、急速に血中から消失し、高率かつ速やかに尿中に排泄された。血中からの消失は2相性を示し、初期相の消失半減期は3.2±0.5分、後期相の消失半減期は18.6±4.8分であった。

2．代謝・排泄

累積尿中排泄率は、投与後30分で76.8±0.4％、90分で91.7±0.1％、3時間で95.9±0.2％、6時間で97.1±1.0％及び24時間で98.0±1.0％であり、本剤は投与後24時間までにはほぼ全量が尿中に排泄されることが示された。

血中における放射化学的成分の存在比は、投与前の本剤の成分の存在比とほぼ同様であり、投与後30分でメルカプトアセチルグリシルグリシルグリシンテクネチウム（^{99m}Tc）が尿中の放射化学的成分の99％を占めたことから、本剤は体内で代謝されることなく、尿中に排泄されることが示された。

【臨床成績】

第3相臨床試験において、以下の腎・尿路疾患患者を対象に有効性が検討され、497例中やや有効とされた1例を除く496例（99.8％）で本剤の有効性が示された[2]。

糸球体腎炎、尿路通過障害（水腎症を含む）、腎・尿路結石、糖尿病性腎症、腎血管性高血圧症、腎腫瘍性病変（嚢胞を含む）、高血圧性腎症、ネフローゼ症候群、腎不全、

®：登録商標

注）注意−医師等の処方せんにより使用すること

移植腎，その他の腎・尿路疾患

その他，本剤の腎・尿路疾患診断における臨床的有効性について，以下のような知見が得られた。

(1) 本剤のレノグラムのT$_{max}$及びT$_{1/2}$の値はヨウ化ヒプル酸ナトリウム（^{123}I）注射液の指標と相関関係が認められた[2]。

(2) 有効腎血漿流量などの腎機能指標の算出が可能であり，その値はヨウ化ヒプル酸ナトリウム（^{123}I）注射液の値と相関がみられた[3,4]。

(3) 本剤の腎摂取率はジエチレントリアミン五酢酸テクネチウム（^{99m}Tc）注射液の約3倍であった[5]。

(4) ヨウ化ヒプル酸ナトリウム（^{123}I）注射液及びジエチレントリアミン五酢酸テクネチウム（^{99m}Tc）注射液と有効性，所見の信頼性及び画質について比較を行った結果，本剤の有効性は両薬剤より優れており，本剤により信頼性の高い所見が得られ，画質に関しては，血流画像及び経時画像共に本剤の方が優れていた[2]。

【薬効薬理】

本剤は静脈内投与後速やかに血中から消失し，体内で代謝を受けることなく，尿細管に能動的に高率に取り込まれ，尿中に排泄される[1]。本剤の腎での摂取は有効腎血漿流量や有効腎血流量を反映する。したがって，本剤の腎・尿路における薬物動態を経時的に撮像し，また，腎における時間−放射能曲線（レノグラム）を解析することにより，腎血流，腎実質機能，尿路の通過状態及び腎の形態を非侵襲的に診断することができる[1,2,6]。

【吸収線量】

（MIRD法により算出）

	吸収線量（mGy/MBq）
膀　　胱	0.029
腎　　臓	0.0028
肝　　臓	0.00060
胆 の う	0.0017
脾　　臓	0.00047
小　　腸	0.0021
大 腸 上 部	0.0030
大 腸 下 部	0.0031
赤 色 骨 髄	0.00085
卵　　巣	0.0020
精　　巣	0.0010
全　　身	0.00063

（0.5, 3及び6時間後に排尿した場合）

【有効成分に関する理化学的知見】

1．放射性核種の特性（^{99m}Tcとして）
物理的半減期：6.01時間
主γ線エネルギー：141keV（89.1％）

【取扱い上の注意】**

（シリンジバイアル使用方法）
①コンテナのセイフティバンドを切り取り，上蓋を外す。
②プランジャーを取り付ける（図1）。
③コンテナから取り出す（シールドキャップを持って取り出せます）。
④先端のゴムキャップを取り，針等（両刃針，他）を取り付ける（図2）。
⑤患者に投与する。

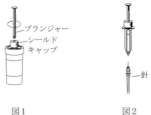

図1　　　　　図2

（使用後の廃棄方法）
①誤刺に注意して，針等を外す。
②プランジャーは取り付け時と反対の方向（反時計方向）に回して取り外す。
③シールドキャップを回して取り外し，シールドからシリンジを抜き取り廃棄する。

【包　装】

222MBq，333MBq，555MBq

【主要文献及び文献請求先】

＜主要文献＞
1) 池窪勝治，他：核医学 30：507-516, 1993
2) 鳥塚莞爾，他：核医学 31：183-198, 1994
3) 佐藤始広，他：核医学 31：75-84, 1994
4) 河　相吉，他：核医学 31：175-181, 1994
5) 井上優介，他：Clin Nucl Med 19：1049-1054, 1994
6) 鳥塚莞爾，他：核医学 30：1379-1392, 1993

＜文献請求先＞*
日本メジフィジックス株式会社　営業業務部
〒661-0976　兵庫県尼崎市潮江1丁目2番6号
0120-07-6941（フリーダイアル）

製造販売元
日本メジフィジックス株式会社
東京都江東区新砂3丁目4番10号

	日本標準商品分類番号
	874300
承認番号	10M:20200AMZ00849000 20M:20200AMZ00850000
薬価収載	10M:1982年9月 20M:1982年9月
販売開始	10M:1990年9月 20M:1990年9月

**2010年4月改訂（第4版）
*2007年8月改訂

貯法：室温, 遮光保存
有効期間：製造日時から30時間*
（ラベルにも記載）

放射性医薬品・脳，甲状腺，唾液腺及び異所性胃粘膜疾患診断薬

テクネシンチ®注－１０Ｍ
テクネシンチ®注－２０Ｍ

日本薬局方過テクネチウム酸ナトリウム（^{99m}Tc）注射液

処方せん医薬品[注]

【組成・性状】

日本薬局方過テクネチウム酸ナトリウム（^{99m}Tc）注射液

1 mL中

	（テクネシンチ注－１０Ｍ）	（テクネシンチ注－２０Ｍ）
	過テクネチウム酸ナトリウム（^{99m}Tc）	過テクネチウム酸ナトリウム（^{99m}Tc）
	（検定日時において）370MBq	（検定日時において）740MBq
添加物	日本薬局方生理食塩液	
性状	無色澄明の液	
pH	4.5〜7.0	
浸透圧比	約1（生理食塩液に対する比）	

【効能又は効果】

脳腫瘍及び脳血管障害の診断
甲状腺疾患の診断
唾液腺疾患の診断
異所性胃粘膜疾患の診断

【用法及び用量】

1．脳シンチグラフィ
　通常，成人には74〜740MBqを静注し，静注後10〜30分までに（やむを得ず経口投与の場合は1〜2時間後に）被検部のシンチグラムを得る。

2．甲状腺シンチグラフィ／甲状腺摂取率測定
　通常，成人には74〜370MBqを静注し，静注後被検部のシンチグラムを得る。同時に甲状腺摂取率を測定する場合には，投与量のカウントと被検部のカウントの比から甲状腺摂取率を測定する。また，7.4〜74MBqを静注することにより，甲状腺摂取率のみを測定することもできる。

3．唾液腺シンチグラフィ／ＲＩシアログラフィ
　通常，成人には185〜555MBqを静注し，静注後被検部のシンチグラムを得る。必要に応じ，唾液分泌刺激物による負荷を行い，負荷後のシンチグラムを得る。また，時間放射能曲線を作成することにより，ＲＩシアログラムを得ることもできる。

4．異所性胃粘膜シンチグラフィ
　通常，成人には185〜370MBqを静注し，静注後被検部のシンチグラムを得る。

投与量は，年齢，体重により適宜増減する。

【使用上の注意】

1．重要な基本的注意
　診断上の有益性が被曝による不利益を上回ると判断される場合にのみ投与することとし，投与量は最少限度にとどめること。

2．副作用
　甲状腺疾患，唾液腺疾患及び異所性胃粘膜疾患に係る臨床試験（112例）において副作用が認められた例はなかった（承認時）。

3．高齢者への投与
　一般に高齢者では生理機能が低下しているので，患者の状態を十分に観察しながら慎重に投与すること。

4．妊婦，産婦，授乳婦等への投与
　妊婦又は妊娠している可能性のある婦人及び授乳中の婦人には，原則として投与しないことが望ましいが，診断上の有益性が被曝による不利益を上回ると判断される場合にのみ投与すること（授乳中の婦人は投与後少なくとも3日間は授乳しない方が良いとの報告がある[1]）。

5．小児等への投与
　小児等に対する安全性は確立していない（現在までのところ，十分な臨床成績が得られていない）。

6．適用上の注意
　膀胱部の被曝を軽減させるため，撮像前後できるだけ患者に水分を摂取させ，排尿させること。

7．その他の注意
(1) 脳シンチグラフィを行う場合，脳底部及び後頭蓋窩の腫瘍については，シンチグラム読影が困難な場合がある。
(2) （社）日本アイソトープ協会医学・薬学部会放射性医薬品安全性専門委員会の「放射性医薬品副作用事例調査報告」において，まれに血管迷走神経反応，発熱，アレルギー反応（発赤など）などがあらわれることがあると報告されている。

®：登録商標

注）注意－医師等の処方せんにより使用すること

【薬物動態】

1. 血中濃度・分布

過テクネチウム酸（$^{99m}TcO_4^-$）は静脈内投与後、速やかに血中から消失し、甲状腺、唾液腺及び胃粘膜に特異的に集積する。その後、腎から尿へ及び腸から糞への2つのルートで体外へ排泄される[2,3]。

2. 排泄

静脈内投与後1日で約30%が尿中に排泄され、それ以降尿中への排泄はわずかである。一方、その時期から糞中排泄が次第に増えはじめ、投与後8日には投与量の約60%が排泄される[3]。

【臨床成績】[4~9]

本剤が有効であるとされている適応症は次のとおりである。
脳腫瘍及び脳血管障害（髄膜腫、神経膠芽細胞腫、転移性腫瘍、脳動静脈奇形、硬膜下血腫、他）、甲状腺疾患（甲状腺機能亢進症、び漫性甲状腺腫、結節性甲状腺腫、甲状腺腫瘍、他）、唾液腺疾患（シェーグレン症候群、唾液腺腫瘍、他）、異所性胃粘膜疾患（メッケル憩室、他）

【薬効薬理】

$^{99m}TcO_4^-$ は、血液－脳関門（blood brain barrier：BBB）を通過しないため、$^{99m}TcO_4^-$ を投与したときの脳シンチグラム像は、健常人では脳実質に放射能の集積がないcold areaとして描出される。しかし、脳腫瘍のようなBBB障害患者ではこれを通過して腫瘍組織に高濃度に集積するのでその部分がhot spotとして描出される[10]。また、病巣部における組織血管床の増加、即ち病巣内血液量の増加、腫瘍その他の病的組織内の血管壁の構造と機能の異常による透過性の亢進、病的組織内の細胞外液腔の増大、pinocytosis、carrier transport、passive diffusion、腫瘍などの代謝と関連した能動的なRIの取込み、その他の機構で取り込まれると考えられる[11]。

その他、$^{99m}TcO_4^-$ は甲状腺、唾液腺、胃粘膜等にも集積する。

【吸収線量】[12]

（MIRD法により算出）

	吸収線量（mGy/37MBq）
全身	0.11
甲状腺	1.3
胃	0.51
大腸上部	1.2
大腸下部	1.1
膀胱壁	0.85
赤色骨髄	0.17
卵巣	0.30
精巣	0.09

吸収線量値は、抑制剤（$NaClO_4$、$KClO_4$、I_2）で前処置されていない被検者の活動時における値である。

【有効成分に関する理化学的知見】

1. 放射性核種の特性（^{99m}Tcとして）
   物理的半減期：6.01時間
   主γ線エネルギー：141keV（89.1%）

【包装】

テクネシンチ注－10M　370MBq
テクネシンチ注－20M　740MBq

【主要文献及び文献請求先】

＜主要文献＞

1) Vagenakis AG, et al：J Nucl Med 12：188, 1971
2) McAfee JG, et al：J Nucl Med 5：811-827, 1964
3) Beasley TM, et al：Health Physics 12：1425-1435, 1966
4) 半田 肇, 他：脳と神経 21：43-51, 1969
5) 渡辺克司, 他：日本医学放射線学会雑誌 30：555-565, 1970
6) 有光哲雄, 他：脳と神経 27：1279-1285, 1975
7) 久田欣一, 編：最新核医学, 金原出版, 東京, 1982, p.101, 158, 302, 307
8) 久田欣一, 他編：最新臨床核医学, 金原出版, 東京, 1989, p.67, 121, 397, 408
9) 鳥塚莞爾, 編：新核医学, 金芳堂, 京都, 1986, p.151, 181, 365
10) 第15改正日本薬局方解説書, 廣川書店, 東京, 2006, C-908
11) 半田譲二, 他著：核医学大系6, 実業公報社, 東京, 1976, p.5
12) MIRD/Dose Estimate Report No. 8：J Nucl Med 17：74-77, 1976

＜文献請求先＞**

日本メジフィジックス株式会社　営業業務部
〒661-0976　兵庫県尼崎市潮江1丁目2番6号
0120-07-6941（フリーダイアル）

製造販売元
日本メジフィジックス株式会社
東京都江東区新砂3丁目4番10号

** 2013年10月改訂（第6版）
*   2010年3月改訂

貯法：室温、遮光保存
有効期間：検定日から2週間
（ラベルにも記載）

日本標準商品分類番号
874300

承認番号	20300AMZ00817000
薬価収載	1982年9月
販売開始	1991年11月

放射性医薬品・悪性腫瘍診断薬，炎症性病変診断薬

クエン酸ガリウム(^{67}Ga)注NMP

処方せん医薬品[注]

日本薬局方クエン酸ガリウム（^{67}Ga）注射液

【組成・性状】**

1 mL中

クエン酸ガリウム(^{67}Ga)（検定日時において）	74 MBq
添加物	日本薬局方クエン酸ナトリウム水和物28mg，日本薬局方ベンジルアルコール0.009mL，pH調整剤
性状	無色〜淡赤色澄明の液
pH	6.0〜8.0
浸透圧比	約1.2（生理食塩液に対する比）

【効能又は効果】

・悪性腫瘍の診断
・下記炎症性疾患における炎症性病変の診断
　腹部膿瘍，肺炎，塵肺，サルコイドーシス，結核，骨髄炎，び漫性汎細気管支炎，肺線維症，胆のう炎，関節炎，など

【用法及び用量】**

1．腫瘍シンチグラフィ
　本剤1.11〜1.48MBq/kgを静注し，24〜72時間後に，被検部をシンチレーションカメラ又はシンチレーションスキャンナで撮影又は走査することによりシンチグラムをとる。

2．炎症シンチグラフィ
　本剤1.11〜1.85MBq/kgを静注し，48〜72時間後に，被検部をシンチレーションカメラ又はシンチレーションスキャンナで撮影又は走査することによりシンチグラムをとる。必要に応じて投与後6時間像をとることもできる。

　投与量は，年齢，体重により適宜増減する。

【使用上の注意】

1．重要な基本的注意
　診断上の有益性が被曝による不利益を上回ると判断される場合にのみ投与することとし，投与量は最少限度にとどめること。

2．副作用
　炎症性疾患に係る臨床試験（のべ201例）において副作用が認められた例はなかった（効能追加時）。

その他の副作用

	頻度不明*
過敏症	蕁麻疹様紅斑，瘙痒感，発疹，発赤，全身紅斑，湿疹
循環器	徐脈，血圧低下
消化器	腹部膨満感，悪心，嘔吐，口内疼痛，舌痛
その他	発熱，全身倦怠，冷汗，上腕部痛，めまい，気分不良，顔面潮紅

※自発報告につき頻度不明

3．高齢者への投与
　一般に高齢者では生理機能が低下しているので，患者の状態を十分に観察しながら慎重に投与すること。

4．妊婦，産婦，授乳婦等への投与
　妊婦又は妊娠している可能性のある婦人及び授乳中の婦人には，原則として投与しないことが望ましいが，診断上の有益性が被曝による不利益を上回ると判断される場合にのみ投与すること。また，クエン酸ガリウム（^{67}Ga）は授乳している乳房に蓄積するため，授乳する場合は投与後2〜3週間程度の期間をとった方が望ましい[1,2]。

5．小児等への投与
　小児等に対する安全性は確立していない（現在までのところ，十分な臨床成績が得られていない）。

6．適用上の注意
　(1) 投与時：メシル酸デフェロキサミン投与中に本剤を投与する場合，メシル酸デフェロキサミンの投与はあらかじめ中止しておくこと（本剤とメシル酸デフェロキサミンがキレートを形成し，急速に尿中に排泄されるため，シンチグラムが得られない場合がある）[3]。
　(2) 撮像前及び撮像時：^{67}Gaは腸管内へ排泄されるため腹部の病巣への集積と鑑別が困難となる場合がある。そのため，腹部診断には前処置として撮像前に十分な浣腸を施行する。また，浣腸禁忌の場合には経日的に撮像し，集積の移動の有無から診断する[4]。

7．その他の注意
　(1) 炎症性病変の診断に際しては，炎症巣の局在部位・活動性等，他の検査では十分な情報が得られない場合に施行すること。
　(2) （社）日本アイソトープ協会医学・薬学部会放射性医薬品安全性専門委員会の「放射性医薬品副作用事例調査報告」において，まれに血管迷走神経反応（動悸，熱感など），発熱，アレルギー反応（発赤，発疹など），その他（舌しびれなど）があらわれることがあると報告されている。

【薬物動態】[5]

1．血中濃度・分布
　^{67}Gaは，静脈内投与後24時間以内では主に腎臓から排泄されるため，腎臓が最も高い集積を示す。24時間以内に腎から投与量の約12％が排泄されるが，その後は肝臓が主な排泄経路となる。48時間から72時間では，骨，肝臓，脾臓で高い集積を示す。

2．排泄
　投与後1週間以内に投与量の約1/3が排泄され，残り2/3は肝臓（6％），脾臓（1％），腎臓（2％），骨・骨髄（24％），他軟部組織（34％）にとどまる。他に副腎，腸管，肺でも，比較的高い集積がみられる。

【臨床成績】

1．クエン酸ガリウムが特に有用であると報告されている悪性腫瘍は次のとおりである。
　脳腫瘍，甲状腺未分化癌，肺癌，原発性肝癌，ホジキン病，非ホジキンリンパ腫，悪性黒色腫，他
2．臨床試験において本剤が有効であると報告された炎症性疾患は次のとおりである[6〜10]。
　(1) 骨・関節・筋肉部
　　骨髄炎，関節炎，股関節症，滑膜炎，他

注）注意—医師等の処方せんにより使用すること

(2) 胸部
　　肺線維症，塵肺，放射性肺炎，薬剤性肺臓炎，び漫性汎細気管支炎，肺膿瘍，サルコイドーシス，他
(3) 腹部
　　肝膿瘍，脾膿瘍，横隔膜下膿瘍，腎膿瘍，胆のう炎，腎盂腎炎，他

【薬効薬理】

1．腫瘍集積機序[11]

クエン酸ガリウム(^{67}Ga)の腫瘍への集積機序についてはまだ十分に解明されていないが，集積過程については次のように考えられている。

血中に投与されたクエン酸ガリウム(^{67}Ga)は血清中のトランスフェリンと結合し，トランスフェリン-^{67}Ga複合体となり，腫瘍細胞のトランスフェリンレセプターに作用し，細胞内に取り込まれる。細胞内では，ライソゾームをはじめ細胞質に分布するが，この一部は^{67}Ga-フェリチンとして，また大部分は，microvesiclesや粗面小胞体に運ばれ，そこで腫瘍細胞の機能に必須な高分子タンパクと結合する。

2．炎症集積機序

炎症集積機序についても十分に解明されていないが，いくつかの機構が考えられている。

○血流増加による集積[12]

Itoらは，細小動脈の炎症による拡大，毛細管の透過性亢進によりイオン形で細胞に入るのであろうとした。

○白血球による取込み[13]

Tsanらは，ヒトの多型核白血球による^{67}Gaの取込みがリンパ球よりも高く，多型核白血球の膜表面に結合していると考えられるとした。

○ラクトフェリンとの結合[14]

Hofferらは，^{67}Gaが好中球に多く含まれるラクトフェリンと結合し好中球が炎症部位に集積するとした。

○細菌による直接取込み[15]

Menonらは，ブドウ球菌やサルモネラ菌など，いくつかの一般的な微生物によって^{67}Gaが取り込まれることを示した。

3．腫瘍及び炎症部位における^{67}Gaの結合物質

安東らは，腫瘍及び炎症部位における^{67}Gaの結合物質が酸性ムコ多糖であるとした[16]。

Hamaらは，酸性ムコ多糖のうちでも特にヘパラン硫酸が高い^{67}Ga親和性を有することを示した[17,18]。

【吸収線量】[19]

（MIRD法により算出）

	吸収線量（mGy/37MBq）
全身	2.6
肝臓	4.6
脾臓	5.3
骨髄	5.8
骨	4.4
胃	2.2
腎臓	4.1
卵巣	2.8
精巣	2.4

【有効成分に関する理化学的知見】

1．放射性核種の特性（^{67}Gaとして）

物理的半減期：3.261日

主γ線エネルギー：93.3keV(39.2%)，185keV(21.2%)，300keV(16.8%)

【取扱い上の注意】**

（シリンジバイアル使用方法）

① コンテナのセイフティバンドを切り取り，上蓋を外す。
② プランジャーを取り付ける（図1）。
③ コンテナから取り出す（シールドキャップを持って取り出せます）。
④ 先端のゴムキャップを取り，針等（両刃針，他）を取り付ける（図2）。
⑤ 患者に投与する。

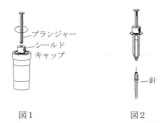

図1　　　　　　図2

（使用後の廃棄方法）

① 誤刺に注意して，針等を外す。
② プランジャーは取り付け時と反対の方向（反時計方向）に回して取り外す。
③ シールドキャップを回して取り外し，シールドからシリンジを抜き取り廃棄する。

【包装】

シリンジタイプ：74MBq，111MBq，148MBq，185MBq
バイアルタイプ：37MBq，74MBq，111MBq，148MBq，185MBq，222MBq，259MBq，296MBq，333MBq，370MBq

【主要文献及び文献請求先】

<主要文献>

1) Richard ET, et al：J Nucl Med 17：1055-1056, 1976
2) 社団法人日本アイソトープ協会 ICRP勧告翻訳検討委員会：ICRP Publication 52 核医学における患者の防護，1990, p.23-24
3) Nagamachi S, et al：Ann Nucl Med 2(1)：35-39, 1988
4) 利波紀久：臨床外科　36：69-75, 1981
5) Johnston GS, et al：Atlas of gallium-67 scintigraphy, New York, Plenum 1973, p.7
6) 中島秀行, 他：核医学 18：583-590, 1981
7) 伊藤和夫：イメージ診断　2：63-71, 1982
8) 桑原康雄, 他：核医学 19：529-534, 1982
9) 佐崎 章, 他：核医学 19：965-973, 1982
10) 伊藤新作, 他：核医学 20：1459-1466, 1983
11) 鳥塚莞爾, 編：新核医学, 金芳堂, 1982, p.470
12) Ito Y, et al：Radiol 100：357, 1971
13) Tsan MF, et al：J Nucl Med 19：36, 1978
14) Hoffer PB, et al：J Nucl Med 18：713, 1977
15) Menon S, et al：J Nucl Med 19：44, 1978
16) 安東 醇, 他：日本薬学会第99年会講演要旨集，1979, p.364
17) Hama Y, et al：Jap J Nucl Med 19：855, 1982
18) Hama Y, et al：Eur J Nucl Med 9：51, 1984
19) MIRD/Dose Estimate Report No.2, J Nucl Med 14：755-756, 1973

<文献請求先>*

日本メジフィジックス株式会社　営業業務部
〒661-0976　兵庫県尼崎市潮江1丁目2番6号
0120-07-6941（フリーダイアル）

製造販売元

日本メジフィジックス株式会社
東京都江東区新砂3丁目4番10号

**2013年10月改訂（第7版）
*2011年2月改訂

貯法：室温，遮光保存
有効期間：製造日時から25時間，
ただし検定日時から6時間
（ラベルにも記載）

処方せん医薬品(注)

放射性医薬品・骨疾患診断薬

クリアボーン®注

放射性医薬品基準ヒドロキシメチレンジホスホン酸テクネチウム（^{99m}Tc）注射液

日本標準商品分類番号	874300
承認番号	15700AMZ01300000
薬価収載	1983年2月
販売開始	1983年2月
再審査結果	1990年9月

【組成・性状】**

本剤は，水性の注射剤で，テクネチウム-99mをヒドロキシメチレンジホスホン酸テクネチウムの形で含む。

1 mL中

ヒドロキシメチレンジホスホン酸テクネチウム（^{99m}Tc）（検定日時において）	370MBq
メタン-1-ヒドロキシ-1,1-ジホスホン酸ジナトリウム	0.136mg
添加物	無水塩化第一スズ 0.059mg，アスコルビン酸ナトリウム 0.177mg，日本薬局方生理食塩液，pH調整剤
性状	無色澄明の液
pH	4.0〜6.0
浸透圧比	約0.5（生理食塩液に対する比）

【効能又は効果】

骨シンチグラムによる骨疾患の診断

【用法及び用量】**

通常，成人には555〜740MBqを肘静脈内に注射し，1〜2時間の経過を待って被検部の骨シンチグラムをとる。
年齢，体重により適宜増減する。

【使用上の注意】

1. 重要な基本的注意
   診断上の有益性が被曝による不利益を上回ると判断される場合にのみ投与することとし，投与量は最少限度にとどめること。
2. 副作用
   臨床試験及び使用成績調査（全12401例）において副作用が認められた例はなかった（再審査終了時）。

その他の副作用*

	頻度不明※
過敏症	発疹，そう痒感，顔面潮紅，発赤
消化器	嘔吐，悪心，食思不振
循環器	チアノーゼ，血圧低下，徐脈，動悸
精神神経系	てんかん様発作，耳閉感，頭痛，めまい，ふらつき
その他	発熱，気分不良，冷汗，四肢しびれ

※自発報告につき頻度不明

3. 高齢者への投与
   一般に高齢者では生理機能が低下しているので，患者の状態を十分に観察しながら慎重に投与すること。
4. 妊婦，産婦，授乳婦等への投与
   妊婦又は妊娠している可能性のある婦人及び授乳中の婦人には，原則として投与しないことが望ましいが，診断上の有益性が被曝による不利益を上回ると判断される場合にのみ投与すること。
5. 小児等への投与
   小児等に対する安全性は確立していない（現在までのところ，十分な臨床成績が得られていない）。
6. 適用上の注意
   骨盤部読影の妨害となる膀胱の描出を避けるため及び膀胱部の被曝を軽減させるため，撮像前後できるだけ排尿させること。
7. その他の注意
   （社）日本アイソトープ協会医学・薬学部会放射性医薬品安全性専門委員会の「放射性医薬品副作用事例調査報告」において，まれにアレルギー反応（発赤），その他（悪心，発汗など）があらわれることがあると報告されている。

【薬物動態】[1]

1. 血中濃度・分布
   各種骨疾患患者について試験した結果，本剤投与後の血中クリアランスは投与後30分までは急速な減少を示し，それ以降はややゆっくりと減少した（2時間後：約7％）。また，本剤は投与後短時間で骨に集積し，他臓器への集積は少なかった。

®：登録商標

注）注意−医師等の処方せんにより使用すること

2．排泄
　累積尿中排泄率は投与後2時間まで増加し（2時間で約40％），以後増加はほとんどみられなかった。

【臨床成績】
臨床試験において本剤が有効であると報告された適応症は次のとおりである。
1．転移性骨腫瘍
　　原発：肺癌，乳癌，前立腺癌，胃癌，子宮癌，
　　　　　膀胱癌，他
2．原発性骨腫瘍
　　骨肉腫，骨髄腫，他
3．その他の骨疾患
　　骨折，関節炎，骨髄炎，他

【薬効薬理】[2]
肘静脈内に投与された本剤の，骨に取り込まれる機構の全容は明らかではないが，骨親和性物質の集積増加がみられる病変部には血流の増加があることが知られている。また，陰イオンとしての性質を有することから，骨のhydroxyapatite結晶にイオン結合することにより，骨，ことに骨新生の盛んな部分に多く集まるものと考えられている。

【吸収線量】
（MIRD法により算出）

	吸収線量（mGy/37MBq）
骨	0.512
赤色骨髄	0.331
肝臓	0.086
腎臓	0.219
膀胱壁	0.609
卵巣	0.100
精巣	0.073
全身	0.119

【有効成分に関する理化学的知見】
1．放射性核種の特性（^{99m}Tcとして）
　物理的半減期：6.01時間
　主γ線エネルギー：141keV（89.1％）

【取扱い上の注意】**

（シリンジバイアル使用方法）
①コンテナのセイフティバンドを切り取り，上蓋を外す。
②プランジャーを取り付ける（図1）。
③コンテナから取り出す（シールドキャップを持って取り出せます）。
④先端のゴムキャップを取り，針等（両刃針，他）を取り付ける（図2）。
⑤患者に投与する。

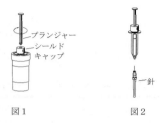

図1　　　　　図2

（使用後の廃棄方法）
①誤刺に注意して，針等を外す。
②プランジャーは取り付け時と反対の方向（反時計方向）に回して取り外す。
③シールドキャップを回して取り外し，シールドからシリンジを抜き取り廃棄する。

【包　装】
555MBq，740MBq，1.11GBq，1.85GBq

【主要文献及び文献請求先】
＜主要文献＞
1) 芝辻　洋，他：現代の診療 23：701-705，1981
2) 鳥塚莞爾，他編：臨床核医学，南江堂，東京，1981，p.441-442

＜文献請求先＞
日本メジフィジックス株式会社　営業業務部
〒661-0976　兵庫県尼崎市潮江1丁目2番6号
0120-07-6941（フリーダイアル）

製造販売元
日本メジフィジックス株式会社
東京都江東区新砂3丁目4番10号

**2010年2月改訂（第4版）
*2005年5月改訂

貯法：室温、遮光保存
有効期間：製造日時から28時間
（ラベルにも記載）

日本標準商品分類番号　874300
承認番号　15200AMZ00136000
薬価収載　1977年5月
販売開始　1977年5月
効能追加**　2010年2月

放射性医薬品・肝脾疾患診断薬，センチネルリンパ節同定用薬**

処方せん医薬品(注)*

スズコロイドＴｃ－99m注

放射性医薬品基準テクネチウムスズコロイド（^{99m}Tc）注射液

【組成・性状】

本剤は、水性の注射剤で、テクネチウム-99mをテクネチウムスズコロイドの形で含む。

1バイアル（3mL）中

テクネチウムスズコロイド（^{99m}Tc）	
（検定日時において）	111MBq
日本薬局方過テクネチウム酸ナトリウム	
（^{99m}Tc）注射液	1.2mL
無水塩化第一スズ	0.29mg

性状	無色澄明の液
pH	2.5～3.5
浸透圧比	約0.4（生理食塩液に対する比）

【効能又は効果】

・肝シンチグラムによる肝脾疾患の診断
・次の疾患におけるセンチネルリンパ節の同定及びリンパシンチグラフィ**
　乳癌、悪性黒色腫

<効能又は効果に関連する使用上の注意>
　本剤を用いたセンチネルリンパ節生検は、本検査法に十分な知識と経験を有する医師のもとで、実施が適切と判断される症例において実施すること。なお、症例の選択にあたっては、最新の関連ガイドライン等を参照し、適応となる腫瘍径や部位等について十分な検討を行うこと。

【用法及び用量】

1．肝脾シンチグラフィ
　通常、成人にはテクネチウム-99mとして37～111MBqを肘静脈に注射し、15～30分後に、被検部をシンチレーションカメラ又はシンチレーションスキャンナで撮影又は走査することにより、肝脾シンチグラムをとる。
　年齢、体重により適宜増減する。

2．センチネルリンパ節の同定及びリンパシンチグラフィ**
　通常、成人にはテクネチウム-99mとして37～111MBqを悪性腫瘍近傍の皮下又は皮内に適宜分割して投与し、2時間以降にガンマ線検出用のプローブで被検部を走査することにより、センチネルリンパ節を同定する。また、必要に応じシンチレーションカメラで被検部を撮像することによりリンパシンチグラムをとる。
　投与から検査実施までの時間等により適宜増減する。

<用法及び用量に関連する使用上の注意>
　センチネルリンパ節の同定においては、可能な限り本剤と色素法を併用することが望ましい。色素法との併用を行う際には、併用する薬剤の添付文書を参照したうえで使用すること。

【使用上の注意】

1．重要な基本的注意
(1) 診断上の有益性が被曝による不利益を上回ると判断される場合にのみ投与することとし、投与量は最少限度にとどめること。
(2) センチネルリンパ節生検の実施にあたっては、既存の情報を踏まえ、患者又はその家族に対し本検査の必要性及び限界等を十分説明し同意を得た上で実施すること。**

2．副作用
　承認時までの臨床試験及び市販後の副作用頻度調査（全26888例）において副作用が認められた例はなかった。

3．高齢者への投与
　一般に高齢者では生理機能が低下しているので、患者の状態を十分に観察しながら慎重に投与すること。

4．妊婦、産婦、授乳婦等への投与
　妊婦又は妊娠している可能性のある婦人及び授乳中の婦人には、原則として投与しないことが望ましいが、診断上の有益性が被曝による不利益を上回ると判断される場合にのみ投与すること。

5．小児等への投与
　小児等に対する安全性は確立していない（現在までのところ、十分な臨床成績が得られていない）。

6．その他の注意
　（社）日本アイソトープ協会医学・薬学部会放

注）注意－医師等の処方せんにより使用すること*

射性医薬品安全性専門委員会の「放射性医薬品副作用事例調査報告」において，まれに発熱，アレルギー反応（発赤），その他（全身脱力感）があらわれることがあると報告されている。

【薬物動態】

1. 血中濃度・分布

成人患者4例（男女各2例）について試験した結果，本剤静注後血中放射能は初期に急速な低下を示し（半減期：約3分），次séにその速さを減じるもの以後24時間まで漸減傾向が認められた。また，肝中放射能は血中放射能と対照的に投与後急速に上昇し（投与後15分で飽和），その後5時間までは緩やかに増加した後，24時間まで漸減傾向を示した。

健常者では，静注された本剤の約85%が肝に集積して，残りは主として脾と骨髄に分布する[1]。

2. 排泄

累積尿中排泄率は1時間で1%前後，24時間で約6%であった。

【臨床成績】

臨床試験において本剤が有効であると報告された適応症は次のとおりである。

各種肝脾疾患
　肝腫瘍，肝硬変，肝炎，肝膿瘍，脾腫，他

【薬効薬理】[1,2]

本剤の肝集積は，肝実質の約15%を占める網内系細胞（RES細胞）中のKupffer細胞の異物貪食能に基づく。

コロイド粒子の体内分布は網内系細胞の分布及びこれを含む臓器の血流量の多寡に左右され，粒子が小さいほど肝への集積が大きくなり，粒子が大きいほど脾への集積が大きくなる。

【吸収線量】

（MIRD法により算出）

	吸収線量（mGy/37MBq）
全　　　身	0.2
肝　　　臓	3.2
脾　　　臓	0.4
赤色骨髄	0.3
卵　　　巣	0.06
精　　　巣	0.07

【有効成分に関する理化学的知見】

1. 放射性核種の特性（^{99m}Tcとして）

物理的半減期：6.01時間
主γ線エネルギー：141keV（89.1%）

【包　装】

111MBq

〔スズコロイドTc-99m注用カートリッジ式ガラス容器バイアル〕

カートリッジ式ガラス容器バイアルはスズコロイドTc-99m注のラジオコロイドの安定性を一層向上させるための容器です。本バイアルでは加圧することなく，シリンジに直接抜き取ることができます。

使用方法

① 抜き取る前に充分に振り，混合して下さい。
② 注射針を6〜8mm程度ゴム栓部分に差し込んでシリンジに抜き取って下さい。

取扱い上の注意

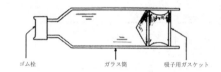

ゴム栓　　　ガラス筒　　　吸子用ガスケット

① 注射針を深く差し込まないで下さい。
　　（吸子用ガスケットを傷つける恐れがあります。）
② シリンジに注射液を吸引する前にバイアル内に決して空気を入れないで下さい。

【主要文献及び文献請求先】

＜主要文献＞

1) 鳥塚莞爾，他編：臨床核医学，南江堂，東京，1981，p.265
2) 久田欣一，編：最新核医学，金原出版，東京，1980，p.247

＜文献請求先＞**

日本メジフィジックス株式会社　営業業務部
〒661-0976 兵庫県尼崎市潮江1丁目2番6号
0120-07-6941（フリーダイアル）

製造販売元*
日本メジフィジックス株式会社
東京都江東区新砂3丁目4番10号

**2010年5月改訂（第3版）
*2005年5月改訂

貯法：室温，遮光保存
有効期間：検定日時から12日間
（ラベルにも記載）

日本標準商品分類番号	874300
承認番号	15800AMZ00445000
薬価収載	1984年11月
販売開始	1984年11月
再審査結果	1990年9月

放射性医薬品・造血骨髄診断薬

塩化インジウム(^{111}In)注
日本薬局方塩化インジウム(^{111}In)注射液

処方せん医薬品(注)*

【組成・性状】

日本薬局方塩化インジウム(^{111}In)注射液

1バイアル（1mL）中

塩化インジウム(^{111}In)（検定日時において）	74MBq
添加物	日本薬局方生理食塩液
性状	無色澄明の液
pH	1.0〜2.5
浸透圧比	約1（生理食塩液に対する比）

【効能又は効果】

骨髄シンチグラムによる造血骨髄の診断

【用法及び用量】

通常，成人には37〜111MBqを静脈内に注射し，おおよそ48時間後に被検部の骨髄シンチグラムをとる。
年齢，体重により適宜増減する。

【使用上の注意】

1. **重要な基本的注意**
   診断上の有益性が被曝による不利益を上回ると判断される場合にのみ投与することとし，投与量は最少限度にとどめること。
2. **副作用**
   臨床試験及び使用成績調査（全1120例）において副作用が認められた例はなかった（再審査終了時）。
3. **高齢者への投与**
   一般に高齢者では生理機能が低下しているので，患者の状態を十分に観察しながら慎重に投与すること。
4. **妊婦，産婦，授乳婦等への投与**
   妊婦又は妊娠している可能性のある婦人及び授乳中の婦人には，原則として投与しないことが望ましいが，診断上の有益性が被曝による不利益を上回ると判断される場合にのみ投与すること。
5. **小児等への投与**
   小児等に対する安全性は確立していない（現在までのところ，十分な臨床成績が得られていない）。
6. **その他の注意**
   （社）日本アイソトープ協会医学・薬学部会放射性医薬品安全性専門委員会の「放射性医薬品副作用事例調査報告」において，まれにアレルギー反応（発疹など）があらわれることがあると報告されている。

【薬物動態】

1. 分布
   健常者では，本剤静注後，主に肝臓，脾臓，骨髄に漸増的に集積し約72時間でプラトーに達する傾向があること，造血機能障害が著明になると腎への集積が著しく増大し，24時間以後の肝臓，骨髄への取込みが減少する傾向にあることが認められた[1]。
2. 排泄
   健常者5例，造血機能障害4例について，投与後48時間までの累積尿中排泄率を検討した結果，健常者群は数％以下で造血機能障害群は16％であった[1]。

【臨床成績】

臨床試験において，本剤が有効であると報告された適応症は次のとおりである。
1. 赤血球系疾患
   鉄欠乏性貧血，再生不良性貧血，溶血性貧血，赤血球増多症，他
2. 白血球系疾患
   急性白血病，慢性骨髄性白血病
3. 悪性リンパ腫
4. 放射線治療例の骨髄機能検査

【薬効薬理】[2〜4]

肘静脈内に投与された本剤は，血清中のトランスフェリンと結合し，鉄イオンと類似した血中動態を示し，幼若赤血球に取り込まれるため，活性骨髄に集積する。

注）注意－医師等の処方せんにより使用すること*

付表

【吸収線量】
（MIRD法及びICRP法により算出）

吸収線量（mGy/37MBq）

赤色骨髄	36.2
骨	5.5
肝臓	60.2
脾臓	56.6
腎臓	53.3
膵臓	9.0
肺	5.0
精巣	35.0
卵巣	5.1
膀胱	11.0
全身	6.0

ただし，異核種 ^{114m}In を0.5%（規格限度）含有すると仮定して算出した値

【有効成分に関する理化学的知見】

1. 放射性核種の特性（^{111}Inとして）
   物理的半減期：2.805日
   主γ線エネルギー：171keV（90.2%）
   　　　　　　　　245keV（94.0%）

【包装】

74MBq

【主要文献及び文献請求先】

＜主要文献＞
1) 菅 正康, 他：RADIOISOTOPES **26**：852-857, 1977
2) Farrer PA, et al：J Nucl Med **14**：394-395, 1973
3) Staub RT, et al：J Nucl Med **14**：456-457, 1973
4) 小山和行, 他：RADIOISOTOPES **26**：302-307, 1977

＜文献請求先＞**
日本メジフィジックス株式会社　営業業務部
〒661-0976　兵庫県尼崎市潮江1丁目2番6号
　0120-07-6941（フリーダイアル）

製造販売元*
日本メジフィジックス株式会社
東京都江東区新砂3丁目4番10号

2013年10月改訂（第6版）	
*2010年5月改訂	
貯法：2〜8℃，遮光保存	
有効期間：製造日から1週間	
（ラベルにも記載）	

日本標準商品分類番号	
874300	
承認番号	20300AMZ00282000
薬価収載	1987年10月
販売開始	1991年5月
効能追加	1994年6月

放射性医薬品・心臓疾患診断薬，副甲状腺疾患診断薬，腫瘍（脳，甲状腺，肺，骨・軟部，縦隔）診断薬

処方せん医薬品(注)

塩化タリウム(^{201}Tl)注NMP

日本薬局方塩化タリウム（^{201}Tl）注射液

【組成・性状】

本剤は，水性の注射剤で，タリウム-201を塩化第一タリウムの形で含む。

1 mL中

塩化タリウム(^{201}Tl)（検定日時において）	74MBq
添加物	日本薬局方生理食塩液
性状	無色澄明の液
pH	4.0〜8.0
浸透圧比	約1（生理食塩液に対する比）

【効能又は効果】

・心筋シンチグラフィによる心臓疾患の診断
・腫瘍シンチグラフィによる脳腫瘍，甲状腺腫瘍，肺腫瘍，骨・軟部腫瘍及び縦隔腫瘍の診断
・副甲状腺シンチグラフィによる副甲状腺疾患の診断

【用法及び用量】**

1．心筋シンチグラフィ

通常，成人には^{201}Tlとして74MBqを肘静脈より投与し，投与後5〜10分よりシンチレーションカメラで正面像，左前斜位像，左側面像を含む多方向におけるシンチグラムを得る。

なお，投与量は，年齢，体重及び検査方法により適宜増減する。

2．腫瘍シンチグラフィ

通常，成人には^{201}Tlとして脳腫瘍では55.5〜111MBq，甲状腺腫瘍，肺腫瘍，骨・軟部腫瘍及び縦隔腫瘍では55.5〜74MBqを静脈内に投与し，投与後5〜10分よりシンチレーションカメラで被検部を撮像することによりシンチグラムを得る。必要に応じ，投与後約3時間に撮像を行う。

なお，投与量は，年齢，体重及び検査方法により適宜増減する。

3．副甲状腺シンチグラフィ

通常，成人には^{201}Tlとして74MBqを静脈内に投与し，投与後5〜10分よりシンチレーションカメラで被検部を撮像することによりシンチグラムを得る。必要に応じ，甲状腺シンチグラフィによるサブトラクションを行う。

なお，投与量は，年齢，体重及び検査方法により適宜増減する。

【使用上の注意】

1．重要な基本的注意

診断上の有益性が被曝による不利益を上回ると判断される場合にのみ投与することとし，投与量は最少限度にとどめること。

2．副作用

承認時までの臨床試験及び市販後の副作用頻度調査（全36548例）において副作用が認められた例はなかった。

その他の副作用

	頻度不明※
過敏症	皮膚発赤，多形滲出性紅斑，発疹，小丘疹，蕁麻疹，そう痒感，眼瞼浮腫等
消化器	嘔吐，嘔気
循環器	血圧低下，血圧上昇
呼吸器	喘息様発作
その他	気分不良，潮紅，手足の感覚異常，薬品臭，口内苦味感

※自発報告につき頻度不明

3．高齢者への投与

一般に高齢者では生理機能が低下しているので，患者の状態を十分に観察しながら慎重に投与すること。

4．妊婦，産婦，授乳婦等への投与

妊婦又は妊娠している可能性のある婦人及び授乳中の婦人には，原則として投与しないことが望ましいが，診断上の有益性が被曝による不利益を上回ると判断される場合にのみ投与すること。

5．小児等への投与

小児等に対する安全性は確立していない（現在までのところ，十分な臨床成績が得られていない）。

6．適用上の注意

前処置：心筋シンチグラフィを行う場合，心臓と重なる肝臓等への集積増加を防止するため検査前の一食は絶食が望ましい[1]。

7．その他の注意

（社）日本アイソトープ協会医学・薬学部会放射性医薬品安全性専門委員会の「放射性医薬品副作用事例調査報告」において，まれにアレルギー反応（発疹，そう痒感など）があらわれることがあると報告されている。

【薬物動態】[2]

1．血中濃度・分布

本剤の初期血中クリアランスの半減期は約5分（ごく初期では1〜2分），24時間以降における半減期は4日であった。

注）注意－医師等の処方せんにより使用すること

腎臓においては，5分後まで増加する傾向をとり，10分以後は緩やかに減少する傾向を示した。心臓及び肺においては，本剤投与直後に速い減少を示し，2〜5分以後緩やかな減少となった。減少の速度は常に肺が心臓より大きかった。

2．代謝・排泄

本剤は尿より糞中に多く排泄され，120時間までの総排泄率は約29%（糞：21.6%，尿中：7.2%）であった。また，生体内で代謝されなかった。

【臨床成績】

臨床試験において本剤が有効であると報告された適応症は次のとおりである。

各種心臓疾患
　心筋梗塞，狭心症，不整脈，他
腫瘍
　甲状腺癌，甲状腺腫，肺癌，脳腫瘍，骨腫瘍，軟部腫瘍，縦隔腫瘍，他
副甲状腺疾患
　原発性副甲状腺機能亢進症，二次性副甲状腺機能亢進症，他

【薬効薬理】

Tlは周期律Ⅲ−B族に属する金属であるが，一価のイオンの場合には，Ⅰ−A族に属するKと類似した生体内挙動を示すことが知られている[3]。正常心筋では心筋細胞膜のNa$^+$-K$^+$ATPase系によりK$^+$が心筋細胞内に能動的に取り込まれ心筋内に集積する[4]。この正常心筋内への取込みは主に局所心筋血流に依存しており，K$^+$では初回冠動脈通過で約70%が取り込まれるとされている。したがって，K$^+$と類似の体内動態を示す本剤を静脈内注射すると，全身の筋肉に分布するが，筋活動の活発な心筋に多く分布し，虚血等の障害部位には分布しない[5]。

またTlはCsと同様血流に応じた分布がみられ，腫瘍部では他の組織に比して貯留傾向が大であることから腫瘍像を得ることが可能である。Tlの腫瘍内集積はNa$^+$-K$^+$ATPase系のK$^+$がTlによって置換することによると推測されている。また，Tlの集積の程度は腫瘍への血流分布に大きく左右される[6]。

【吸収線量】

（MIRD法により算出）

	吸収線量（mGy/37MBq）
心　　臓	6.4
肝　　臓	4.7
脾　　臓	4.5
腎　　臓	4.0
肺	2.4
卵　　巣	7.1
全　　身	1.7

【有効成分に関する理化学的知見】

1．放射性核種の特性（^{201}Tlとして）

物理的半減期：72.91時間
Hg特性X線：71-80keV
主γ線エネルギー：135keV（2.6%）
　　　　　　　　167keV（10.0%）

【取扱い上の注意】**

（シリンジバイアル使用方法）
①コンテナのセイフティバンドを切り取り，上蓋を外す。
②プランジャーを取り付ける（図1）。
③コンテナから取り出す（シールドキャップを持って取り出せます）。
④先端のゴムキャップを取り，針等（両刃針，他）を取り付ける（図2）。
⑤患者に投与する。

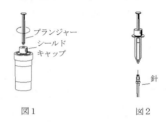

図1　　　　　図2

（使用後の廃棄方法）
①誤刺に注意して，針等を外す。
②プランジャーは取り付け時と反対の方向（反時計方向）に回して取り外す。
③シールドキャップを回して取り外し，シールドからシリンジを抜き取り廃棄する。

【包　装】

シリンジタイプ：74MBq，111MBq，148MBq
バイアルタイプ：74MBq，111MBq，148MBq，222MBq，296MBq，370MBq

【主要文献及び文献請求先】

＜主要文献＞

1) 植原敏勇, 他：画像診断 **5**：1053-1057, 1985
2) 鈴木雅紹, 他：核医学 **15**：27-40, 1978
3) Gehling PJ, et al：J Pharm Exp Therap **155**：187-201, 1967
4) Britten JS, et al：Bioch Bioph Acta **159**：160-166, 1968
5) 久田欣一, 編：最新核医学, 金原出版, 東京, 1980, p. 205
6) 久田欣一, 編：最新核医学, 金原出版, 東京, 1980, p. 359

＜文献請求先＞*

日本メジフィジックス株式会社　営業業務部
〒661-0976　兵庫県尼崎市潮江1丁目2番6号
0120-07-6941（フリーダイアル）

製造販売元
日本メジフィジックス株式会社
東京都江東区新砂3丁目4番10号

日本語索引

ア

アイソトープ 21
アインシュタイン 23
アクチニウム系列 90
亜致死損傷 215
厚さ計 14
アビジン-ビオチン系 128
アミゾトリゾ酸 188
安定核種 19
安定同位体 21
アンベールの法則 190
α壊変 25, 26
α線 26, 50
　エネルギー測定 75
　遮へい 245
　内部被ばく 51
α崩壊 26
ALARAの法則 237
[^{123}I]イオフルパン 163
[^{123}I]イオマゼニル 163
[^{123}I]塩酸 N-イソプロピル-4-ヨードアンフェタミン 162
^{125}I標識 111
[^{123}I]メタヨードベンジルグアニジン 161
[^{123}I]ヨウ化ナトリウム 187
[^{123}I]ヨウ化ナトリウムカプセル 164
[^{123}I]15-(-p-ヨードフェニル)-3-(R,S)-メチルペンタデカン酸 160
ICRP勧告 237
ICRU球 251
[^{111}In]イブリツモマブチウキセタン 167
^{87}Rb-^{87}Sr法 141
RF波 190
RIアンギオグラフィー 159

イ

飯盛里安 5
イオタラム酸 188
イオトロクス酸 188
イオトロラン 188
イオパミドール 188
イオヘキソール 188
イオン性造影剤 187
一塩基多型 132
一次電離 50
一次放射性核種 90
遺伝子突然変異 221
遺伝的影響 218, 220
イムノアッセイ 119
イムノメトリックアッセイ 121
イムノラジオメトリックアッセイ 124, 170
イメージ・インテンシファイヤ 182
イメージングプレート 79, 114, 115, 181
医用小型サイクロトロン 98
医療被ばく 238
医療法 167
医療放射線 10
医療用画像管理システム 182
医療用放射性同位元素
　廃棄 261
色クエンチング 74
陰性像 152
陰性造影剤 187, 189, 195
陰電子 28
インビトロ放射性医薬品 151, 170
インビボ核医学診断 153
インビボ画像診断法 12
インビボ診断用放射性医薬品 151
インビボ治療用放射性医薬品 166
インビボ放射性医薬品 96, 97, 159
　取扱と管理 167
　品質管理 168
　放射性同位元素 157
EC壊変 30
$in\ situ$ ハイブリダイゼーション 135

ウ

ウエスタンブロット法 129
宇宙線強度 10
ウラン系列 90
ウラン濃縮 229

エ

永続平衡 36
液体シンチレーション検出器 73
エネルギー・チャネル校正曲線 77
エピトープ 119
エリアモニタ 252
エルカインド型 215
塩化インジウム(^{111}In)注 289
塩化タリウム(^{201}Tl)注NMP 291
エンザイムイムノアッセイ 121, 126
エンドトキシン試験法 170
electron capture detector付ガスクロマトグラフ 141
[^{18}F]フルオロ-m-チロシン 163
[^{18}F]フルオロデオキシグルコース 154
[^{18}F]フルオロドーパ 163
FDGスキャン注 273
^{3}H-チミジン 106
M期 220
MAGシンチ注 279
MIRD法 261, 262
^{99}Mo-^{99m}Tcジェネレータ 40, 96, 157
MRI受診 194
MRI診断装置 189
MRI造影剤 195
MRI用ガドリニウム造影剤 196
N型半導体 71
NaI(Tl)シンチレーション検出器 78

NaI(Tl)シンチレーション測定
　装置　73
S期　220
^{35}S標識　112
[^{35}S]メチオニン　129
S/N比　152
X線　1, 54
　吸収率　181
　遮へい　245, 246
X線回折　139
X線管　181
X線感光フィルム　181
X線吸収係数　184
X線吸収値　184
X線結晶構造解析法　94, 139
X線コンピュータ断層撮影法　151
X線撮影法　183
X線診断法　181
X線造影剤　187
X線フィルム　79, 115
X線分析　140
X線CT　151, 156, 185
X線CT装置　184

オ

オージェ効果　31
オージェ電子　31, 32
汚染
　管理　256
　除去　257
オーダーメイド医療　132
オートラジオグラフィー　112
親核種　24
音響インピーダンス　197
温度効果　211
[^{15}O]標識一酸化炭素　162
[^{15}O]標識酸素　163
[^{15}O]標識水　162
[^{15}O]標識二酸化炭素　162
OSL線量計　83

カ

ガイガー・ミュラー計数領域　69
害虫駆除　13
回復時間　69
外部被ばく　6, 7, 216, 217, 244
　距離　244

時間　245
　遮へい　245
　防護　244
外部被ばくモニタリング　254
壊変　24
壊変エネルギー　27
壊変系列　35, 90
壊変図式　25, 26
壊変定数　33
壊変率　85
外来アブレーション　171
解離定数　119
ガウス分布　85
化学クエンチング　74
化学的純度　168
化学発光　74
核医学　150
核医学用画像診断装置　154
核異性体　21
　転移　32
核酸
　標識　108
核子　16
核磁気共鳴　153, 189
核磁気共鳴画像　153
核種　19, 22, 272
核スピン　191
核スピン歳差運動　191
確定的影響　218, 226, 227, 237
　しきい値　228
確認試験　168
核反応　93
核反応断面積　93
確率的影響　218, 226, 227, 237
核力　17
ガスモニタ　252
画像診断法　180
数え落とし　69
加速器　93, 94
活性酸素種　213
ガドジアミド　195, 196
ガドテリドール　195, 196
ガドテル酸　195, 196
過渡平衡　37
ガドペンテト酸　195, 196
ガドリニウム製剤　195
ガラスバッジ　255
カラードップラー法　199
間期死　215
環境モニタリング　253
監視区域　239

間接作用　213
間接標識法　111
ガントリー　184
ガンマカメラ　73, 83, 153
ガンマルーム　13
管理区域　239
緩和　190
γ壊変　25, 32
γ線　32, 54
　エネルギー測定　77
　遮へい　245, 246
　半価層　57
　放出　25
γ線放出核種　106
γ転移　32
γ放射　32

キ

輝尽発光　255
軌道電子　17
軌道電子捕獲　25, 30, 31
機能画像　180
機能的MRI　197
逆希釈法　116
逆二乗の法則　244
逆同位体希釈法　116, 117
キャリアー　119
吸収線量　59, 242
急性障害　218, 223
急性放射線症　209
吸着法　124
キュリー　39
キュリー夫妻　2, 3
キュリーメータ　84
競合法　121
共鳴　190
緊急時被ばく状況　238

ク

空気中放射性物質　253
空乏層　71
クエン酸ガリウム(^{67}Ga)注　NMP　283
クエン酸鉄アンモニウム　195
クエン酸鉄製剤　195
クエンチング　74
クリアボーン注　285
グレイ　59, 242, 244
クロラミン-T　111

クーロン斥力　17
クーロン毎キログラム　59

ケ

計画被ばく状況　238
　　線量限度　237
蛍光　50
蛍光イムノアッセイ　127
蛍光X線　140
蛍光X線分析　140
蛍光ガラス線量計　82, 255
計算誤差　269
傾斜磁場　193
計数効率　85
計数率　84
形態画像　180
結合エネルギー　23
結晶格子　138
欠損像　152
決定器官　217
決定臓器　217
ケミルミネッセンス　74
ゲルシフトアッセイ　135
原子質量　21
原子番号　19
原子模型　18
検出効率　85
原子力事故　258
原子力発電　24
原子炉　93, 98
　　放射性核種　99
現存被ばく状況　238
原爆放射線
　　遺伝的影響　223
K電子捕獲　30
^{40}K-^{40}Ar法　141

コ

光輝尽発光　79, 114
抗原　119
抗原決定基　119
抗原性　119
交差反応性　119
公衆被ばく　238
　　線量限度　237
高純度型　71
抗体　119, 130
光電効果　54
光電子増倍管　154

光電ピーク位置　77
後方散乱　52
高LET放射線　211
国際原子力機関　258
国際原子力事象評価尺度　258, 259
国際放射線単位測定委員会　251
国際放射線防護委員会　236
個人の線量限度　237
個人被ばく線量計　81
個人被ばく線量測定器　254
個人モニタリング　254
固相法　123
骨シンチグラフィー　165
骨髄異形成症候群　226
骨髄死　224
骨密度測定　201
コバルト60　13
コールドラン　108
コンピュータ断層撮影法　184
コンプトン効果　55
コンプトン散乱　55

サ

サイクロトロン　12, 93, 94, 95, 97
歳差運動　191
　　周期　191
再生係数　246
最大エネルギー　28
細胞周期　214
作業場所の線量率　253
サザンブロットハイブリダイゼーション　134
サザンブロット法　132
サーベイメータ　79, 252
サーモグラフィー　201
サンガー　132
サンガー法　130
酸素クエンチング　74
酸素効果　211, 212
酸素増感比　211
サンドイッチ法　125
サンドイッチELISA　127

シ

ジェネレータ　39, 96
磁化ベクトル　192

しきい値　218
磁気共鳴イメージング　151, 189
磁気モーメント　190, 192
糸球体ろ過率　165
ジゴキシゲニン　134
自然放射線　7
実効線量　60, 219, 229, 242
実効半減期　269
質量吸収係数　57
質量欠損　23
質量減弱係数　246
質量数　19
時定数　80
ジデオキシ法　130, 131
2′,3′-ジデオキシリボヌクレチド　130
シーベルト　6, 242, 244
ジャガイモ　13
1/10価層　246
準安定　21, 32
純度試験　168
障害防止法　240
　　規制対象　241
照射線量　59
脂溶性造影剤　189
消滅放射線　30, 53, 54, 245
消滅γ線　30, 53
職業被ばく　238
　　線量限度　237
食品中放射性物質
　　基準値　230
心筋血流シンチグラフィ法　160
シングルフォトン　153
シングルフォトン放出核種　156, 157
腎血漿流量　165
人工放射性核種　93
身体的影響　218, 220
診断用放射性医薬品　30, 151
シンチカメラ　153
シンチグラフィー　151
シンチレーション　72
シンチレーション検出器　72
シンチレーション式サーベイメータ　252
シンチレータ　72
心プールシンチグラフィー　159
親和定数　119

[^{11}C]デプレニル　163
^{14}C法　140
[^{11}C]ラクロプライド　163
CT値　184
G_1期　220
G_2期　220
[^{67}Ga]クエン酸ガリウム　163
^{68}Ge-^{68}Gaジェネレータ　96
GM計数管　69
　　数え落としの原理　69
GMサーベイメータ　252

ス

水中放射性物質　254
水溶性造影剤　187
スキャチャード解析　119
スキャチャードの式　125
スキャチャードプロット　125
スズコロイドTc-99m注　287
スミア法　252
スライス選択法　193
SPECT装置　83
SPECT用インビボ放射性医薬品　160
SPECT-CT装置　155

セ

生活習慣
　　発がんリスク　226
正規分布　85
制限酵素断片長多型　132
制限値　238
正孔　71
静磁場　190, 191
生成核　93
生成核種　24
生体組織
　　音響特性　198
生体組織反応　218, 226, 227, 237
　　しきい値　228
制動X線　52, 244
制動放射　52, 53
制動放射線　52, 244
生物学的効果比　212
生物学的半減期　217, 269
セヴァリン　167
赤外線　201

接頭語　268
線エネルギー付与　211
線吸収係数　56
線減弱係数　246
潜在的致死損傷　215
線質係数　242, 243
染色体異常　215, 222
全身オートラジオグラフィー　115
全身カウンタ　255
線スペクトル　27, 31
潜像　78
線量当量　6, 242
1 cm線量当量　251
70 μm線量当量　251
線量率効果　212

ソ

造影剤　187, 195
増殖死　215
即発γ線　138
組織荷重係数　60, 61, 243
素粒子　16, 17, 19

タ

体外計測法　255
体外診断用医薬品（放射性）　172
対数　269
体内被ばく管理
　　患者　261
多型　132
ダストモニタ　252
縦緩和　191
縦緩和時間　191
単光子断層撮影装置　153
単純撮影法　183
探触子　198
弾性散乱　52
断層画像　186
断層法　199
タンパク質
　　標識　111

チ

逐次壊変　35
中枢神経死　224
中性子　16

弾性散乱　58
　　放射線荷重係数　60
中性子捕獲反応　58
中性微子　28
超音波　151, 197
超音波診断装置　199
超音波診断法　197
超音波診断用造影剤　200
腸管死　224
超常磁性体　196
超ミクロオートラジオグラフィー　113
直接希釈法　116
直接作用　213
直接同位体希釈法　116, 117
直線型加速器　94
治療用放射性医薬品　151
治療用放射性核種　167
治療用密封小線源　151
沈殿法　124

テ

定量法　169
低LET放射線　211
テクネシンチ注-10M　281
テクネシンチ注-20M　281
テクネチウム　38
電子　17, 71
電子軌道　17
電子式ポケット線量計　255
電子対生成　55
電子なだれ　69
電磁波　49
　　エネルギー　49
　　振動数　49
電子捕獲型検出器　141
電子ボルト　23
天然放射性核種　90
電離　50
電離箱　69
電離箱式サーベイメータ　252
電離箱領域　68
電離放射線　20, 48, 49
DNA
　　^{32}P標識法　109
DNA診断　136
T_1強調画像　193
T_2強調画像　193
[^{99m}Tc]エキサメタジムテクネチウム　162

日本語索引

[^{99m}Tc][N, N'-エチレンジ-L-システィネート(3-)]オキソテクネチウムジエチルエステル　162
[^{99m}Tc]過テクネチウム酸ナトリウム　164
[^{99m}Tc]ガラクトシル人血清アルブミンジエチレントリアミン五酢酸テクネチウム　165
[^{99m}Tc]ジエチレントリアミン五酢酸テクネチウム　165
[^{99m}Tc]ジメルカプトコハク酸テクネチウム　165
[^{99m}Tc]テクネガス　164
[^{99m}Tc]テクネチウムスズコロイド　165
[^{99m}Tc]テクネチウム大凝集人血清アルブミン　164
[^{99m}Tc]テトロホスミンテクネチウム　160
[^{99m}Tc]ヒト血清アルブミンジエチレントリアミン五酢酸テクネチウム　159, 161
[^{99m}Tc]ヒドロキシメチレンジホスホン酸テクネチウム　165
[^{99m}Tc]標識赤血球　159
[^{99m}Tc]N-ピリドキシル-5-メチルトリプトファンテクネチウム　165
[^{99m}Tc]フィチン酸テクネチウム　165
[^{99m}Tc]ヘキサキス(2-メトキシイソブチルイソニトリル)-テクネチウム　160
[^{99m}Tc]メチレンジホスホン酸テクネチウム　165
[^{99m}Tc]メルカプトアセチルグリシルグリシルグリシンテクネチウム　165
[^{201}Tl]塩化タリウム　160, 164
TOF法　197

ト

同位元素　21
同位体　21
同位体希釈法　116, 269
同位体存在比　21
統一原子質量単位　21
等価線量　59, 219, 242
同重体　21
同中性子体　21
特性X線　31, 32
ドップラー法　199
トムソン散乱　138
トリウム系列　90
トリヨードベンゼン　187
トレーサ実験　107
トレーサ法　106

ナ

内視鏡　200
内部照射療法　166
内部転換　32
内部転換電子　32, 33
内部被ばく　6, 7, 216, 244
　経口摂取　247
　経呼吸器摂取　247
　経皮膚または経傷口摂取　247
　防護　247
内部被ばくモニタリング　255
内用放射線療法　166
長岡半太郎　5
ナトリウム・ヨウ素共輸送体　164
軟β放射体　28

ニ

二抗体法　123
ニコチン受容体結合放射性プローブ　115
二次電離　50, 69
仁科芳雄　5
二次放射性核種　90
二重希釈法　118
ニックトランスレーション法　109
日本アイソトープ協会　256
入射粒子　93
乳房専用PET装置　201
ニュートリノ　28
尿路血管造影　188

ネ

熱中性子　58
熱ルミネセンス　83
熱ルミネセンス線量計　83, 255
熱ルミネセンス法　141
ネプツニウム系列　90
年代測定　14, 140

ノ

濃度クエンチング　74
脳波測定　201
ノーザンブロット法　134

ハ

バイオアッセイ法　255
ハイブリダイゼーション　132
バックグラウンド　85
発光イムノアッセイ　128
ハプテン　119
パルスの高さ　77
パルミチン酸　200
バーン　93
半価層　57, 246
半減期　34
半導体　71
晩発障害　218, 223
反物質　29

ヒ

非イオン性造影剤　188
光刺激ルミネセンス　83
光刺激ルミネセンス線量計　83, 255
光ファイバー　201
非競合法　121
ピークチャネル　77
非弾性散乱　58
ビッグバン　19
ヒット論　213
非電離放射線　20, 48
非破壊検査　13
被ばく管理
　医療従事者　261
被ばく状況
　拘束値　239
　参考レベル　239
　線量限度　239
非放射性イムノアッセイ　126
比放射能　40, 269
ヒューマンカウンタ　255
標識化合物

分解　108
標識抗原　122
標的核　93
標的/非標的比　152
標的論　213
表面汚染　253
表面障壁型　71
ビルドアップ係数　246
比例計数管　69
比例計数管式サーベイメータ　252
B/F分離　123
P型半導体　71
^{32}P減衰曲線　34
PIXE分析　140
p-n接合型　71

フ

ファイバースコープ　200
ファイバースコープ診断法　200
フィッショントラック法　141
フィルム　78, 112
フィルムバッジ　82, 255
フェルミノン　17
フェルモキシデス　196
不感時間　69
不完全抗原　119
不均一系　123
複合粒子　19
二重造影法　189
フットプリンティング　136, 137
物理的診断法　180
物理的半減期　217
ブラッグの式　139
フラットパネル検出器　182
プランク定数　49
プロテインA　128
プロトン密度強調画像　193
プローブ　198
分解時間　69
分岐壊変　25
分子イメージング　151
分子死　224
粉末X線回折法　139
Bragg曲線　50

ヘ

平均吸収線量　242
ベクレル　2, 3, 39, 59
ベッド　184
ペプチド
　標識　111
ヘリカルスキャン方式　184
ベルゴニー・トリボンドーの法則　216
ペルフルブタンガス　200
ペルフルブタンマイクロバブル　200
β壊変　27
β^+壊変　25, 29, 31
β^-壊変　25, 28
β線　28, 76
β^+線　29, 53
β^-線　51
　エネルギースペクトル　77
　エネルギー測定　76
　遮へい　245
β崩壊　27
[β^{-11}C]L-ドーパ　163
PET装置　83, 156
PET4核種　107
PET-CT装置　155
PET/SPECT診断　155

ホ

崩壊　24
防護の最適化　237
棒磁石　190
放射化　138
放射壊変　24
放射化学的純度　169
放射化分析　138
放射性医薬品　150, 236
　管理　259
　診療における使用　261
　製造　260
　保管　260
　被ばくの管理　261
　分類　260
　法令　259, 260
放射性医薬品基準　168
放射性医薬品取り扱いガイドライン　168
放射性壊変　269

放射性核種　20
　純度　169
放射性炭素　14
放射性同位元素　269, 270
放射性同位元素等による放射線障害の防止に関する法律　240
放射性同位体　21
放射性廃棄物
　管理　256
放射性物質　20
放射線　19
　安全取扱　248, 251
　管理基準　250
　管理区域　249
　吸収　56
　緊急時対策　251
　行為基準　250
　施設管理　248
　施設基準　249
　種類　219
　使用の許可・届出　248
　食品　230
　人体への影響　219
　生体への影響　209
　全身に対する影響　209
　測定方法　252
　組織に対する影響　209
　単位　59, 268
　突然変異誘発率　222
　発がんリスク　226
放射線荷重係数　59, 60, 243
放射線感受性
　細胞周期依存性　214
　組織　216, 220
放射線管理
　サーベイメータ　252
　単位　251
　モニタ　252
放射線管理用測定器　79
放射線業務従事者
　線量限度　242
放射線検出器　66
放射線事故
　医療施設　257
　基礎研究施設　257
　分類　257
放射線障害
　個体レベル　216
　細胞レベル　214
　組織・臓器レベル　215

発症過程　212, 213
　評価　228
　分類　218
放射線障害防止法　5, 167, 239
放射線障害予防規程　248
放射線照射
　染色体異常　215
放射線増感剤　211
放射線測定器　66, 67
放射線測定システム　66
放射線治療　13
放射線取扱主任者　167, 248
放射線被ばく
　分類　238
放射線分解　108
放射線防護　239
　単位　242
放射線防護体系　237
放射線ホルミシス　9
放射線滅菌法　140
放射線モニタリング　251
放射能　20, 59, 122
　単位　39, 268
放射平衡　35, 38, 269
放射崩壊　24
放射免疫療法　167
放出粒子　93
ポケット線量計　81
ポジトロン核種　97
ポジトロン放出核種　107, 155, 156, 157
ホゾン　17
ホットラン　108
ポリクローナル抗体　119
ボルトン・ハンター試薬　111
ポロニウム　3, 91

マ

マイクロスフェア法　164
マクサム・ギルバート法　130
マクロオートラジオグラフィー　113
末端標識法　109, 110
マンモグラフィー　201

ミ

ミクロオートグラフィー　113
水モニタ　252
ミルキング　39, 96

ム

娘核種　24
無担体　40

メ

メタボリックトラッピング　154
滅菌　11, 140
免疫原性　119

モ

モノクローナル抗体　119, 120

ヤ

薬事法　167

ユ

有効半減期　217, 269
誘導放射性核種　92
湯川秀樹　5
U・Th-Pb法　141

ヨ

陽子　16
陽性像　152
陽性造影剤　187, 195
陽電子　29
陽電子消滅　53
陽電子放射断層撮影　12, 30
横緩和　191
横緩和時間　191
ヨード化合物　187
ヨードカプセル-123　277
ヨードX線造影剤　188

ラ

ラザフォード　4
ラジウム　3, 91
ラジウム温泉　8
ラジオアイソトープ　21
ラジオイムノアッセイ　121, 170
ラジオ波　190
ラジオフォトルミネセンス　82, 255
ラジオルミノグラフィー　79
ラジオレセプターアッセイ　125
ラボアジエ　23
ラーモア周波数　191
ラーモアの式　191
ランダムプライマー法　108

リ

リガンド　125
リチウムドリフト型　71
リニアック　94, 95
硫酸バリウム　187
粒子　19
粒子線　49

ル

ルクセルバッジ　255

レ

励起　50
励起関数　93
連続スペクトル　28
レントゲン　1

ワ

ワルファリン　133
[^{90}Y]イブリツモマブチウキセタン　166, 167

外国語索引

A

absorbed dose　242
accelerator　93, 94
activation analysis　138
alpha disintegration　26
alpha ray　26
annihilation radiation　30
antibody　119
antigen　119
antimatter　29
association constant　119
atomic number　19
Auger effect　31
Auger electron　31
average absorbed dose　242

B

background　85
barn　93
becquerel　39
bed　184
beta disintegration　27
beta ray　28
B.G.　85
binding energy　23
blood oxygen level dependent　197
Bq　3, 39, 59
Bragg equation　139
branching decay　25
build-up factor　246

C

^{14}C　14
carrier　119
carrier free　40
[^{11}C]β-CFT　163
[^{11}C]Deprenyl　163
cDNA　134
[β-^{11}C]L-DOPA　163
cell cycle　214
characteristic X-ray　31
Ci　39
competitive assay　121
complementary DNA　134
computed tomography　83, 153, 184, 186
controlled area　239
C[^{15}O]O　162
C[^{15}O]O$_2$　162
counting loss　69
count per minute　84
cpm　84
[^{11}C]Raclopride　163
critical organ　217
cross reactivity　119
cross section　93
[^{11}C]SCH23390　163
CT　153, 184, 186
curie　39
Curie meter　84
cyclotron　93, 94, 97

D

daughter nuclide　24
ddNTP　130
dead time　69
decay series　90
2-deoxy-2-[^{18}F]fluoro-D-glucose　154
depletion layer　71
deterministic effect　237
digoxigenin　134
2,5-diphenyloxazol　73
1,4-di[2-(5-phenyloxazolyl)]-benzene　73
disintegration constant　33
disintegration energy　27
disintegration scheme　25
disintegration series　35
disintegrations per minute　39, 85
disintegrations per second　39
dissociation constant　119
DNA　109
DNase I　136
dose equivalent　242
dose limits for individuals　237
dose rate effect　212
DOTA　195, 196
dpm　39, 85
dps　39
DTPA　195, 196

E

EC　25
ECD　141
EEG　201
effective dose　242
EIA　121, 126
electric pocket dosimeter　255
electroencephalography　201
electron　17
electron capture　30
electron mobility shift assay　135
electron orbit　17
ELISA　126
E_{max}　28
emergency exposure situation　238
EMIT　127
EMSA　135
enzyme immunoassay　121
enzyme-linked immunosorbent assay　126
enzyme multiplied immunoassay technique　127
equivalent dose　242
eV　23
excitation function　93
existing exposure situation　238
external exposure　244

F

[^{18}F]FDG　154, 161, 163, 164
[^{18}F]FDOPA　163
[^{18}F]FMT　163

FIA   127
filmbadge   255
flat panel detector   182
fluorescence X-ray   140
fluoroimmunoassay   127
fMRI   197
footprinting analysis   136
FPD   182

G

gamma emission   32
gamma ray   32
gamma transition   32
gantry   184
gantry crane   184
gantry scaffold   184
gel-shift assay   135
generator   39, 96
GFR   165
glomerular filtration rate   165
GM   69
Gy   59

H

half-life   34
half value layer   246
hapten   119
hole   71
$H_2[^{15}O]O$ 162
HP-DO3A   195
human counter   255
HVL   246

I

^{123}I 157
IAEA   258
$[^{123}I]BMIPP$ 160
ICRP   236
ICRU   251
$[^{123}I]IMP$ 162
$[^{123}I]Ioflupane$ 163
$[^{123}I]Iomazenil$ 163
$[^{123}I]MIBG$ 161
image intensifier   182
imaging plate   79, 181
immunoassay   119
immunometric assay   121
immunoradiometric assay   124, 170
individual monitoring   254
induced radionuclide   92
INES   258, 259
internal conversion   32
internal conversion electron   32
internal exposure   244
International Atomic energy Agency   258
International Commission on Radiation Units Measurements   251
International Commission on Radiological Protection   236
International Nuclear Event Scale   258
interphase death   215
ionizing radiation   20
IRMA   124, 170
isobar   21
isomeric transition   32
isotone   21
isotope abundance ratio   21
isotope dilution analysis   116
IT   32

J

justification of practice   237

K

^{40}K 8

L

latent image   78
LET   211
LIA   128
ligand   125
linear attenuation coefficient   246
linear energy transfer   211
luminescent immunoassay   128

M

magnetic resonance imaging   151, 153, 189
mammography   201
mass attenuation coefficient   246
mass defect   23
mass number   19
MDS   226
medical exposure   238
metabolic trapping   154
meta stable   21, 32
milking   39, 96
MIRDOSE   262
^{99}Mo 96
molecular imaging   151
monoclonal antibody   119
MRI   151, 153, 189

N

$Na^{131}I$ 171, 187
$Na[^{123}I]I$ 164
Na/I symporter   164
$Na[^{99m}Tc]TcO_4$ 164
negative semiconductor   71
negatron   28
neutrino   28
neutron   16
NMR   153, 189
$[^{13}N]NH_4^+$ 160
noncompetitive assay   121
non-ionizing radiation   20
northern blotting   134
nuclear force   17
nuclear isomer   21
nuclear magnetic resonance   153, 189
nuclear medicine   150
nuclear reactor   93
nucleon   16
nuclide   19

O

occupational exposure   238
OER   211
OLINDA/EXM   262
$[^{15}O]O_2$ 163
optically stimulated luminescence   83, 255
optically stimulated luminescence dosimeter   83, 255

optimization of protection 237
orbital electron 17
OSL 83, 255
OSLD 255
oxygen effect 211
oxygen enhancement ratio 211

P

^{32}P 34
PACS 182
parent nuclide 24
particle induced X-ray emission 140
[γ-^{32}P]ATP 129
[α-^{32}P]dNTP 108
personal medicine 132
PET 12, 30, 54, 83
PET/CT 186
photo-stimulated luminescence 79, 114
Picture Archiving and Communication System 182
planned exposure situation 238
polyclonal antibody 119
polymorphism 132
POPOP 73
positive semiconductor 71
positron 29
positron emission tomograph 30, 54, 83
potentially lethal damage recovery 215
PPO 73
primary radionuclide 90
probe 198
produced nuclide 24
prompt gamma-ray analysis 138
proton 16
PSL 114
public exposure 238
pulse hight 77

Q

quality factor 242

R

radiation 19
radiation monitoring 251
radioactive decay 24
radioactive disintegration 24
radioactive equilibrium 35
radioactivity 20, 122
radioimmunoassay 121, 170
radioisotope 21
radioluminography 79
radionuclide 20
radiopharmaceuticals 150, 236
radiophoto luminescence 82, 255
radiophoto luminescence dosimeter 255
radiophoto luminescence glass dosimeter 82
radioreceptor assay 125
RBE 212
reactive oxygen species 213
recovery time 69
relative biological effectiveness 212
renal plasma flow 165
reproductive death 215
resolving time 69
restriction fragment length polymorphism 132
RFLP 132
RIA 121, 170
ROS 213
RPF 165
RPL 82, 255
RPLD 255
RRA 125

S

Scatchard plot 125
scintigraphy 151
scintillation 72
scintillator 72
secondary radionuclide 90
secular equilibrium 36
semiconductor 71
sestamibi 160
signal-noise ratio 152
single nucleotide polymorphism 132
single-photon emission computed tomography 73, 83, 153
^{35}S-Met 112
SNP 132
soft β emitter 28
Southern blotting 132, 133
specific radio activity 40
SPECT 73, 83, 153, 156
SPECT/CT 186
SPring-8 95, 139
stable isotope 21
stable nuclide 19
stochastic effect 237
sublethal damage recovery 215
supervised area 239
Sv 6
system of radiological protection 237

T

^{99m}Tc 38, 96, 157
[^{99m}Tc]DMSA 165
[^{99m}Tc]DTPA 165
[^{99m}Tc]DTPA-HSA 159, 162
[^{99m}Tc]ECD 162
[^{99m}Tc]GSA 165
[^{99m}Tc]HMDP 164, 165
[^{99m}Tc]HM-PAO 162
[^{99m}Tc]MAA 164
[^{99m}Tc]MAG$_3$ 165
[^{99m}Tc]MDP 164, 165
[^{99m}Tc]MIBI 160, 164
^{99m}TcO$_4^-$ 157
[^{99m}Tc]PMT 165
[^{99m}Tc]Tetrofosmin 160, 164
thermal effect 211
thermography 201
thermoluminescence 83
thermoluminescence dosimeter 83, 255
time of flight 197
tissue reaction 237
tissue weighting factor 243
TL 83
TLD 83, 255
transient equilibrium 37

U

ultrasonography 151, 197
ultrasound 197
unified atomic mass unit 21

W

western blotting 129
whole-body counter 255
W_R 59
W_T 60

X

X-ray computed tomography 151
X-ray fluorescence analysis 140